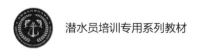

潜水员培训专用系列教材

U0270118

水下焊接与切割

主编　石　路
主审　宋家慧

上海交通大学出版社
SHANGHAI JIAO TONG UNIVERSITY PRESS

内容提要

本书由上海交通大学、中国潜水打捞行业协会、海军特色医学中心、上海市排水行业协会和上海市排水管理中心相关人员共同编著完成。本书集理论性和操作性为一体，全面地介绍了水下焊接与切割理论、水下焊接与切割材料、水下焊接与切割工艺、水下焊接与切割设备等内容。

本书既可供潜水焊工使用，又可供其他潜水及焊接作业人员参考使用。

图书在版编目（CIP）数据

水下焊接与切割/石路主编.—上海：上海交通
大学出版社，2023.1
ISBN 978-7-313-24895-4

Ⅰ.①水… Ⅱ.①石… Ⅲ.①水下焊接②水下切割
Ⅳ.①TG456.5②TG482

中国版本图书馆 CIP 数据核字（2021）第 079748 号

水下焊接与切割

SHUIXIA HANJIE YU QIEGE

主　　编：石　路			
出版发行：上海交通大学出版社		地　　址：上海市番禺路 951 号
邮政编码：200030		电　　话：021-64071208
印　　制：上海景条印刷有限公司		经　　销：全国新华书店
开　　本：787mm×1092mm　1/16		印　　张：19.25
字　　数：441 千字		
版　　次：2023 年 1 月第 1 版		印　　次：2023 年 1 月第 1 次印刷
书　　号：ISBN 978-7-313-24895-4		
定　　价：128.00 元		

教材编审委员会

编　者

杨宝龙（上海交通大学海洋水下工程科学研究院）

张　辉（交通运输部上海打捞局、深圳杉叶实业有限公司）

杨　喆（上海市第六人民医院）

张　洁（上海市第六人民医院）

周　晶（中国潜水打捞行业协会）

李洋洋（上海交通大学海洋水下工程科学研究院）

陈其楠（上海市排水管理事务中心）

刘　波（上海市排水管理事务中心）

冼　巍（上海市排水管理事务中心）

朱　剑（上海市排水管理事务中心）

王　炜（上海市排水行业协会）

薛利群（上海交通大学海洋水下工程科学研究院）

周述尧（上海交通大学海洋水下工程科学研究院）

序

21世纪是人类开发利用海洋的时代,要解决当今世界人口剧增、资源日益匮乏的问题,海洋资源的开发利用是人类必然的选择。我国作为一个发展中的海洋大国,国民经济要持续发展,就必须把海洋的开发和保护作为一项长期的战略任务。伴随着经济的高速发展,我国在海洋石油、海运、港口码头、海底管道等领域都取得了巨大的发展。

海洋孕育了生命、联通了世界、促进了发展,是国家高质量发展的战略要地。党中央、国务院高度重视海洋强国战略,"十四五"规划明确指出"要坚持陆海统筹,发展海洋经济,建设海洋强国"。水下焊接与切割技术作为水下金属加工的重要工艺手段,也是水下工程作业中的核心关键技术。水下焊接与切割技术的不断发展和提高,技术手段的不断完善,对于开发利用丰富的水下自然资源有着极为重要的意义。

在如火如荼的海洋强国战略实践中,来自各行业的广大工作者攻关夺隘、建树颇丰。海上石油平台、油气长输管线及储运装置、超大型桥梁、超大型远洋运输船舶和港口码头如雨后春笋般矗立在祖国各地,很多应用成果达到了国际先进甚至是国际领先水平,但从总体上来看,我国水下焊接与切割技术的发展水平依然与发达国家有着一定的差距。水下焊接与切割技术的正确应用和严谨的过程控制是水下焊接与切割作业中最为重要的关键问题,也是制约我国水下施工作业技术水平进一步发展的瓶颈。

目前,国内尚无针对潜水作业人员水下焊接与切割技术培训的专业教材。因此,编写并出版一部以水下焊接与切割操作技术为主要内容,以国内外相关标准和技术要求为主线,以典型的工程应用案例来指导水下焊接与切割生产实践的专业书籍,已成为广大水下工程工作者的迫切愿望。在如火如荼的海洋强国建设实践中,来自各行业的广大工作者攻关夺隘、建树颇丰。海上石油平台、油气长输管线及储运装置、超大型桥梁、超大型远洋运输船舶和港口码头如雨后春笋般矗立在祖国各地,很多应用成果达到了国际先进、甚至是国际领先水平。但从总体上来看,我国水下焊接与切割行业的发展水平依然与发达国家有着一定的差距。水下焊接与切割技术的正确应用和严谨的过程控制是水下焊接与切割作业中最为重要的关键问题,也是制约我国水下施工作业技术水平进一步发展的瓶颈。

本书以突出实用性为编写宗旨,在内容上力求理论与实践结合,先进性与实用性兼顾。同时,紧密围绕水下焊接与切割作业的特点,对水下湿式焊接、局部干式焊接、水下电-氧切割等技术的基础理论知识以及操作工艺做了系统的介绍,也汇集了国内水下工程建设领域的成功实践。本书的编写组成员来自国内水下焊接与切割的多个领域,长期从事水下焊接与切割的教学、培训及现场施工,具有丰富的理论基础和实践经验。在编写过程中,编写组各位成员发挥所长,将扎实的理论知识和丰富的实践经验融入书中,大大丰富了本教材的内容。

中国潜水打捞行业协会积极响应国家号召,坚决贯彻落实国家海洋强国战略要求,以开创和推进水下安全作业行业自律管理,建立和完善专业的人才培训管理体系,提升从业机构和人员的综合素质,保障从业人员的健康及人身安全为己任。协会自成立以来,为国家输送了大批海洋工程潜水人才。在此基础上,协会全体成员上下一心,坚定树立"不忘初心、牢记使命、锐意进取、攻坚克难、开拓创新、敢为人先"的理想信念。2018 年,协会培养了中国首批市政工程潜水员和首批休闲潜水员,开启了中国市政工程潜水和我国自主品牌的休闲潜水培训历史的新纪元;2020 年,协会又成功启动了应急救援与公共安全潜水员、渔业潜水员以及船舶防污染人员的培训工作。我相信,只要始终围绕党和国家对行业社会组织改革发展的大政方针,坚持以"三个服务"为出发点,脚踏实地、锲而不舍、砥砺前行,就一定能够取得水下焊接与切割技术的突破创新,实现水下作业安全管理现代化、科学化和专业化的目标!

本书的出版,将有利于进一步推进我国水下焊接与切割技术及水下作业安全行业自律建设的健康发展,也将积极推动我国海洋经济建设的蓬勃发展,具有十分重要的意义!

中国潜水打捞行业协会

理事长 宗家喜

2022 年 3 月

前　　言

　　焊接与切割作为现代工业生产中不可或缺的基本制造技术,被广泛应用于机械、冶金、电力、建筑、桥梁、船舶、汽车、航空航天、军工和军事装备等行业。

　　水下焊接与切割技术是水下金属加工的重要工艺手段,也是水下作业技术中最为重要的技术之一。水下焊接与切割技术的不断发展和提高,对于开发利用水下丰富的自然资源有着极为重要的意义。随着人类对海洋的进一步开发,水下焊接与切割技术作为组装、维修及拆除海上石油平台、海上风电、输油管线以及海底仓等大型海洋结构作业中的关键技术也取得了迅猛发展,并已广泛地应用于海洋工程结构、海底管线、船舶、船坞及港口设施等领域。

　　为了推进我国潜水焊工水下作业技能,特别是水下焊接与切割专业技术培训工作的开展,全方位地完善、提升相关专业技术水平,编写组以中国潜水打捞行业协会对潜水焊工水下作业技能培训的基本要求为依据,结合常年从事水下工程作业实践和潜水焊工培训工作积累的经验,参考国内外水下焊接与切割技术和装备的最新进展,编写了本教材。本书可作为潜水焊工水下焊接与切割技能培训的教材,也可供相关专业工程技术人员阅读。

　　本书集理论性和操作性为一体,旨在全面地介绍水下焊接与切割技术的理论基础和实践操作技能。全书共有七章,从实用性角度对水下焊接与切割理论、水下焊接与切割材料、水下焊接与切割工艺、水下焊接与切割设备做了系统的阐述,具体包括:第一章为绪论,主要介绍了焊接与切割、水下焊接与切割的发展史以及我国水下焊接与切割行业的发展现状,由石路编写;第二章为金属学基础知识,主要介绍了金属的构造、结晶过程、机械性能以及金属结构和性能在受力时的变化情况,由杨宝龙、李洋洋编写;第三章为焊接与切割技术概述,主要介绍了焊接的理论基础、焊接方法及设备、切割原理、切割方法及设备,由石路、杨宝龙编写;第四章为水下焊接技术,主要介绍了水下焊接的分类、基本原理、操作技术以及工程应用案例,由张辉、朱剑编写;第五章为水下焊接缺陷及水下焊接质量检测,主要介绍了水下焊接中的常见缺陷、形成原因及相应的控制方法,水下焊接质量的检测方法,由陈志康、陈其楠、刘波、周晶编写;第六章为水下切割技术,介绍了水下切割的分类及特点,重点阐述了水下电-氧切割的技术特性、切割设备、切割工艺及工程应用实例,由方以群、王炜、薛利群编写;第七章为水下焊接与切割安全作业技术,主要介绍了水下用电安全知识,水下焊接与切割作业安全防护措施,常见事故的发生原因及应急处置措施,由杨喆、张洁、冼巍、周述尧编写。

　　在此，还要特别感谢宋家慧、张代吉、高亢、褚新奇、肖震、陆志刚在百忙中审阅本教材。

　　由于编者学识水平有限，本书难免存在诸多不足，敬请广大读者批评指正。

目　　录

第1章 绪 论

焊接与切割技术在现代工业生产中已成为一种重要的金属加工工艺，广泛地应用于金属结构、桥梁、造船、航空、航天、海洋工程、核动力工程以及石油化工、冶金建筑等行业。随着科学技术的发展，焊接与切割已成为金属加工的一门独立学科。水下焊接与切割作为焊接与切割中的特殊作业技术，伴随着海洋开发战略的实施，已经成为海洋工程建设、船舶维修、救捞工程及海军建设中不可或缺的技术手段。

1.1 焊接与切割发展史

焊接技术可以追溯到几千年前的青铜器时代，在人类早期工具制造中，无论是中国还是当时的古埃及等文明地区，都能看到焊接技术的雏形。现代焊接生产中钢材的切割主要采用热切割，早在19世纪末和20世纪初期，英国人就开始利用氢-氧火焰和氧-乙炔火焰进行焊接和钢板的熔割，但是真正利用铁-氧燃烧反应原理的氧气切割法的工业应用，通常认为是从1905年开始的，也就是说，热切割技术发展至今仅一百多年的历史。

1.1.1 焊接技术

焊接是通过加热、加压或两者并用，使同性或异性两工件产生原子间结合的加工工艺和联结方式。焊接应用广泛，既可用于金属，也可用于非金属。焊接技术是随着金属的应用而出现的，古代的焊接方法主要是铸焊、钎焊和锻焊。根据史料记载，公元前3000多年埃及便出现了锻焊技术。公元前2000多年中国的殷朝已经开始采用铸焊制造兵器。公元前200年前，中国已经掌握了青铜的钎焊及铁器的锻焊工艺。中国商朝制造的铁刃铜钺，就是铁与铜的铸焊件，其表面铜与铁的熔合线蜿蜒曲折，接合良好。春秋战国时期曾侯乙墓中的建鼓铜座上有许多盘龙，是分段钎焊连接而成的。经分析，所用的焊接材料与现代软钎料成分相近。战国时期制造的刀剑，刀刃为钢，刀背为熟铁，一般都经过加热锻焊而成的。据明朝宋应星所著《天工开物》一书记载，中国古代将铜和铁一起入炉加热，经锻打制造刀、斧；用黄泥或筛细的陈久壁土撒在接口上，分段锻焊大型船锚。中国古代焊接技术如图1-1所示。中世纪，叙利亚大马士革的工匠也曾用锻焊制造兵器。

古代焊接技术长期停留在铸焊、锻焊和钎焊的水平上，使用的热源都是炉火，温度低、能量不集中，无法用于大截面、长焊缝工件的焊接，只能用以制作装饰品、简单的工具和武器。

纵观现代焊接技术发展史，焊接技术与工业革命的发展息息相关，可以将其归纳为两个重要的发展阶段。

图 1-1　古代焊接技术

（1）起源于 19 世纪 70 年代的第二次工业革命，这一阶段的重要标志是电力的发展和应用。工业应用最为广泛的电弧焊、电阻焊方法正是起源于这一阶段。虽然目前工业上使用的这两类焊接方法已有了很大进步，但不容置疑的是这一阶段奠定了焊接技术发展的第一块基石。

在 1881 年的巴黎"首次世界电器展"上，法国 Cabot 实验室的学生，俄罗斯的 Nikolai Benardos 在碳极和工件之间引弧，填充金属棒使其熔化，首次展示了电弧焊的方法。1890 年，Nikolai Benardos 用金属棒代替碳棒作为电极并获得专利。但瑞典的 Oscar Kjellberg 在使用该方法修理船上的蒸汽锅炉时注意到，焊接金属上到处是气孔和小缝，焊缝不能隔绝空气，根本不可能让焊缝防水。为了改善方法，他发明了涂层焊条，并于 1907 年 6 月 29 日获得专利（瑞典专利号 27152），大大改善了焊接质量，使手工电弧焊进入了实用阶段。随后，美国的诺布尔用电弧电压控制焊条送给速度，制成自动电弧焊机，从而成为焊接机械化、自动化的开端。在电弧焊的基础上，人们发明了能产生更集中、更炙热能源的等离子焊接，利用它可以提高焊接速度，减少线能量。在随后的发展中，电弧焊方法得到不断创新和改进。1930 年美国的罗宾诺夫发明了使用焊丝和焊剂的埋弧焊，使焊机机械化得到进一步的发展。20 世纪 40 年代，在第二次世界大战期间，为满足航空界铝、镁合金的合金钢焊接的需要，钨极和熔化极惰性气体保护焊相继问世。1953 年苏联的 Lyubavskii 和 Novoshilov 发明了二氧化碳气体保护焊，促进了气体保护焊的应用和发展。随后如混合气体保护焊、药芯焊丝气体保护焊和自保护焊也相继诞生。

首例电阻焊要追溯到 1856 年。James Joule 成功地用电阻加热法对一捆铜丝进行了熔化焊接。1887 年，美国的汤姆森发明了电阻焊，并且应用于薄板的缝焊以及点焊。20 世纪

20 年代由于闪光对焊方法焊接棒材和链条的出现,电阻焊真正开始在通用汽车公司使用。

在此阶段,人们还发明了氧炔焊和铝热焊。作为早期电力技术不成熟时重要的焊接方法,目前上述方法在特定场合仍得到应用和发展。大约在 1900 年,Edmund Fouche 和 Charles Picard 造出了第一支焊炬,目前仍在铁路轨道等的焊接上应用。

(2) 第二个重要发展阶段出现在 20 世纪 40—50 年代的第三次工业革命,这阶段焊接技术在能源、微电子技术、航天技术等领域取得了重大突破,1950 年后成为焊接方法迅速发展的时期,在这个阶段各个国家的焊接工作者开发了不少崭新的焊接方法。

19 世纪末以前没有出现电焊的原因之一就是缺乏合适的电源。18 世纪末期,意大利的 Volta 和 Galvani 成功发现了电流。1831 年,Michael Faraday 创立了变压器和电机原理,这是对电源发展的重要贡献。首批焊接实验的开展是通过不同类型的方法来解决焊接电源的。1801 年,Humphrey Davy 在首批电弧实验中使用电池作为电源。Benardos 在碳弧焊实验中使用一台 22 hp① 的蒸汽机驱动直流电机,用 150 个电池来发电,单是电池的总质量就达 2 400 kg。汤姆森在发明电阻焊机时使用了变压器。Oscar Kjellberg 使用 110 V 直流电压电源,他让电流通过一个装满盐水的桶,从而把电流减小到适当的水平。1905 年,德国 AEG 公司生产了质量为 1 000 kg,电流为 250 A 的焊接发电机,它由三相异步电动机驱动,其特性适合焊接。

直到 20 世纪 20 年代直流电才适合用于电弧焊。焊接变压器很快变得受欢迎,因为它的价格较便宜,消耗能源相对较少。50 年代末,固体焊接整流器问世。最初使用的是硒整流器,接着很快出现了硅整流器。此后,硅可控整流器的出现实现了电子控制焊接电流。这种整流器至今仍在普遍使用,尤其是用于大型焊接电源。焊接逆变器的出现是在电源方面最引人注目的发展。伊萨于 1970 年制造了首个逆变器模型。但是在 1977 年以前逆变器没有普遍用于工业。1984 年,伊萨推出了 140A"Caddy"牌逆变器,质量仅 8 kg。

1951 年苏联的巴顿焊接研究所发明了电渣焊,成为大厚度工件的高效焊接方法;1957 年美国的盖奇发明了等离子弧焊;20 世纪 40 年代德国和法国科学家发明的电子束焊,在 50 年代得到了应用和进一步发展;60 年代出现了激光焊。等离子、电子束和激光焊接方法的出现,标志着高能量密度熔焊的新发展,从而极大地改善了材料的焊接性,使得许多难以用其他方法焊接的材料和结构得以成功焊接。1956 年,美国的琼斯发明了超声波焊;苏联的丘季科夫发明了摩擦焊;1959 年,美国斯坦福研究所成功研究出爆炸焊;20 世纪 50 年代末苏联研制出真空扩散焊设备。

等离子焊接,实验证明它是更集中、更炙热的能源,利用它可以提高焊接速度,减少线能量。20 世纪 60 年代出现的激光电子束焊接也与之有相似的优点。质量提高,容差减小,超过了以前能够达到的标准。对新材料和不同金属组合都能进行焊接。同时,其电子束狭窄,要求必须使用机械化设备。从 1964 年起,机器人就已经用于电阻焊;大约 10 年后出现了电弧焊机器人。电动机器人可以设计得非常精确,达到熔化极惰性气体保护电弧焊焊接的要求。最初,机器人内输入的焊接数据和手工焊使用的焊接数据是相同的。人们进行了许多尝试来提高熔化极惰性气体保护电弧焊工艺的生产力。加拿大的 John

———————————

① hp 为英制功率单位马力,1 hp=745.7 W。

Church 使用了快速送丝速度和由 4 种成分组成的保护气体来做此尝试,虽然工艺相似,仍然使用同样的焊接设备,但却有可能让焊接速度提高一倍。

在同一熔池内使用两根焊丝的焊接法——双丝焊或双芯焊,实验证明其富有成效。最新高效焊接法是混合焊,该方法结合了上述两种不同的工艺。激光熔化极惰性气体保护电弧焊混合焊是最有发展前景的。这种焊接速度极快,熔深大。

机械化焊接打开了焊接投入新应用的大门。窄间隙焊既节省时间,又节省耗材,减少了热影响区焊接的变形。起初使用的是熔化极惰性气体保护电弧焊工艺,后来也使用埋弧焊和钨极惰性气体保护电弧焊。1980 年前后,伊萨把重型埋弧焊、窄间隙焊设备运往了苏联 Volgadonsk。

1992 年,英国焊接研究所(TWI)获得了搅拌摩擦焊专利权。这种焊接法对铝很适用。铝不用熔化就能接合并形成高质量接合点。该工艺的一个优点是不使用耗材,能源消耗少;它的另一个优点是对环境影响小。此工艺非常简单有效,是 20 世纪最重要的焊接创新之一。

不断提高生产力,进一步自动化,继续寻找更有效率的焊接工艺已经成为焊接技术的发展趋势。通过新设计以及使用高强度钢和铝合金,减轻了整体构件质量。伴随着工业技术的不断进步,能清楚地看到电子元件、计算机技术以及数字通信的发展影响着焊接设备的发展。诸如混合激光熔化极惰性气体保护电弧焊和搅拌摩擦焊等新工艺已经出现。但是传统的钨极惰性气体保护电弧焊、熔化极惰性气体保护电弧焊以及埋弧焊工艺毫无疑问将继续占据主导地位。

1.1.2　切割技术

现代工程材料切割的方法很多,大致可以归纳为冷切割和热切割两大类。前者是在常温下利用机械能使材料分离,最常见的是剪切、锯切(如条锯、圆片锯、砂片锯等)、铣切等,也包括近年发展的水射流(水刀)切割;后者是利用热能使材料分离,最常见的是气体火焰切割、等离子弧切割和激光切割三大类,由于切割时都伴随热过程,故统称为热切割。

现代焊接生产中钢材的切割主要采用热切割,因为这种方法很少受到切割材料的厚度、形状和尺寸的限制,而且易于实现机械化和自动化切割。早在 19 世纪末和 20 世纪初期,英国人就开始利用氢-氧火焰和氧-乙炔火焰进行焊接和钢板的熔割,但是真正利用铁-氧燃烧反应原理的氧气切割法的工业应用,通常认为是从 1905 年开始的,也就是说,热切割技术发展至今仅一百多年的历史。

氧气切割法自 1905 年进入工业应用以来,与机械加工切割相比,具有设备简单、投资费用少、操作方便且灵活性好的优点。由于具有能够切割各种含曲线形状的零件和大厚工件且切割质量良好等一系列特点,一直作为工业生产中切割碳素钢和低合金钢的基本方法而被普遍应用。20 世纪 40 年代通过对割炬和割嘴的改进,研制出了扩散型快速割嘴等新型割嘴,使切割速度和质量有了进一步的提高和改善。自 50 年代中期至 60 年代又相继开发出了各种机械化、自动化切割设备,特别是数控切割机的出现,使切割质量和效率大幅度提高,解决了各种形状复杂的成形零件的自动切割,且切割后无须再进行后加工。随着这一时期随着造船等工业的高速增长,钢材的加工量大增,进入了氧气切割应用的全盛时期。

20 世纪 60 年代末到 70 年代初,适用于碳素钢、切割中薄板速度大大高于氧气切割的等离子弧切割法进入了工业应用,氧气切割独占切割业界的局面被打破,其应用也随之减少。至 80 年代末,美国工业中等离子弧切割法和氧气切割法的使用量已达各占一半的程度。在瑞典,氧气切割的占比也降至 70%。虽然如此,从总体上来说,目前在厚度 5 mm 以上的碳素钢的切割中,氧气切割的占比仍占 80% 以上。

等离子弧切割是 1955 年投入工业应用的,当时以氩气作为工作气体,主要用于切割铝及其合金,以后逐步开发出用氮气、氮气加氢气和氩气加氢气等作为工作气体的切割方法,使切割能力提高、操作成本降低,并能用于加工不锈钢、铜及其合金等有色金属,成为一种切割有色金属的有效方法而得到推广应用。但是这些惰性气体等离子弧切割法用于加工碳素钢时,因切割面质量很差且切割速度不快,未能获得应用。

60 年代中后期开发出了空气等离子弧切割法,用于切割碳素钢薄板。由于此法不仅切割面的质量良好,而且切割速度也比氧气切割快得多,因此很快得到了工业应用,使空气等离子弧切割开始进入加工碳素钢的领域。随后又研制成功了更适合于碳钢切割的氧等离子弧和水再压缩等离子弧切割法。虽然等离子弧切割设备投资大、易耗件寿命短且价格较贵,工业发达国家经技术经济分析认为,等离子弧切割厚度为 25 mm 以下的碳素钢是有利的。于是,国外从 70 年代起,一些钢材加工量大的专业钢材加工厂和大中型造船厂相继采用数控等离子弧切割机代替氧气切割用于加工碳素钢。

进入 80 年代这种趋势进一步发展。现在,日本的造船厂(包括中、小型造船厂)在船体内部构件的切割中基本上都采用氧等离子弧切割,而不少桥梁制造厂和建筑钢结构制造厂也相继采用氧等离子弧切割。欧洲造船厂则引进水再压缩等离子弧切割代替气割,并使用充水式切割平台以减少有害烟尘。我国某些大型工厂近几年也配备了数控氧等离子弧切割机和水再压缩等离子弧切割机用于切割碳素钢和不锈钢。上述这些等离子弧切割所用的电流多在 150 A 以上,且都装在大型数控切割机上,并不适合中小企业应用,故实际上其应用范围是有限的。

此外,在 80 年代初,同时开发出了小电流空气等离子弧切割法,切割电流在 100 A 以下,甚至低于 10 A,由于它采用空气冷却割炬和喷嘴,使设备简化、价格降低,既可用手动方式,也可装备在半自动切割机、光电跟踪切割机和小型数控切割机上进行切割,适用于加工碳素钢板、不锈钢板和极薄板(1 mm 以下),适应了广大中小企业的需要,从而获得了迅速的普及,并使等离子弧切割应用面大为扩展,替代了锯、剪切等机械切割法。至 80 年代末,日本所使用的等离子弧切割机中有 50% 是电流在 50 A 以下的小电流装置,而且所用的工作气体中空气的用量占 70%。

近些年来,我国也大力发展小电流空气等离子弧切削技术,使用范围正在不断扩大,但基本上用于切割不锈钢及有色金属薄板。当前,我国工业中采用小电流等离子弧切割厚度为 12 mm 以下的碳钢,在技术经济上是有利的。

激光切割具有热变形和热影响区小、切割精度高且适合于柔性生产等特点,在加工各种金属和非金属高精度零件中的应用日益增多。现在应用最多的是汽车制造业,用于切割车体的薄板零件,最近扩展到在生产线上加工车体部件。在航空航天工业中,激光切割用于切割铝和钛及它们的合金、增强纤维复合材料等轻型高强度材料制成的各种零件。另外,在电子机械制造中也有所应用。近年来还扩展到了大型钢结构制造业。虽然激光切割厚度大于10 mm的碳钢,其切割速度不及等离子弧切割,但它有以下有利因素:

(1) 零件的尺寸精度高,热变形很小,有利于随后的结构件的装焊作业效率的提高,特别是装配的质量好,适应推广应用机器人焊接和装置化自动多头焊接的发展需要。

(2) 激光切割设备的投资额在下降,并已接近等离子弧切割设备(包括除尘装置在内)的费用。激光切割能实现无人化操作和一天24 h连续运转,可有效提高生产效率。因此,国外一些金属结构制造厂正在相继引进一体式大型数控激光切割机用于加工大型碳素钢和低合金钢部件。仅日本至1992年已配备了100台以上这种激光切割设备(激光器功率2~3 kW),在桥梁制造、建筑机械、车辆制造、一般机械制造和造船等行业的工厂中生产应用(采用3 kW的二氧化碳激光器,切割厚度为22 mm)。从而出现了越过采用等离子弧切割,直接用激光切割来取代氧气切割的趋势。

(3) 激光切割装置基本上无易耗零件,且可连续工作,有利于建立省人乃至无人的激光切割工段或车间。其中典型的是在一个车间内串列地配置6台数控激光机,并与钢板上料、零件卸下装置及自动仓库组成自动化切割加工生产线,所有设备都由计算机控制,只需配备2名操作人员。另外,夜间完全无人操纵的激光切割机、24 h连续运转的激光切割机等也在个别工厂用于实际生产,大大提高了工作效率。

我国20世纪70年代末,某汽车制造厂曾研制出1台小功率的二氧化碳气体激光切割机,并用于加工车体外壳板。80年代也有应用自行研制的功率为500 W的二氧化碳激光切割设备加工飞机制造中各种金属和非金属零件的报道。近年来,有的工厂已从国外引进功率为5 kW的二氧化碳激光器用于中板的切割和曲轴的表面淬火。长春光机研究所、上海激光技术研究所和上海光机研究所等单位分别采用国产或进口的小功率单模二氧化碳激光器试制了若干台激光切割机供切割试验之用。大连一家车辆研究所也配有功率为2.5 kW的二氧化碳激光器,正在进行切割不锈钢的研究。总的来说,我国激光切割的研究和工业应用与国外相比尚存在较大的差距。

随着气体和固体激光技术的发展,尤其是大功率紧凑型激光器的不断开发,将使激光切割的能力和速度进一步提高,激光切割的工业应用必将日益扩大,并与等离子弧切割形成相互竞争的局面。

水射流切割是在70年代初才投入工业应用的,其在切割过程中几乎不产生热作用,不会改变被加工材料的材质,精度也较高,而且可用来切割几乎所有的材料。在热切割法无法加工、切割后需要修磨切割边以及需要使用昂贵的机械来进行加工的背景下,水射流切割正在迅速获得应用。目前,水射流切割在航空航天工业中应用最多,主要用于切割飞机机翼结构中石墨-环氧树脂复合材料、由增强纤维复合材料制造的直升机蒙皮、飞机内壁材料及石墨为主的复合结构件等。在汽车制造业中,用于切割玻璃纤维仪表板、木纤维复合式门板、地毯、内装饰织物、塑料制燃油箱罩等,也用来切除铝铸件和铁铸件的冒口。在造船行业中用于切割胶合板、聚四氟乙烯塑料和橡胶板等非金属材料以及铅、双金属板、铜镍合金等金属。此外,在玻璃、建材、造纸、皮革和食品行业中也有应用。至1991年初,在全世界的加工制造业中,生产上使用的水射流加工设备已超过2 000台。同时,近年来全世界的水射流切割设备的数量持续保持年增长 20% 的势头。但是,在工业上使用最多的铁系金属的切割加工领域,水射流切割法因其加工速度较低,设备投资又相当高,除个别特殊场合外很少应用,而且在将来也难以同等离子弧切割和激光切割竞争。

综上所述,近期,在金属切割加工,尤其是加工量最大的钢材切割加工中,热切割法仍将占主导地位。而在热切割方法中,氧气切割的应用范围将逐渐减少(但在某些场合仍是一种有效的加工方法),激光切割的应用则将日益扩大。水射流切割法在特种材料,特别是在各种非金属合成材料的加工领域,将得到更广泛的应用。

1.1.3 我国焊接与切割行业的发展

我国焊接与切割技术的真正发展始于 1949 年后。1955 年前后,当时在苏联专家的帮助下,经过第一批留苏人员的艰苦努力,我国开始建立自己的焊接与切割专业,培养焊接与切割人才,这标志着我国焊接与切割事业的真正起步。改革开放后,在经济腾飞和工业发展的巨大推动力下,我国焊接与切割专业获得快速发展。目前,经过焊接与切割工作者的努力,基本掌握了各项先进的焊接与切割生产技术,并将其应用于工业生产中,极大地推动了我国经济的快速发展。

我国在实行改革开放政策以来,在大型焊接与切割钢结构的开发与应用方面创造了 1949 年以来的最高水平,有的已经成为世界第一,如国家大剧院、大吨位原油船舶、核电站反应器、神舟飞船的返回舱、长江大桥等;世界关注的长江三峡水利工程,其水电站的水轮机转轮成为世界最大、最重的不锈钢焊接转轮。这些焊接与切割技术在国民工业的成功应用,也说明了我国焊接制造技术已经得到很大发展,取得了令世界瞩目的成就。

大量先进技术在我国航空航天、电子工业、交通运输、大型工程及设备等行业的应用,使我国的焊接与切割技术得到突飞猛进的发展。为了完成诸多重要的焊接与切割任务,我国先后自行研制、开发和引进了一些先进的焊接切割设备、技术和材料。目前国际上在生产中已经采用的成熟焊接与切割方法和设备在我国也都有所应用。我国制造企业通过消化吸收,已经掌握了先进的焊接与切割技术(其中不乏一些特种焊接切割技术),并在应用的过程中创新发展,诸如电子束焊接、搅拌摩擦焊、激光焊接、单丝或双丝窄间隙埋弧焊、水射流切割、4 丝高速埋弧焊、等离子焊接、精细等离子切割、焊接柔性生产线、ST 焊接热源、变极性焊接热源和全数字化焊接电源等先进的焊接与切割技术和设备。

虽然我国焊接与切割工作者积极努力追赶国际先进水平,但是也应该认识到,我国在焊接切割方法和工艺的原始创新上,要赶上世界先进水平还有很长一段路要走。因此,需要加强新的焊接切割共性技术的研究与开发。在新焊接切割技术的研发与推广应用、新型热源在焊接方法上的应用、高效优质自动化焊接技术、焊接切割生产与质量管理的信息化等方面,应加快研究与应用开发的步伐。

1.2 水下焊接与切割发展史

水下焊接与切割技术是在常规焊接与切割技术应用推广的基础上发展起来的一项特殊焊接与切割新技术。水下焊接至今已有百年的历史,但其初期的发展是十分缓慢的。

随着开发海洋事业的发展,水下焊接与切割技术已经成为建设海洋工程结构不可缺少的工艺手段。目前,许多国家对水下焊接与切割技术极为重视,进行了大量试验研究,出现了一些安全可靠、效率较高的水下焊接与切割方法和设备。

1.2.1　水下焊接技术

有记载的水下焊接技术,从1917年在英国海军修船中首次获得实用以来,迄今已有百年的历史。从那时起至今,世界水下焊接技术经历了如下几个发展阶段。

(1) 舰船抢修阶段。从20世纪初水下焊接技术在英国水域的首次应用,直至50年代北美墨西哥湾大规模油气资源开发,在这样一个漫长时期里,水下焊接技术几乎都是与各国的海军和船舶抢修工作密切相连的。

1917年,一家名为"英国氧气公司"的水下服务队,利用潜水器将潜水焊工运至水下完成了海军船舶的水下焊接修复工作。据说,当时潜水焊工从水下浮出后,立刻脱去潜水服并迅速进入具有30 ft①压力的潜水减压舱,在舱中减压35 min,以免受伤。

1930年,一艘美国商船在海上受创进水,经过水下电焊将补片(patch)固定封闭漏水处后,才转危为安,将船驶入港口进一步维修。1941年,日本偷袭"珍珠港",造成大批美军舰船沉没。当时急需对港内沉船进行打捞,故对水下焊接与切割技术的需求量大增,于是带动了这些技术的提升。因此,有人认为,美国之所以能对"水下焊割"这门学问研究得中规中矩,并成为其水下作战技术的一部分,"珍珠港事件"也是一个重要的影响因素。

(2) 海上油气资源开发阶段。第二次世界大战结束以后,世界经济的发展推动了海上油气资源的勘探和开采,同时也带动了许多相关辅助技术的发展。水下焊接技术就是其中的一个重要方面。

长期以来,各国在海洋及水下工程领域采用的主要是水下湿法手工金属极电弧焊。这种技术的主要缺点是作业时水下能见度差,湍流扰动影响操作和焊缝成形,容易产生层间夹渣,最大工作水深只有50 m,焊缝的机械性能比陆上低。

随着水下湿法焊接技术的发展,很多水下湿法焊接的问题在一定程度上正在被克服,如采用设计优良的焊条药皮及防水涂料等,加上严格的焊接工艺管理及认证,现在水下湿法焊接已在北海平台辅助构件的水下修理中得到成功的应用;同时,水下湿法焊接技术也广泛用于海洋条件好的浅水区以及不要求承受高应力构件的焊接。目前,国际上应用水下湿法焊条以及水下湿法焊接技术最广泛的是北美墨西哥湾,最常用的方法为焊条电弧焊和药芯焊丝电弧焊。据报道,美国Amoco Trinidad石油公司在墨西哥湾的一座石油平台(水深78 m),水下修补时采用的是湿法焊接技术。

在焊条方面,国际上比较先进的有英国Hydroweld公司的Hydroweld FS水下焊条,美国的7018'S专利水下焊条,以及德国Hanover大学开发的双层自保护药芯焊条。水下焊条的发展,也在一定程度上促进了湿法水下焊接技术的应用。

可惜的是,水下湿法焊接的技术再好,还是因水的临界温度不可能很高,会对施工后的结构物产生急速冷却的"淬火"作用,这种不当的"热处理"迫使结构物的强度与陆上同

① 1 ft=3.048×10⁻¹ m。

级产物相比差异甚大,故水下湿法焊接只适合用于做临时性与静态的固定,不适合做长久性与有震动可能的连接。如前所述,尽管水下湿法焊接已经取得了较大的进展,但到目前为止,水深超过 100 m 的水下湿法焊接仍难得到较好的焊接接头,因此还不能用于焊接重要的海洋工程结构。

由于水的存在,使水下焊接过程变得更加复杂,并且会出现各种各样陆地焊接所未遇到的新问题。为解决这些问题,各种新型焊接概念和技术不断出现。1954 年,美国首先提出水下高压干法焊接的概念。1966 年开始用于生产,目前最大水深可达 300 m 左右。1977 年,法国 LPS 公司首先采用常压干法焊接技术,在北海水深 150 m 处成功焊接了直径 426 mm 的海底管线。他们所采用的常压舱是一个直径为 2.4 m,长为 3.66 m 的圆筒,两端为椭圆形。后来,美国 TDS 公司也研制了能在 600 m 深水下对直径 900 mm、壁厚 32 mm 的管道进行常压干法水下焊接的装置。该装置常压舱的形状及尺寸与法国公司相似。

水下常压焊接在密封压力舱中进行,压力舱内的压力与地面的大气压相等,与压力舱外的环境水压无关。实际上这种焊接方式既不受水深的影响,也不受水的作用,在焊接工艺与焊接质量方面与陆上焊接也没有什么差别。不过,常压干法焊接设备造价比高压干法水下焊接还要昂贵,焊接辅助人员也更多,所以一般只用于深水重要结构的焊接。

为克服水下湿法焊接的缺陷及干法焊接的不足,各国相继开发了各种水下局部干法焊接技术。其中包括干箱式焊接、干点式焊接、水帘式干法焊接、钢刷式水下焊接,以及局部干法大型气罩法水下金属焊条惰性气体保护焊(metal iners gas,MIG)、钨极惰性气体保护电弧焊(TIG)等。

美国研创的气罩法水下局部干法焊接设备,其原理是靠连续供给惰性气体排水,形成小的干燥环境,由潜水焊工将手提式 MIG 型焊枪插入干燥环境进行焊接。日本提出的水帘式水下焊接法,将焊枪结构分为两层,通过水帘式保护气体营造出干式焊接的小环境,得到的焊接接头强度不低于母材。但作业时的可见度问题没有解决,烟气将水流搅得混浊而紊乱,潜水焊工基本处于盲焊状态。而且这种方法在焊接搭接接头和角度接头时效果不好,手工焊十分困难。后来,日本又成功研制了一种机械化的水帘式水下焊接机构,能很好地对水下较大移动构件进行焊接。由于局部干法水下焊接降低了水的有害影响,与湿法焊接接头质量相比得到了明显改善。

与干法焊接相比,局部干法焊接无须大型昂贵的排水气室,设备简单,成本较低,同时又具有湿法焊接的灵活性,适应性明显增大。它综合了湿法和干法水下焊接的优点,是一种较先进、实用的水下焊接方法,也是当前水下焊接研究的重点与方向。

(3) 水下自动焊接阶段。由于人类饱和潜水的深度极限是 650 m,加之难以培训熟练的深水焊工,为了实现深水施焊以及水下焊接自动化,水下自动化轨道焊接系统以及水下焊接机器人迅速发展起来。

20 世纪 80 年代末以来,水下焊接技术的主要研究方向如下:

a. 大深度水下焊接技术及装备的研究。

b. 无人遥控(即水下机器人)水下焊接技术及装备的开发。

c. 水下激光焊接等新型焊接技术及装备的试验。

随着无人遥控潜水器(ROV)技术性能的改进和焊芯、电弧等技术难点的解决,使用无人遥控潜水器的水下自动焊接技术及装备,工作水深已可达 1100 m。

钨极惰性气体保护电弧焊(TIG)具有熔化率随压力增加而增加、低氢吸附率、可实现完全自动焊、可利用磁场和相应的电源能对电弧进行有效控制等特点,最早用于发展水下高压轨道焊系统。目前水下高压轨道 TIG 系统主要有英国海底近海工程有限公司(SSOL)的自动轨道铸极惰性气体保护电弧焊接(OTTO)系统和英国斯托尔特-考麦克斯海运有限公司(SCSL) 的 THOR－1 和 THOR－2 系统,以及挪威 Norsk Hydro 和 SNITEF 的 IMT 系统。

全套 OTTO 系统由一只 6 m 控制集装箱(双室)、一只 6 m 工作及储存集装箱、一套脐带绞车、一套轨道安装多功能机器人焊接头、一套焊接动力及控制模块等组成。OTTO 系统的设计作业水深为 300 m,研究开发过程中曾在挪威进行过 510 m 和 625 m 的高气压焊接实验。迄今英国海底近海工程有限公司(SSOL)已经利用 OTTO 系统为新西兰 Maui 油田、挪威 TOGI 油田和 Gullfaks 油田、美国加利福尼亚 Hennosa/Hidalgo 油田等完成了多次海底管道工程的连接工作。目前 OTTO 系统已投入市场,从供应商处可以获取全套设备并获得操作和技术人员的培训服务。

水下激光焊接新技术的试验研究以英国阿伯丁大学为代表。他们在欧盟"尤利卡计划"(EUREKA EU194)的资助下,把研究重点放在水下焊接上,考虑了直接进行"湿法"焊接和在高压舱内进行"干式"焊接两种情况,试验了多种钢材的水下激光焊接,焊接质量良好,许多疲劳裂缝在没有任何预加工的情况下得到了成功的修理。

此外,为了适应海洋资源开发的需要,许多国家正在研究等离子弧焊、爆炸焊和钎焊等水下焊接新方法及焊接自动化装置。从各国海洋开发的前景来看,水下焊接的研究还远不能适应形势发展的需要。因此,加强这方面的研究,无论是对现在或将来,都将是一项非常有意义的工作。

目前,国际上水下焊接技术的发展主要有如下趋势:

(1) 由于每种焊接方法(湿法、干法、局部干法)都有其各自的优点和适应场合,因此多种水下焊接方法并存的局面会长期存在。

(2) 水下湿法焊接的质量主要受水下焊条、水下药芯焊丝等因素的影响和制约。随着国际上多种高质量水下焊条的开发,通常湿法焊接水深不超过 100 m 的情况将会有所改变,有望实现 200 m 水下湿法焊接技术的突破。

(3) 基于先进技术对焊接过程进行监控的研究已经取得进展,自动化的轨道焊接系统和水下焊接机器人系统将在水下焊接中进一步得到发展和应用。

1.2.2　水下切割技术

1908 年美国人试图以陆上使用的氢氧割把(hydrogen oxygen cutting torch)在水下从事火焰切割尝试。不过实验者很快发现,在水中用这种氢氧割把难以取得令人满意的结果,主要的问题是容易在水下熄火,并且在水压下,把火焰稳定于某一点并非易事。他们还发现在波动的海水里要将切割把控制在适当部位,维持火焰固定在某一点为工作物预热才是重点,这一问题几年以后才得到解决。几乎就是在同一时期,远在欧洲大陆的德国,有人已率先实现了水下切割技术的首次应用。

直到 1926 年 9 月,美国海军在一次潜水艇救难作业中才对水下切割把有突破性的改进。这艘编号 S-51 的潜水艇被一艘罗马商船撞沉于 130 ft 深的海底。当时,在潜水艇救生作业完成后,立刻展开了潜水艇打捞作业。由于潜水艇上杂物的清理、钢缆的切除以及索具的整理与着力点的准备等工作,都需要水下切割技术的配合,于是美国海军一面配合工作运用,一面改进切割器材,终于在第二年的春天将水下切割把改进到可在 132 ft 的水下轻易操作,从而也一举超越了向来被认为是水下切割极限深度的 25 ft。

在二次大战期间,氧弧切割(arcocygen method)的技术与器材在陆地上日趋成熟,且水下氢氧割法被普遍应用。到 1942 年初美国海军开始有计划地推广由电割把(electrode holder)夹持着割条(electrode)的氧弧割法。在此过程中把切割把、割条均予规格化,操作技术也加以标准化与简单化,同时增加了作业的安全性,提高了效率,并正式将氧弧割法列为深海潜水焊工的必修课程。

20 世纪 80—90 年代,国际上已从采用水下电-氧切割技术,到研究和应用高效电弧-氧水下切割技术,再到研发新的水下切割技术,各种新的科学技术成果不断地应用于水下工程作业,反过来又不断地促进一大批水下切割新工艺、新技术向更高的水平攀登。各国采用的水下切割法已有气炬切割、氧弧切割、热喷枪切割、热电弧切割、聚能爆炸切割、机械或液压切割、水射流切割、等离子弧切割和激光切割等。

其中,水下氧弧切割技术应用最广,最大适用水深为 150 m,其原理与气炬切割相同,只是用空心割条与工件之间产生的电弧来代替火焰对金属进行预热,此法设备简单,操作容易,但割口粗糙、切割边缘参差不齐。水下热喷枪是一种燃烧焊条的切割方法,既可切割金属也可切割非金属,但必须有喷灯一类的外接热源引火,且操作困难和高速耗气,只用于切割笨重的钢材和其他不能用氧弧切割的材料。水下热电弧切割与水下热喷枪原理相同,只是用熔化剂取代硬式焊条,由于充装熔化剂的缆管可以弯曲,故控制和使用都较方便,其工作水深正向 150 m 发展。在欧洲北海,高压加砂水射流切割技术的实际最大作业水深已达 300 m。

20 世纪 90 年代初,意大利 Tecnospamec 公司开发了金刚石绳锯(diamond wire cutting system)水下切割新技术。随即,不少公司相继推出了自己的水下金刚石绳锯产品设备。如美国 Sonsub 公司用于海底管线切割的金刚石绳锯(适用管线尺寸直径 36 in[①],空气中质量 1 120 kg),荷兰 SMIT 打捞公司用于沉船打捞船体切割的金刚石绳锯系统(绳锯的长度达 100 m)。这些水下切割技术和装备均已在实际工程应用中经受了考验。

在世界水下切割技术的发展过程中,在如下几个工程案例中的实践检验了水下切割技术的综合能力和水平。

案例一:北海挪威水域 Esso Odin 平台导管架的拆除施工(1996 年,水深 103 m)。

Esso Odin 平台于 1983 年安装,水面结构有七个模块,质量为 7 700 t,导管架质量为 7 300 t。其拆除项目之所以引人注目,原因如下:

———————————

① 1 in=2.54 cm。

（1）它是当时在北海最深水域中拆除的最大平台。

（2）它是在挪威水域拆除的第一座常规平台。

（3）所有海底作业都是利用无人遥控潜水器(ROV)和专用工具实施的。

（4）它要求大型管状结构的外部切割采用冷切割技术。

当时的背景是，欧洲北海于20世纪60—70年代建造的大批采油平台在运行30余年后，逐步报废，而各国政府出于对北海海洋环境保护的考虑，要求油气公司将废弃的海上废弃钢铁或混凝土平台结构彻底拆除(直至海底泥线以下数米)，还海洋环境原来的面貌。在欧洲北海油田海上废弃平台的拆除过程中，切割工作量约占整个拆除工作量的35%～50%，切割费用约占整个工程费用的10%～25%。在欧洲大陆架共有350座这样的海上平台，因此Esso Odin平台导管架拆除的市场意义及示范效应是显而易见的。

当时，该项目的总包单位是Saipem/Aker合资公司，这家公司是专门为适应今后20余年北海废弃平台处理和拆除的潜在市场而成立的。导管架拆除的所有水下服务由Sonsub公司承担，切割设备通过英国Oil States MCS公司从市场上购买。

Sonsub公司在水下切割拆除施工中，主要采用高压水磨料切割和金刚石绳锯切割两项技术。同时，还准备了液压磨削切割器(直径为400 m的砂轮片)。这些设备组成三个切割模块，由作业型无人遥控潜水器和专门设计的外部机械手配合作业。Esso Odin平台的主腿直径为2.4 m，壁厚为55 mm，高压水磨料切割的速度为38 mm/min。平台泥下结构(16个外径为1.74 m的群桩)的切割，先由气举绞挖装置和液压抓斗除去沉积的砾石和黏土层，然后采用金刚石绳锯切割、高压磨料水射流切割，辅以液压磨削切割器实施切割。

Esso Odin平台导管架拆除项目的成功实施，验证了采用高性能作业型无人遥控潜水器、专用工具和冷切割技术，对于类似平台导管架的总体拆除，在技术上是可行的。

案例二：巴伦支海俄罗斯"KURSK"号核潜艇打捞(2001年，水深108 m，船质量为18 000 t)。当时的背景是，"KURSK"号核潜艇因水下爆炸而沉没在巴伦支海，虽然遇难事件涉及许多军事秘密，但俄罗斯苦于本身救捞潜水技术力量的不足，最终只能寻求国际社会的帮助。参加打捞工作的有美国Halliburton海洋石油公司挪威分公司、荷兰Heerema公司海洋工程分公司、荷兰SMIT打捞公司、英国Oil States MCS公司、挪威NCA公司，几乎集中了世界潜水打捞与水下工程领域的顶尖公司和技术。

在施工期间，荷兰SMIT打捞公司运用一套金刚石绳锯系统(DWCS)水下切割新技术将"KURSK"号核潜艇破损的头部船体割断；英国Oil States MCS公司使用两套工作压力达60～150 MPa的磨料水射流切割设备，在壁厚达数英寸的核潜艇双层壳体上，成功切割出26个直径为700 mm的打捞起吊孔(精度±5 mm)，在潜艇外壁、内壁、压载舱排气管上切割10个进出孔或压力释放孔，挪威NCA公司采用水下液压专用切割机械手在核潜艇壳体上切割观测潜望孔。"KURSK"号核潜艇切割打捞作业的成功，为金刚石绳锯系统水下切割技术开拓了更加宽阔的应用新领域。

可以说，迄今世界水下切割技术的应用已取得了相当大的成就，今后随着世界科技水平的提高，水下切割技术亦将进一步在无人遥控和自动化方面发挥更大的潜力。今后，水下切割技术及设备有以下几个发展趋势：

（1）朝着小型化、安全化方向发展。由于水下特殊环境导致水下切割作业困难而复杂，庞大复杂的水下切割设备给水下作业带来不便并存在较多安全隐患，小型化、安全化的水下切割设备是未来的发展趋势。

（2）朝着智能化方向发展。水下机器人技术的发展及人工智能的进步可将潜水焊工从危险的环境中解放，使水下切割技术更安全、便捷。

（3）朝着深水发展。目前海上作业逐步走向深海，不久的未来深水切割的需求会更加旺盛，深水切割技术将获得长足发展。

（4）朝着环保化方向发展。目前对海洋环保的要求越来越高，污染严重、对生态环境危害较大的技术必将被淘汰，因而发展环保型的水下切割技术是大势所趋。

1.2.3 我国水下焊接与切割行业的发展

我国早在 20 世纪 50 年代就开始从国外引进并应用水下焊接与切割技术，但由于当时的经济发展及技术状况所限，在实际水下工程和救助打捞施工中使用的主要是水下手工焊条电弧焊及水下电-氧切割技术。

60 年代，国内自行开发了水下专用焊条 T202，在沉船打捞、港口码头加固、南京长江大桥桥墩建造等水下工程中发挥了一定作用。不过，由于湿式水下焊接的焊条抗裂性差，深水焊接时易出气泡，不宜用于海洋设施的水下焊接。之后，改进开发了新型水下焊条 T203，其电弧稳定性、脱渣及焊缝成形抗气孔能力、接头机械性能均较 T202 有所改善。在水下工程实践中，一般较为重要的水下结构维修焊接，大多采用国外进口焊条，如 Hydroweld FS、7018'S 等。与国外水下焊接焊条相比，国产水下专用焊条的差距主要体现在焊接工艺性能和力学性能方面，特别是缺乏适用于低合金钢水下焊接的焊接材料。

洛阳船舶材料研究所(中国船舶重工集团公司第725研究所)开发了适用于低合金钢 (Q345)、抗拉强度$\geqslant$530 MPa 的水下湿法焊接专用焊条 TS208(水深$\leqslant$30 m)。经试验，这种焊条熔焊力学性能基本上达到了英国 Hydroweld FS 水下焊条的水平。据报道，目前该焊条已在桥梁和港口设施等海洋工程中获得应用。

在焊接技术方面，哈尔滨焊接研究所于 20 世纪 70 年代后期开始研究水下局部干法焊接。80 年代与上海打捞局联合研发以二氧化碳作为保护气体的水下局部干法焊接设备、材料及工艺，研制成功了 LD - CO₂ 焊接工艺方法，开发了配套的 NBS - 500 型水下半自动焊机。随后，他们将水下局部二氧化碳半自动焊接技术和涂料焊条，局部干式水下焊接技术成熟地应用于海洋工程施工中。例如，渤海 12 号钻井平台为增加平台承载能力和稳定性，增设六根水下桩，上端位于水深 13.5 m 处，钢桩直径为 900 mm，壁厚为 18 mm；套管直径为 1 100 mm，壁厚为 14 mm；连接板(弧形板)厚为 14 mm。采用水下局部排水二氧化碳半自动焊接，每条焊缝焊 4～6 道，焊接一块连接板需时 90～120 min。焊后进行外观检查未发现缺陷，表面成型良好，达到工程技术要求。

80 年代中期，交通部海洋水下工程科学研究院筹建了水下焊接实验室，建造了高压焊接舱，先后开展了水下高压焊接、水下螺栓焊等新技术的研究和试验。90 年代中期，有关单位采用高压干法水下焊接技术修复了广州某过河水管，使我国的水下焊接技术获得了新的发展。

随着我国海洋开发事业的发展,作为海洋工程建设中不可或缺的作业手段——水下焊接与切割技术也迅速发展起来,相继开发了一些先进的水下焊接与切割技术,并在基础理论和应用实践方面开展了较为深入的研究,缩小了我国与西方科技先进国家之间技术水平的差距。如应用于渤海石油开发海底管道修理的 60 m 水下高压舱干式焊接技术和装置的研究工作;国家"十五"863 计划项目"水下干式管道维修系统"——水下干式高压焊接技术研究;水下局部干法激光焊接技术研究;水下高压双层管道自动焊机等方面的研究工作也正在开展。

我国在水下切割技术和装备方面的发展一直比较缓慢。20 世纪 70 年代初,SHG - 1 型水下焊割开关箱、水下切割刀问世。70 年代后期,在历时 4 年的"阿波丸"沉船打捞工程中,潜水焊工于 48～69 m 水下拆解沉船首段甲板上部建筑时,采用了水下爆破切割和电-氧切割技术,从而带动和促进了相关水下作业技术的发展。

20 世纪 90 年代后期,采用国内自行研制的水下液压切割设备及新工艺技术,多次完成了海上油气管线的抢修切割任务。

进入 21 世纪,国内有关科研院所和高等院校相继开展了水下金刚石绳锯机等新型切割技术的研究。相信不久的将来,这一新型水下切割技术必将在我国海上打捞及水下工程施工中发挥重要作用。

水下焊接与切割技术是海洋工程建造、船舶维修、救捞工程及海军建设中不可或缺的工艺手段。近年来,随着海洋事业的开发,海洋工程结构也如雨后春笋般迅速发展起来。为确保海洋工程结构质量,提高水下作业效率,进一步提升潜水焊工水下焊接与切割的理论水平和实际操作技能具有重要意义。

总体来说,目前我国在水下焊接与切割技术领域,相对于国际上的工业发达国家,存在一定的差距。随着我国工业装备、科技水平的进步及水下工程相关技术的发展,这种差距将会日趋缩小,我国水下切割和焊接技术最终必将赶上和达到世界先进水平。

思考题

1.1　古代焊接技术的缺陷有哪些?

1.2　现代焊接技术经历了哪几个重要发展阶段?

1.3　切割技术主要分为哪几类?

1.4　水射流切割法的技术优势主要有哪些?

1.5　水下焊接与切割技术的首次应用分别是什么年代?

1.6　早期的水下焊接与切割技术主要应用于什么作业?

1.7　水下焊接技术的主要发展趋势如何?

第2章 金属学基础知识

金属学是研究金属及合金的成分、组织和性能以及它们三者之间关系的一门科学。金属及合金的性能不仅取决于它们的化学成分，也取决于它们的内部组织。而金属或合金组织的形成和变化与外界条件及其变化有着密切的联系。所以，金属学还研究金属或合金的组织及性能在各种外界条件下的变化规律。所谓外界条件是指温度、加热及冷却速度、冷加工塑性变形、浇注及结晶条件等。熔化焊的过程就是靠近焊缝的母材被加热、冷却和焊缝金属结晶并冷却的过程。与此同时，焊接接头的某些部位还可能发生一定的塑性变形。由此可见，金属学能够为研制焊接材料、正确地选用焊接材料、焊接与切割工艺等提供理论上的指导。因此，掌握一定的金属学知识，对于了解焊接与切割中的规律，更好地从事焊接与切割工作是必要的。

2.1 金属的构造

金属和其他物质一样是由原子构成的。由于原子在金属内的排列是有规则、有次序的，因此，金属的构造属于晶体。与非晶体不同，金属具有固定的熔点，如纯铁的熔点是 1535 ℃，铜的熔点是 1083 ℃。由于晶格中的原子在不同方向上的距离和结合能力不同，所以晶体的性能随着方向的不同也有所不同。

金属的原子有一定的排列规则，形成了所谓的"空间晶格"，常见的金属晶格有体心立方晶格与面心立方晶格，如图 2-1 所示。

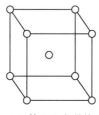
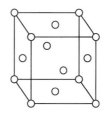

（a）体心立方晶格　　　　　（b）面心立方晶格

图 2-1　常见的金属晶格

图 2-1(a)是从体心立方晶格中取出来的一个单位立方晶格。它的三个相互垂直的边长彼此相等。除立方体的八个角上各有一个原子外，立方体的中心还有一个原子。图 2-1(b)是从面心立方晶格中取出来的一个单位立方晶格，它与体心立方晶格不同的是立方体的中心没有原子，而在立方体的六个面的中心各有一个原子。

铁属于立方晶格,由于所处的温度不同,有时是体心立方晶格,有时是面心立方晶格。这种晶格类型的转变称为"同素异构"转变。纯铁在常温下是体心立方晶格;当温度升高到910 ℃时,纯铁的晶格由体心立方晶格转变为面心立方晶格;再升温到1 390 ℃时,面心立方晶格又重新转变为体心立方晶格,然后一直保持到纯铁的熔化温度。

铁的晶格的这一变化,是钢铁之所以能通过不同的热处理获得不同性能的基础,也是焊接时热影响区中的各个区段彼此之间与母材相比具有不同金相组织的依据。

在晶格结点上的原子并不是固定不动的。原子常围绕某一固定的位置做轻微的振动。随着温度的增高,振动的范围也就增大,因而晶格有了膨胀,这就是金属热胀冷缩的原因。当温度升高到熔点后,原子的振动范围显著增大,并且全部脱离原有位置,这意味着金属已经熔化。

2.2　金属的结晶过程

随着液体金属温度的降低,原子之间的吸引力逐渐增大。当温度降低到凝固温度以下时,原子之间的吸引力已达到足以克服原子混乱运动的力量。原子重新各就各位,开始有规则地排列起来,此时意味着液体金属开始结晶。

液体金属的温度降到低于熔点时,在液体金属中开始有一些原子先排列起来,形成所谓的"晶核"。然后,这些晶核就依靠吸附周围液体中的原子进行生长。焊接熔池的结晶过程如图2-2所示。由于液体熔池中的热量主要是通过熔合线向母材方向散失,因此接触熔合线处的一层液体金属降温最快并首先凝固结晶[见图2-2(a)]。晶体不可能向着已凝固的金属扩展,而是向着与散热方向相反的方向长大[见图2-2(b)]。同时,它向两侧方向的生长也很快受到相邻的正在生长的晶体所阻挡,因此主要的生长方向是指向熔池中心,并形成柱状晶体[见图2-2(c)]。当柱状晶体不断长大至互相接触时,在焊缝的这一断面的结晶过程结束[见图2-2(d)]。随着焊接热源的向前移动,熔池的形成及其结晶过程也不断向前推移。

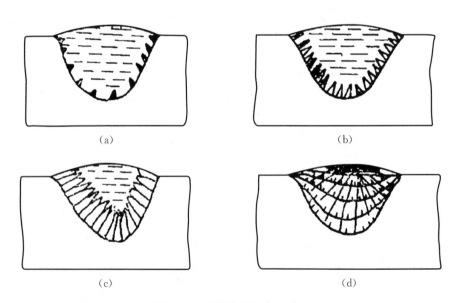

(a)　　　　　　　　　　　　　　(b)

(c)　　　　　　　　　　　　　　(d)

图2-2　焊接熔池的结晶过程

柱状晶体的界面上容易为尚未结晶的(稍晚才能结晶的)、由某些偏析物形成的易熔共晶体所填充,再加上其他条件的影响,就有可能沿着界面产生裂纹。这种裂纹在焊接中称为热裂纹(也称结晶裂纹),一般在焊缝的收尾弧坑处更容易产生热裂纹。由于柱状晶体的界面总是与结晶时的等温面相垂直,因此,热裂纹总是和焊缝的鱼鳞波纹相垂直(见图2-3)。热裂纹的其他特征主要是:有热裂纹的焊缝断口上有高温氧化的蓝色或蓝黑色色彩;从焊缝表面上看,热裂纹呈不明显的锯齿形。

图 2-3　焊缝金属的热裂纹

由偏析物形成的易熔共晶体的分布如图2-4所示,它与焊接溶池的横断面的形状有关。当焊缝的熔深较大,熔宽较小时,偏析物最集中的部位是焊缝的中心部位[见图2-4(a)]。这个部位又与焊缝的横向收缩变形方向相垂直,使这个杂质较集中的部位在高温塑性很差的区域受拉,容易产生热裂纹。因此,用对热裂纹较敏感的焊接材料(如某些不锈钢焊条、高镍合金焊条)进行焊接,或者焊缝对热裂纹比较敏感时(如用J422焊条焊接中碳钢或补焊铸铁,从而使焊缝的含碳量增高),应当采用小的焊接电流,避免得到深而窄的焊缝而降低母材的熔合比(即母材熔到焊缝金属中的比例)[见图2-4(b)],这样有利于避免热裂纹的产生。

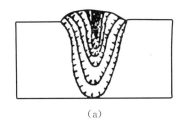
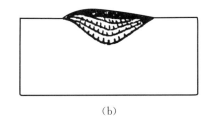

(a)　　　　　　　　　　　　(b)

图 2-4　焊缝中偏析物的分布

由于焊接熔池体积小、散热快,从而结晶速度也较快,因此,焊缝金属的晶粒度比较细密。同一金属的晶粒度越细密,其塑性和韧性也越好。这也是焊缝金属虽然是铸造组织,但其机械性能往往不低于轧制的母材金属的原因之一。

2.3　金属的机械性能

金属的机械性能是金属受力时所反映出来的性能。金属的机械性能主要有强度、弹性、塑性、硬度和冲击韧性等。

轧制金属沿轧制方向和垂直于轧制方向的机械性能(特别是塑性和韧性)是不同的。

焊接接头及焊缝金属的机械性能,也随着取试样方向的不同而往往会有某些差异。因此,从钢板和焊接试板上截取机械性能试样时,应注意按有关规定所要求的取样方向进行取样。

材料在缓慢加载的静力作用下抵抗断裂的能力称为强度。按照作用力的性质不同,可分为抗拉强度、抗压强度、抗弯强度、抗剪强度和抗扭强度等。在工程上常用的是抗拉强度。

材料受外力作用时产生变形,当去掉外力后,仍能恢复其原来形状的变形称为弹性变形,弹性就是具有这种弹性变形能力的特性。

材料在外力作用下产生了大于弹性变形极限能力的变形量,同时没有引起金属的断裂,在去掉外力后不能完全恢复原来的形状,而出现残余变形,这部分残余变形称为塑性变形,塑性就是具有这种塑性变形能力的特性。金属塑性的好坏可用拉伸试棒的延伸率(或称为相对伸长率,用符号 δ 表示)和相对面积收缩率(或称为断面收缩率,用符号 ψ 表示)来衡量。

金属在破断前吸收能量的大小称为材料的韧性,它是材料的破断强度与塑性等机械性能的综合体现。

金属抵抗另一种更硬的物体压入自己体内的能力称为硬度。硬度可以用不同的方法在不同的仪器上测定。

测定上述性能的试验称为金属的机械性能试验。机械性能试验的种类主要有拉伸试验、冲击韧性试验和硬度试验等。此外,还常采用冷弯试验来检验金属原材料或焊接接头的塑性。

2.3.1　拉伸试验

拉伸试验可以测得金属的抗拉强度、屈服强度、延伸率和断面收缩率,即从同一个拉力试样上可以取得四种数据。焊缝金属和焊接接头的拉伸试验也是暴露焊接缺陷的一种手段。

拉伸试验是用拉力试样在拉力试验机上进行的。拉力试样最重要的两个尺寸:试样的横截面积(用 F_0 表示)和试样基准部分的长度(用 l 表示)。常用的拉力试样是圆形断面的,所以,断面尺寸也可以用试样的直径 d 来表示。在一般情况下,试样的基准长度 l 等于试样直径的 5 倍,也有采用 10 倍的。这个倍数应在取得的延伸率数据中标明。标明的方法是在延伸率的符号 δ 的右下角标明 5 或 10(δ_5 或 δ_{10})。拉力试样如图 2-5 所示。

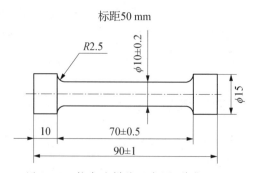

图 2-5　拉力试样的示意图(单位:mm)

（1）抗拉强度　指将单位面积的金属拉断所需要的载荷,符号是 σ_b,其计算公式如下:

$$\sigma_b = \frac{P_b}{F_0}$$

式中,σ_b——抗拉强度,也就是试样于断裂前在横截面上的最大应力,MPa;

P_b——将试样拉断的载荷,N;

F_0——试样的原始横截面积,mm^2。

（2）屈服强度　材料承受载荷时,载荷不再增加而仍继续发生塑性变形的现象称为"屈服"。开始发生屈服现象的应力,称为屈服强度,其符号为 σ_s。在进行材料的拉伸试验时,如果材料的屈服点不明显或某些材料没有屈服点时,就以变形量达到试样基准长度的 0.2% 时作为该材料的屈服强度,符号为 $\sigma_{0.2}$。其计算公式如下:

$$\sigma_s = \frac{P_s}{F_0}$$

式中,σ_s——屈服强度,也就是试样开始屈服时的应力,MPa;

P_s——使试样开始屈服时的载荷,N;

F_0——试样的原始横截面积,mm^2。

（3）延伸率　指试样在被拉断后,试样基准长度伸长后的增加值与原始基准长度的百分比率,符号是 δ_5（或 δ_{10}）,其计算公式如下:

$$\delta_5 = \frac{l - l_0}{l_0}$$

式中,δ_5——5 倍拉伸试样的延伸率,%;

l_0——试样的基准长度,mm,即等于 5 倍的试样直径,将这一长度的两端点事先打成冲眼,以做标志,冲眼的间距即为基准长度;

l——拉断后的试样,按断口对接起来后,两个冲眼之间已被拉长的距离,mm。

（4）断面收缩率　做拉伸试验时,试样拉断后,其拉断处横截面积的缩减值与原始横截面积的百分比率,符号是 ψ,其计算公式如下:

$$\psi = \frac{F_0 - F}{F_0} \times 100\%$$

式中,ψ——断面收缩率,%;

F_0——试样的原始横截面积,mm^2;

F——试样拉断后,拉断处的横截面积,mm^2。

延伸率和断面收缩率是评定塑性好坏的指标。如果焊缝金属的延伸率和断面收缩率达不到正常指标,往往是金属存在缺陷的反映。

2.3.2　冲击韧性试验

冲击韧性也称为冲击值。冲击韧性试验时,冲断单位面积试样所消耗的功（功的单位

为 J)称为冲击值。我国目前常用的冲击试样是复比试样,代表符号是 a_K 或 C_V,其计算公式如下:

$$a_K = \frac{A_K}{F_0}$$

式中,a_K——材料的冲击韧性,J/cm^2;

　　　A_K——冲断试样所消耗的功,J;

　　　F_0——试样缺口部位的横截面积,cm^2。

冲击韧性是金属材料极为重要的性能指标。除了在常温正常条件下检验材料的冲击韧性外,对于在低温下使用的结构件往往还要求检验有效冲击韧性、低温冲击韧性等。在检验焊接接头的性能时,如果有必要,可以从焊接试板上的不同部位和不同方向取样来全面检查接头是否存在脆弱的部位。

2.3.3　弯曲试验

把金属材料或焊接接头试样绕一定直径的轴(压头)进行弯曲以检验材料的塑性和表面质量的试验,称为弯曲试验。在室温下进行的这项试验时称为冷弯试验。弯曲试验时把弯曲到出现裂纹时的角度称为弯曲角。弯曲试验时,一般要求压头直径 d 等于试样板厚 α 的 2 倍或 3 倍(视试件情况而定),此时弯曲角的符号是 $\alpha(d=2\alpha$ 或 $d=3\alpha)$,角度的计量单位是度(°)。

弯曲试验在检验焊接接头的性能和质量方面有着重要意义。通过冷弯试验,常常可以检查焊缝中有无缺陷:焊接接头的塑性好坏;焊缝金属、热影响区及母材三者共同受力变形时三者的变形是否均匀一致。例如,当焊缝金属强度过高时,往往使变形集中在热影响区,从而使冷弯角达不到要求,此时应适当改换焊条牌号使焊缝的强度与母材接近。

2.3.4　硬度试验

硬度试验可采用不同的方法在不同的仪器上进行。测定硬度较常用的仪器为布氏硬度计。在布氏硬度计上测定材料硬度的原理为:用一定外力(3×10^4 N)将一定大小的钢珠(直径为 10 mm)压在被试金属磨光的表面上,除去外力和钢珠后,在金属表面留下钢珠的印痕,然后根据印痕直径大小来测定金属的硬度值。这种硬度称为布氏硬度。布氏硬度的符号是 HB。金属越硬,印痕的直径越小,换算出的布氏硬度值(HB)越大。

除布氏硬度外,还有洛氏硬度(HRA、HRB 及 HRC)、维氏硬度(HV)及肖氏硬度(HS)等。

2.4　金属结构和性能在受力时的变化

金属在外力作用下产生一定的变形。变形将引起金属晶格结构的变化,从而导致机械性能的变化。如钢板经过卷筒加工后,塑性和韧性将有一定程度的下降,同时强度和硬度将有一定程度的上升。又如铁丝在反复弯折时可以感到它逐渐变硬。这些都是晶格结构发生变化的结果。

2.4.1　金属的弹性变形和塑性变形

金属在外力的作用下产生的变形分为弹性变形和塑性变形两种。金属在弹性变形时只发生原子之间距离的暂时性变化。当引起变形的外力去除后,晶格恢复原来的形状,金属的外形也就完全恢复为原来的外形。当作用在晶体上的外力继续增加时,晶体继续变形。当变形量超过金属弹性变形能力的极限后,便开始产生塑性变形。这部分塑性变形在外力去除后,不能恢复原状。

经过塑性变形的金属,晶粒沿着外力的方向被拉长了。在每个伸长的晶粒里,晶格受到严重的歪扭,其结果是金属的硬度和强度提高,塑性和韧性降低,变形金属产生了所谓加工硬化的现象。焊接件在生产过程中的卷筒、压弯、冷校直等均属于冷加工,都会发生不同程度的加工硬化现象。

然而,硬化现象不仅发生在冷塑性变形的瞬间,而且在变形以后,金属的硬度继续在缓慢地升高,只不过是在冷塑性变形的瞬间硬度上升较快,而在这以后,硬度的上升逐渐缓慢下来。这种随着时间的延长,硬度逐渐升高的现象,称为金属在冷塑性变形后的"自然时效"。工业上为了检验时效以后的金属韧性,常常采用在冷塑性变形后再加热的办法来加速时效的过程。这种办法称为"人工时效处理"。焊接试板的人工时效处理方法是将焊接试板初步加工后,放在拉力试验机上,顺着焊缝方向将焊缝金属及其两侧的热影响区及母材一起拉长 10%（或 5%）。然后放入炉中加热到 250 ℃,保温 1 h,空气中冷却。从这种处理过的试板上截取焊缝冲击试样,所获得的冲击值称为该焊缝的时效冲击值。对某一焊接结构的焊接接头或焊缝金属是否需要进行时效冲击韧性试验,应由设计部门规定。

2.4.2　金属的再结晶

经过塑性变形的金属还可以恢复其塑性和韧性。其办法是通过热处理消除晶格的歪扭现象,使原子重新回到稳定位置。这时金属的硬度和强度回降,塑性和韧性回升。这种热处理称为再结晶热处理。

每一种金属都有一定的再结晶温度。这个温度一般与金属的熔点高低有关。如铁为450 ℃左右,铜为 300 ℃左右,铅和锡的再结晶温度甚至低于室温。当采用的热处理温度高于该金属的再结晶温度时,再结晶的过程可以加速完成。如在工业上,钢在 600～680 ℃进行低温退火可以用于经过冷加工变形后的冷拔钢丝、冷轧钢板或冷加工变形后的焊接件,使它们通过再结晶,降低钢的硬度、强度和脆性,提高韧性和塑性,并消除内应力。

在焊接件的生产中,钢材及随之一起冷变形的焊缝（如带有焊缝钢板的卷筒、冷校或冷冲压）,并不是在所有情况下都必须经过再结晶热处理后才能保证焊接件的安全使用。对于不同的材料及不同的冷变形量,通常由设计者规定是否进行热处理。

2.4.3　晶粒度对金属塑性变形能力的影响

不同金属及其所具有的不同组织结构有着不同的塑性变形能力,或者称为塑性变形的极限值。这一极限值一般用延伸率或断面收缩率来表示。在化学成分及组织结构相同的情况下,细晶粒金属比粗大晶粒金属的塑性和韧性高。在焊接时,一般要注意避免在焊接接头中出现晶粒粗大的过热组织。这种严重过热的组织,多半是由于焊接速度过慢、焊嘴或电弧能率过大、工件散热条件不利或预热温度过高等工艺上的原因所造成。焊接时的过热组织主要发生在热影响区的过热区,有时也发生在焊缝金属,因为这些部位有可能由于上述工艺上的原因在过热温度下停留的时间过长,从而使晶粒过分长大。

2.5 合金的组织与钢的状态图

两种或两种以上的纯金属元素或金属元素与非金属元素熔合或烧结在一起形成具有金属性质的物质,称为合金。例如,普通黄铜是锌和铜的合金;普通钢和铸铁是铁和碳的合金。与纯金属相比,合金在工业上的用途更为广泛。这是由于合金内部组织结构的种类多,而且可以人为地控制合金的成分而得到不同的性能。

2.5.1　合金的组织

合金中的各种元素的原子也与纯金属一样,在物体内部做有规则、有次序的排列。但合金的晶体构造与纯金属比较,有的会有近似之处,有的则复杂得多。

根据两个元素相互作用的关系以及形成晶体结构和显微组织的特点,可将合金的组织分为如下三类:

(1) 固溶体　固溶体是一种物质均匀地分布在另一种物质内而构成的固态复合体。根据原子在晶格上分布的形式,固溶体分为置换固溶体和间隙固溶体两类。

某一元素晶格上的原子部分地被另一种元素的原子所取代的固溶体,称为置换固溶体;如果某一元素晶格上的原子没有缺少,而另一元素的原子挤塞到上述元素晶格原子之间的空隙中去,这种固溶体称为间隙固溶体。

两种元素的原子大小的差别越大,形成固溶体后引起的晶格扭曲的程度也就越大。扭曲的晶格增加了金属塑性变形的阻力,因此,固溶体较纯金属硬度高、强度大。

(2) 化合物　两个元素按一定的原子数比例化合,形成与元素晶格类型及性质完全不同的复合体,称为化合物。金属与金属或金属与非金属之间的化合物,一般情况下有较高的硬度和脆性,并有较高的熔点和比纯金属更大的电阻。常把化合物作为与其他结构相混合的合金加以应用。

(3) 共析体　共析体是由两种或两种以上的晶体结构混合而成的,在显微镜下呈非均一结构。共析体往往比单一的固溶体合金有更高的强度、硬度、耐磨性,但是它的塑性、压力加工性等性能就不如单一固溶体。如珠光体是铁素体和渗碳体(碳化铁)的共析转变产物,其强度和硬度高于铁素体,而塑性则低于铁素体。

2.5.2　钢的状态图

凡是含碳量小于 2% 的铁碳合金,可称为钢。在工业上用的钢,含碳量很少超过1.4%,而其中用于制造焊接结构的钢,含碳量应更低。若含碳量高,则钢的塑性和韧性变差,致使钢的加工性能降低,特别是焊接性能(焊接性),随着结构中钢含碳量的提高而变差。不同含碳量的钢具有不同的机械性能,这主要是由于含碳量不同时,钢的微观组织不同所造成的。钢的微观组织主要有铁素体、渗碳体、珠光体和奥氏体等。

(1) 铁素体　铁素体是含碳量很低的铁。它是由铁和碳(或其他元素)在低于 910 ℃时形成的体心立方晶格的固溶体。铁素体的强度、硬度较低,塑性、韧性很高。铁素体的机械性能如表 2-1 所示。

(2) 渗碳体　渗碳体是铁碳合金中的碳以化合状态出现的碳化铁。它是由 93.33% 的铁和 6.67% 的碳化合而成。其分子式是 Fe_3C。它的性质与铁素体相反,硬度极高(约为 HB800),但强度很低(约为 $3.5 kg/mm^2$),脆性也很大,延伸率和冲击韧性都等于零,即渗碳体本身失去任何变形的能力。随着钢中含碳量的增加,钢中渗碳体的量也增多;钢的硬度、强度也增加;塑性、韧性则下降。

(3) 珠光体　珠光体是铁素体和渗碳体在低于 723 ℃时的机械混合物。这一混合结构的平均含碳量是 0.8%,在珠光体中的铁素体与渗碳体都呈片状,并且是一层一层交替地排列。

珠光体的性能介于铁素体和渗碳体之间,也就是说其硬度和强度比铁素体高,塑性和韧性比铁素体低,这是由于渗碳体梗塞在铁素体晶粒上,阻碍着铁素体的变形所致。但是,珠光体的脆性并不大,因为珠光体中的渗碳体要比铁素体少得多,大约只有铁素体质量的 1/8。铁素体、珠光体和渗碳体的机械性能如表 2-1 所示。

表 2-1　铁素体和珠光体的机械性能

机械性能	铁素体	珠光体	渗碳体
硬度(HB)	80	220	800
抗拉强度 σ_b/MPa	30	80	—
相对伸长率 δ/%	50	14	0
相对面积收缩率 ψ/%	75	20	—
冲击韧性 a_K/(J/cm^2)	20	1.5	0

(4) 奥氏体　奥氏体具有面心立方晶格。它是碳溶解于面心立方晶格铁中的固溶体。碳钢中的奥氏体只出现在高温区域内,在低于 723 ℃ 以后,奥氏体随着钢中含碳量的不同,分别转变为铁素体、珠光体和渗碳体。

奥氏体具有低的硬度(HB200)和强度,但是它的塑性和韧性极为良好。

以上四种组织并不同时出现在钢的组织结构中。它们各自出现的条件除了取决于钢中的含碳量外,还取决于钢本身所处的温度范围。不同含碳量的钢在不同温度下所处的状态及所具有的组织结构图称为钢的状态图(见图 2-6)。

图上的纵坐标表示温度。横坐标表示成分,即铁碳合金中碳的百分含量,如在横坐标的左端,碳含量为零,即为纯铁(Fe 100%)。

图上六条重要的线具有如下不同的意义:

a. 温度最高的是 ABC 线,它表示液体合金在冷却时开始凝固结晶的温度,故称液相线。这条线说明,纯铁在 1535 ℃凝固结晶,随着钢中含碳量的增加(0~2%),铁碳合金的凝固结晶温度就降低。

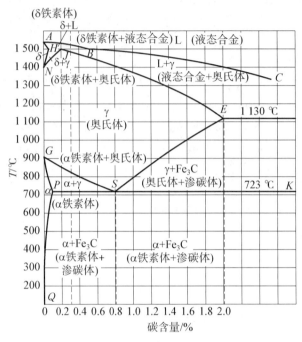

图 2-6　钢的状态图

b. $AHJE$ 线表示液态合金在冷却时全部凝固结晶为固溶体的温度。

HJB 水平线（1495℃），在此线温度发生包晶转变，$δ+L \rightarrow γ$，转变产物是奥氏体。

GS 线表示含碳低于 0.8% 的钢在缓慢冷却条件下由奥氏体中开始析出铁素体的温度；反之，在加热时，GS 线为铁素体转变为奥氏体的终了温度。GS 常用 A_3 表示。

ES 线表示含碳量大于 0.8% 的钢在缓慢冷却条件下由奥氏体开始沉淀渗碳体的温度。ES 常用 A_{cm} 表示。

PSK 水平线相当于 723℃，它表示所有含碳的钢在缓慢冷却时，奥氏体全部转变为珠光体的温度；反之，在缓慢加热条件下，该线表示由珠光体转变为奥氏体的温度。PSK 线常用 A_1 符号来表示。

图中 E 点为钢与生铁成分的分界点，在 E 点对应的合金成分是含碳约 2% 和铁 98%。

S 点为共析点。正对 S 点成分的钢称为共析钢，其组织全部为珠光体。S 点左边的钢称为亚共析钢，其组织为铁素体加珠光体，离 S 点越远铁素体越多，珠光体越少。S 点右边的钢称为过共析钢，其组织由珠光体加渗碳体组成，离 S 点越远渗碳体越多。

图中以含碳量 0.3% 的钢为例，说明它从液态冷却到室温过程中其组织结构变化的情况。假设，这个钢的起点温度是 1650℃，即处于液态。温度下降到 ABC 线时钢液开始凝固，即从钢液中生成 δ 铁素体晶核并不断长大，数量随温度下降不断增多，当冷却到 HJB 水平线温度时，发生包晶转变，即液态金属加 δ 铁素体生成奥氏体，仍有少量液态金属留下来，直到 JE 线温度才全部转变为固相。在 $NJESG$ 包围的广大区域内都是单一的奥氏体。温度下降到 GS 线时(即 A_3 温度),由奥氏体中开始析出铁素体,随温度下降而不断长大,数量增多。当温度下降到 PSK 线(即 A_1)时,剩下的奥氏体转变为珠光体。从 A_1 温度到室温,在缓慢冷却条件下,钢的组织由珠光体和铁素体组成。但是,在不平衡冷却条件下,通过改变冷却方式和冷却速度,可以得到珠光体加铁素体以外的其他组织类型,如马氏体、贝氏体等。

钢的状态图对于热加工生产有着重要意义,如钢液浇注温度的选择;钢的锻造、轧制加工的起始温度和终了温度的选择;钢的热处理工艺制订,包括焊接件的焊后热处理工艺选择,以及研究钢在焊接过程中焊缝及热影响区组织和性能的变化等,都是以钢的状态图为基础的。

2.6　钢的热处理

将金属件加热到一定温度,在这个温度下保持一定时间,然后以一定的冷却速度冷却到室温,这个过程称为热处理。在冷却过程中,不同的冷却速度对钢的组织变化将产生重大的影响。

热处理主要是作为一种金属加工工艺在工业中应用,使得某一金属材料在不同的热处理后获得多种不同的组织和性能。此外,焊接时母材上靠近焊缝的热影响区受到焊接加热及冷却条件的影响,实际上是经受了热处理。在多层焊时,热影响区和已焊完的前几层焊缝甚至要经受多次的热处理。

热处理工艺大致有淬火、回火、退火、正火和消除应力退火几种。

2.6.1　淬火

对含碳量小于 0.8% 的亚共析钢(如低碳钢、中碳钢)淬火的加热温度在 A_3 线以上 30～50 ℃,在此温度下保持一段时间,使钢的组织全部转变为奥氏体,然后在水中或油中急速冷却,使奥氏体来不及分解为珠光体和铁素体即形成马氏体。这个过程称为淬火。但是含碳量小于 0.25% 的普通低碳钢由于含碳量低,所以不易经淬火形成马氏体。

马氏体是碳溶于体心立方晶格铁中的过饱和固溶体。在显微镜下观察,马氏体呈白色针状组织。马氏体的硬度高(HB600～650)、脆性大、强度也很高,但塑性、韧性较低。

在焊接中碳钢和某些低合金结构钢时,在近缝区可能发生淬火现象,即产生高硬度的含马氏体带。为了避免焊接时出现马氏体组织和防止产生冷裂纹,在焊接有淬火倾向的钢时,常采取以下工艺措施:

(1) 预热　预热可以减慢焊缝及热影响区的冷却速度,有利于避免产生淬火组织。这种办法广泛用于中碳钢、某些合金钢的焊接和工具钢的堆焊中。

(2) 采用较大的焊接线能量　较大的焊接电流和较小的焊接速度,将在一定程度上减慢焊接接头的冷却速度,有助于避免淬火组织和冷裂纹的产生。

在焊后需要将整个焊接件进行一次淬火热处理的情况在生产中较少,但有时也会遇到。例如，刀具堆焊或焊接后、锻模堆焊后、弹簧钢焊接后，往往要在加工后(加工前常常需要退火，降低硬度)进行淬火热处理，以得到高的硬度。

2.6.2 回火

淬火后的回火可以在一定程度上恢复钢的韧性。回火温度为 A_1(723 ℃)线以下。按回火温度的不同，分为低温回火(150～250 ℃)和高温回火(400～650 ℃)。低温回火使淬火后的硬度降低很少，甚至不降低，但韧性有所提高；而高温回火可消除钢中的内应力，降低钢的强度、硬度，提高塑性及韧性。回火处理的保温时间为 1～4 h，然后在空气或油中冷却。

如果单纯为了消除焊接残余内应力而对焊件进行 650 ℃ 的处理，也可以称为消除应力回火处理。

某些合金钢及其焊接结构，在淬火后随即进行高温回火，这一连续的热处理操作称为调质处理。调质处理能使钢在保持高的冲击韧性的同时，获得高的强度。使钢获得其他处理方法所达不到的优良的机械性能。

2.6.3 退火

将钢加热到 A_3 或 A_1 线以上 30～50 ℃，在该温度保持一段时间，然后缓慢而均匀地冷却到常温或者冷却到低于 A_1 线的某一温度，在做一定时间的停留后，再在空气中或随炉冷却，这一过程称为退火。

退火可以降低硬度，便于切削加工，还能使钢的晶粒细化及消除内应力。

2.6.4 正火

将钢加热到 A_3 或 A_{cm} 线以上 30～50 ℃，经过保温后，在空气中冷却，这一过程称为正火。由于在空气中冷却速度较快，钢经过正火处理后，所获得的组织较退火后的细。因而，同一钢材在正火后的强度和硬度较退火后的高。

2.6.5 消除应力退火

焊接结构的消除应力退火属于低温退火。由于这种退火的加热温度与高温回火的温度接近，所以也可以称为消除应力回火。

消除应力退火的加热温度是 A_1 线下的某一温度，一般采用 600 ℃ 或 650 ℃ 左右，保温时间按每毫米厚度 4～5 min 计算(但不应小于 1 h)，然后在空气中或随炉冷却。

由于这种热处理主要的作用是消除焊接结构的残余内应力(或称为焊接应力)，所以在一些情况下焊件应进行焊后消除应力退火处理。

(1) 当采用焊接结构制造机器设备的床身、箱体等要求焊后机械加工的零部件时，应在机械加工前进行消除应力退火处理，以保证在加工过程中及加工后焊件不变形。

(2) 某些低温下工作的容器、厚度超过一定界限的大型容器、受应力腐蚀的焊件以及其他重要的焊接结构是否要进行焊后热处理，应由设计部门规定。

思考题

2.1　金属的机械性能主要有哪些?

2.2　如何测试金属的拉伸强度和屈服强度?

2.3　根据晶体结构和显微组织的特点,合金的组织可分为哪几类?

2.4　钢的热处理需要经过哪几个工艺?

第3章 焊接与切割技术概述

水下焊接与切割技术是在焊接与切割技术的基础上发展而来的特殊应用技术,因此在很多基本原理及操作规范上是相同的。为了对水下焊接与切割技术有更充分的认识,应先对焊接与切割的基础知识有一定的了解,本章主要介绍焊接的理论基础、焊接方法及设备、切割原理、切割方法及设备等内容。

3.1 焊接概述

按照国际焊接学会的定义,焊接是指通过加热、加压或两者并用,使用或不使用填充材料,使被焊材料实现原子间的结合,形成永久连接的工艺。焊接使用的能源主要是热能源和机械能源,其中热能源是目前应用最为广泛的焊接能源。

焊接可用来连接金属与金属、非金属与非金属以及金属与非金属,但主要用来连接金属与金属。作为一种金属连接工艺,焊接已基本上取代了原来所用的连接工艺,许多传统的铸件、锻件也已被焊件或铸-焊、锻-焊制品所代替。在大多数发达国家,利用焊接加工的钢材量已超过钢材产量的一半。另外,大量的铝、铜、钛等有色金属及合金的连接也需要利用这种方法来实现。焊接已广泛用于锅炉与压力容器制造、船舶制造、起重与运输设备制造、航空与航天、能源、石油化工、建筑、电子技术、海洋开发等工业中。如果没有焊接,许多工业产品,如锅炉及压力容器等,是无法生产的。

与其他类似的材料加工工艺,如铸造、锻压、铆接相比,焊接具有如下特点:

(1) 焊接可以将不同类型、不同形状及尺寸的金属材料连接起来。因此,通过焊接可使金属结构中材料的分布更合理。此外,焊接可直接将各个零部件连接起来,无须其他附加件,接头的强度一般也能达到与母材相同,因此,焊接产品的质量轻、成本低。

(2) 焊接接头是通过原子间结合力实现的连接,整体性好、刚度大,在外力作用下不会像机械连接(如铆接等)那样产生较大的变形,且焊接结构具有良好的气密性、水密性,这是其他连接方法无法比拟的。

(3) 焊接加工一般不需要大型、贵重设备,因此,是一种投资少、见效快的加工方法。

(4) 焊接是一种"柔性"加工工艺,既适用于大批量生产,又适用于小批量生产,而产品结构变化时,无须对焊接设备做重大的调整和变化。

(5) 利用焊接进行加工时,可将结构复杂的大型构件分解为许多小型零部件分别加工,然后再将这些零部件焊接起来,这样就简化了金属结构的加工工艺、缩短了加工周期。

3.1.1　焊接理论基础

1）焊接热过程及影响

就应用最为广泛的熔化焊而言,焊接接头一般经历加热、熔化、冶金反应、凝固结晶、固态相变、形成接头的过程。可见,焊接热过程(见图 3-1)是被焊材料受到焊接热源的作用而经历的加热、熔化、凝固和冷却的过程。

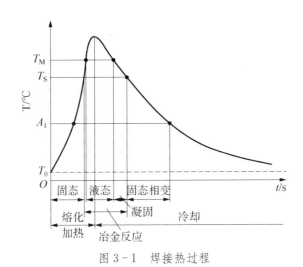

图 3-1　焊接热过程

焊接热过程涉及焊接传热、焊缝金属的组织转变及由温度变化和组织转变引起的应力应变等物理化学过程,远复杂于一般热处理条件下的热过程,其特点主要集中于以下四个方面:

(1) 焊接热过程的局部集中性。焊接热源集中作用在焊缝及其附近区域,并在短时间内形成焊接接头,而不是均匀加热整个焊件。因此,被焊材料在焊接过程中局部受热,且加热和冷却过程极不均匀。

(2) 焊接热源的运动性。焊接过程中的热源是运动的,不仅焊件受热区域不断变化,而且焊件上各点的温度也随时间不断变化。所以,焊接热过程实际上是准稳态过程。

(3) 焊接热源的瞬时性。焊接热源能量高度集中且加热区域较小,焊接速度较快,导致焊接加热速度和冷却速度很快,这与一般热处理工件缓慢加热的传热过程有很大区别。

(4) 焊接传热的复合性。焊接热过程中涉及各种传热方式,是复合传热过程。在熔池内部,焊接传热以液态金属的对流为主;而在熔池外部,以固态热传导为主,并辅以蒸发和辐射换热。

焊接热过程决定了焊缝区及热影响区的组织性能、焊接接头的应力状态等,对焊接质量有显著影响。另外焊接热过程也是影响焊接生产效率的重要因素。

焊接热过程决定了焊接熔池的温度和存在时间,直接影响焊缝金属的焊接冶金过程。在焊接过程中,高温熔化的金属、熔渣及焊接区气体之间进行一系列的冶金反应,如焊缝金属的氧化、还原、渗合金、脱磷、脱硫等。这些反应决定了焊缝金属的成分、组织和性能,若冶金反应不充分,焊缝金属将产生气孔、夹渣、偏析等冶金缺陷,因此控制焊接热过程是保证焊缝质量的重要环节。

在焊接热过程中,热影响区的母材金属受热传导的作用也会发生组织和性能变化,这些变化取决于焊接热源性质、加热时间和冷却速度。受其影响,热影响区组织可能产生晶粒粗大,并产生淬硬、脆化或软化的现象。

焊接过程的加热速度和冷却速度很快,焊接接头将发生不同程度的热塑性变化,焊后会产生不均匀的应力状态和各种变形,焊接应力和冶金因素共同影响了焊接接头的裂纹倾向。

提高母材和焊接材料的熔化速度是提高焊接生产率的重要途径,而熔化速度则取决于焊接热作用。因此焊接热过程也是焊接生产效率的重要影响因素。

因此,为了控制焊接质量并提高焊接效率,必须研究焊接热过程的基本规律及其在各种焊接参数条件下的变化趋势,如焊接热源的基本特性、母材金属的热物理性质、焊接传热的基本规律、焊接温度场、焊接热循环等。

2) 焊接热源及热循环

(1) 焊接热源的种类。为获得高质量的焊缝和最小的焊接热影响区,要求焊接热源具有能量高度集中、能快速完成焊接过程的特点。目前,能满足焊接条件的热源有以下几种。

a. 电弧热　电弧热利用气体介质中电弧放电过程所产生的热能作为焊接热源,是目前焊接中应用最为广泛的热源,如焊条电弧焊、埋弧焊、熔化极气体保护焊、钨极氩弧焊等。

在电弧焊接过程中,电弧在单位时间内放出的热量为

$$q_0 = UI$$

式中,U——电弧电压,V;

　　　I——焊接电流,A。

但在实际焊接过程中,电弧产生的热量并不能全部被吸收利用,有一部分因对流、传导、热辐射、飞溅等而损失。

b. 电阻热　以电流通过导体时所产生的电阻热作为焊接热源,主要用于电阻焊、电渣焊。这类焊接过程的机械化和自动化程度较高,但需要消耗大量的电能。

电阻焊的热源是电流通过焊件时产生的电阻热,即

$$Q = I^2 Rt$$

式中,Q——产生的电阻热,J;

　　　I——焊接电流,A;

　　　R——焊接区总电阻,Ω;

　　　t——通电时间,s。

电阻焊焊接区的总电阻一般在 $100\,\mu\Omega$ 数量级,因此在实际电阻焊的过程中,焊接电流很大,通电时间一般很短。

在电渣焊时,作为电极的焊丝送入能导电的熔渣池内,电流通过渣池时产生的电阻热熔化焊丝和母材,冷却后形成焊缝,渣池中产生的热量为

$$Q = UIt$$

式中,Q——产生的电渣热,J;

　　I——焊接电流,A;

　　R——焊接区总电阻,Ω;

　　t——通电时间,s。

c. 化学热　利用可燃气体或铝、镁热剂发生强烈反应时产生的热能作为焊接热源,常用于气焊、铝热焊等。

在气焊时,以可燃气体燃烧时火焰放出的热量为焊接热源,其火焰温度必须超过被焊金属的熔点。大部分可燃气体与氧混合燃烧,其火焰温度都超过被焊金属的熔点,但最高温度的火焰具有氧化性,使焊缝金属氧化,不利于焊接。通常减少氧气量将火焰调成中性,适当降低火焰温度,以利于焊接过程。

此外,主要的焊接热源还包括电子束、激光束、摩擦热、等离子焰。其他新型的焊接热源,如灯光束、聚焦太阳能等正在发展中。

(2) 焊接热循环。在焊接过程中热源沿焊件移动时,焊件上某点温度由低到高,达到最大值后由高到低的变化过程称为焊接热循环,用以描述焊接过程中热源对被焊金属的热作用。距焊缝不同距离的点所经历的焊接热循环是不同的,如图 3-2 所示。

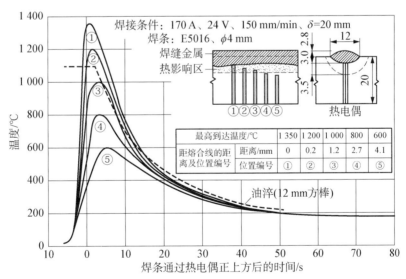

图 3-2　距焊缝不同距离各点的焊接热循环(低碳钢,板厚 20 mm,焊条电弧焊)

注:δ 为工作厚度。

(3) 焊接热循环的主要参数。焊接是非平衡加热过程条件,其加热速度比热处理条件下的快。随加热速度的提高,相变温度也随之提高,奥氏体的均质化和碳化物的溶解就越不充分,必然会影响焊缝和热影响区冷却后的组织和性能。

a. 加热速度　加热速度受焊接过程很多因素的影响，如焊接方法、焊接热输入、母材材质及几何尺寸等。低合金钢几种常用焊接方法的加热速度、冷却速度等热循环参数如表3-1所示。

表3-1　单层电弧焊与电渣焊低合金钢时近缝区热循环参数

板厚/mm	焊接方法	焊接热输入/(J/cm)	900 ℃时加热速度/(℃/s)	900 ℃以上的停留时间/s		冷却速度/(℃/s)		备　注
				加热时 t'	冷却时 t''	900 ℃	500 ℃	
1	钨极氩弧焊	840	1 700	0.4	1.2	240	60	对接不开坡口
2	钨极氩弧焊	1 680	1 200	0.6	1.8	120	30	对接不开坡口
3	埋弧焊	3 780	700	2.0	5.5	54	12	对接不开坡口、有焊剂垫
5	埋弧焊	7 140	400	2.5	7	40	9	对接不开坡口、有焊剂垫
10	埋弧焊	19 320	200	4.0	13	22	5	对接不开坡口、有焊剂垫
15	埋弧焊	42 000	100	9.0	22	9	2	对接不开坡口、有焊剂垫
25	埋弧焊	105 000	60	25.0	75	5	1	对接不开坡口、有焊剂垫
50	电渣焊	504 000	4	162.0	335	1.0	0.3	双丝
100	电渣焊	672 000	7	36.0	168	2.3	0.7	三丝
100	电渣焊	1 176 000	3.5	125.0	312	0.83	0.28	板极
220	电渣焊	966 000	3.0	144	395	0.8	0.25	双丝

b. 加热的最高温度　加热的最高温度是影响焊缝金属及热影响区组织、性能的重要因素，距焊缝距离不同的点，加热的最高温度也不同（见图3-3）。低碳钢和低合金钢焊接时，在熔合线附近的过热区，由于最高加热温度超过了晶粒迅速长大的临界温度，晶粒发生严重长大，导致韧性显著降低。

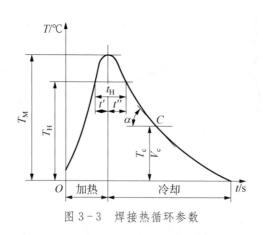

图3-3　焊接热循环参数

c. 在相变温度以上的停留时间　在相变温度以上的停留时间越长，越利于奥氏体的均质化，增加奥氏体的稳定性。但温度过高时（如高于1 100 ℃），即使高温停留时间不长，也会导致晶粒严重长大(如电渣焊时)。通常将高温停留时间分为加热过程的停留时间和冷却过程的停留时间。

d. 冷却速度和冷却时间 冷却速度是决定焊缝金属和焊接热影响区组织性能的重要参数,通常指在一定温度范围内的平均冷却速度,或者是冷至某一瞬时温度的冷却速度。

3) 焊接接头及焊缝

(1) 焊接接头的组成。《焊接术语》GB/T 3375—94 对"焊接接头"定义如下:两个或两个以上零件要用焊接组合或已经焊合的接点。检验焊接接头性能应考虑焊缝区、熔合区、热影响区甚至母材等不同部位的相互影响。

焊缝区是指焊缝表面和熔合线所包围的区域。在焊接过程中,焊缝区金属高温时熔化成液体,随后冷却一次结晶成固相金属,继续冷却发生固态相变(二次结晶),最终形成室温焊缝。

熔合区是焊缝与母材交接的过渡区域,微观上显示为母材半熔化状态的区域,该区很窄,两侧分别为经过完全熔化的焊缝区和完全不熔化的热影响区。熔合区具有几何尺寸小、成分不均匀、空位密度高、残余应力大以及晶界液化严重等特点,有可能造成接头性能的降低,并成为焊接接头的薄弱环节。

热影响区是母材受焊接热输入的影响未熔化但发生金相组织和力学性能变化的区域。焊接热影响区各部分经历的焊接热循环不同,组织和性能也不相同。

对于焊接接头的特征区域,除了上述传统通用的划分方法外,国外学者也提出了其他划分方法,比较有影响的划分如表 3-2 和图 3-4 所示。

表 3-2 焊接接头(熔化焊)特征区域的划分

部位(名称)	所包括的范围(定义)	现在通用的划分
完全混合区	填充金属与母材金属完全均匀混合形成化学成分均一的焊缝金属	焊缝区
不完全混合区	焊缝金属的外侧部分,母材金属与填充金属不完全混合的地方	
焊接边界(熔合线)	明显的完全熔化边界	熔合区
部分熔合区	焊缝边界的外侧母材部分,晶粒边界有不同程度的熔化(0～100%)	
纯热影响区	固相母材发生组织变化的区域	热影响区

综上所述,研究和分析焊接接头性能时,应考虑焊缝区、熔合区、热影响区的差异以及相关影响。影响焊接接头的力学性能的因素主要有焊接缺陷、接头形状的不连续性、焊接残余应力和变形等。常见的焊接缺陷的形式有焊接裂纹、熔合不良、咬边、夹渣和气孔。焊接缺陷中的未熔合和焊接裂纹往往是接头的破坏源。接头的形状和不连续性主要是焊缝增高及连接处的截面变化造成的,此处会产生应力集中现象;同时,由于焊接结构中存在着焊接残余应力和残余变形,导致接头力学性能的不均匀。在材质方面,不仅有热循环

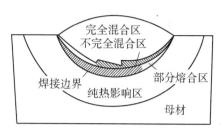

图3-4　焊接接头特征区域划分

引起的组织变化,还有复杂的热塑性变形产生的材质硬化。此外,焊后热处理和矫正变形等工序,都可能影响接头的性能。

(2) 焊接接头的形式。在焊接生产中,由于焊件厚度、结构形状和使用条件不同,其接头形式和坡口形式也不同,焊接接头形式可分为对接接头、搭接接头、T字接头及角接接头四种。

a. 对接接头　对接接头是焊接结构中使用最多的一种接头形式。按照焊件厚度和坡口准备的不同,对接接头一般可分为卷边对接、不开坡口、V形坡口、X形坡口、单U形坡口和双U形坡口等形式(见图3-5)。

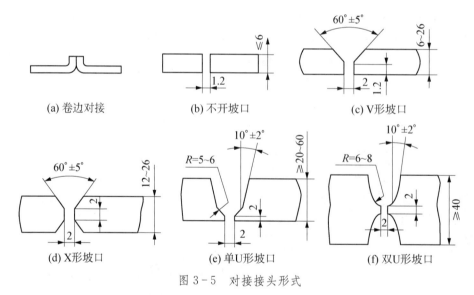

图3-5　对接接头形式

注:图中数字的单位除已标注单位外,均为毫米。

开坡口是为了保证焊缝根部焊透,便于清除熔渣,获得较好的焊缝成形,而且坡口能起调节基本金属和填充金属比例的作用。钝边是为了防止烧穿,钝边尺寸要保证第一层焊缝能焊透,间隙也是为了保证根部能焊透。

选择坡口形式时,主要考虑的因素如下:保证焊缝焊透,坡口形状容易加工,尽可能提高生产效率、节省焊条,焊后焊件变形尽可能小。

钢板厚度在6 mm以下时,一般不开坡口。但重要结构,当厚度在3 mm时就要求开坡口。钢板厚度为 6～26 mm 时,采用 V 形坡口,这种坡口便于加工,但焊后焊件容易发生变形。钢板厚度为 12～60 mm 时,一般采用 X 形坡口,这种坡口比 V 形坡口好,在同样厚度下,它能减少焊着金属量 1/2 左右,焊件变形和内应力也比较小,主要用于大厚度及要求变形较小的结构中。单 U 形和双 U 形坡口的焊着金属量更少,焊后产生的变形也小,但这种坡口加工困难,一般用于较重要的焊接结构。

b. 搭接接头 搭接接头根据其结构形式和对强度的要求,可分为不开坡口、圆孔内塞焊、长孔内角焊三种形式(见图 3‑6)。

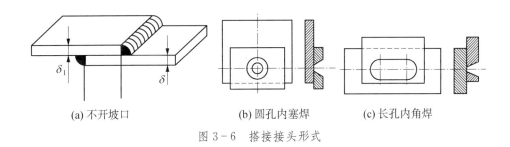

(a) 不开坡口　　　　(b) 圆孔内塞焊　　　　(c) 长孔内角焊

图 3‑6　搭接接头形式

不开坡口的搭接接头一般用于 12 mm 以下钢板。这种接头的装配要求不高,接头的承载能力低,所以只用在不重要的结构中。

当遇到重叠钢板的面积较大时,为了保证结构强度,可根据需要分别选用圆孔内塞焊和长孔内角焊的接头形式。这种形式特别适于被焊结构狭小处以及密闭的焊接结构。圆孔和长孔的大小和数量应根据板厚和对结构的厚度要求而定。

c. T 字接头 T 字接头的形式如图 3‑7 所示。这种接头形式应用范围比较广,在船体结构中,约 70% 的焊缝采用这种接头形式。按照焊件厚度和坡口准备的不同,T 字接头可分为不开坡口、单边 V 形坡口、K 形坡口以及双 U 形坡口四种形式。

当 T 字接头作为一般连接焊缝,并且钢板厚度为 2～30 mm 时,可不必开坡口。若 T 字接头的焊缝要求承受载荷时,则应按钢板厚度和对结构的强度要求,开适当的坡口,使接头焊透,以保证接头强度。

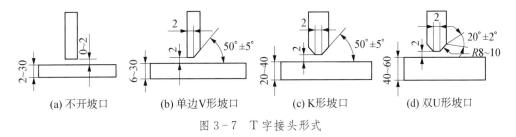

(a) 不开坡口　　(b) 单边V形坡口　　(c) K形坡口　　(d) 双U形坡口

图 3‑7　T 字接头形式

注:图中数字的单位除已标注单位外,均为毫米。

d. 角接接头 角接接头的形式如图 3‑8 所示。根据焊件厚度和坡口准备的不同,角接接头可分为不开坡口、单边 V 形坡口、V 形坡口以及 K 形坡口四种形式。

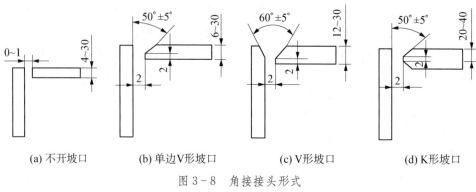

(a) 不开坡口　　(b) 单边V形坡口　　(c) V形坡口　　(d) K形坡口

图 3-8　角接接头形式

注:图中数字的单位除已标注单位外,均为毫米。

(3) 焊缝的基本形状及空间位置。焊缝形状和尺寸通常是对焊缝的横截面而言,焊缝形状特征的基本尺寸如图 3-9 所示。c 为焊缝宽度,简称熔宽;s 为基本金属的熔透深度,简称熔深;h 为焊缝的堆敷高度,称为余高量;焊缝熔宽与熔深的比值称为焊缝形状系数 ψ,即 $\psi = c/s$。焊缝形状系数 ψ 对焊缝质量影响很大,当 ψ 选择不当时,会使焊缝内部产生气孔、夹渣、裂纹等缺陷。通常,焊缝形状系数 ψ 控制在 1.3～2 较为合适,这对熔池中气体的逸出以及防止夹渣、裂纹等均有利。

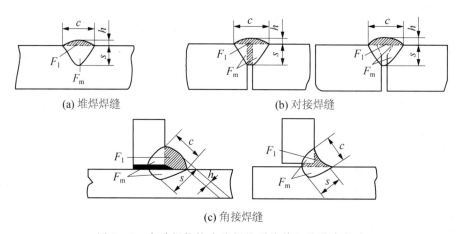

(a) 堆焊焊缝　　　　　　　　(b) 对接焊缝

(c) 角接焊缝

图 3-9　各种焊接接头的焊缝形状特征的基本尺寸

按施焊时焊缝在空间所处位置的不同,可分为平焊缝、立焊缝、横焊缝和仰焊缝四种形式,如图 3-10 所示。

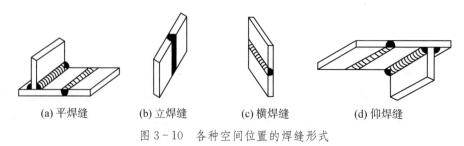

(a) 平焊缝　　　(b) 立焊缝　　　(c) 横焊缝　　　(d) 仰焊缝

图 3-10　各种空间位置的焊缝形式

（4）焊缝的符号及规定。焊缝符号一般由基本符号与指引线组成。必要时还可以加上辅助符号、补充符号、引出线和焊缝尺寸符号；并规定基本符号和辅助符号用粗实线绘制，引出线用细实线绘制。其主要用于金属熔化焊及电阻焊的焊缝符号表示。

a. 基本符号　根据国标 GB/T 324—2008《焊接符号表示法》的规定，基本符号是表示焊缝横剖面形状的符号，它采用近似焊缝横剖面形状的符号来表示，其基本符号表示方法如表 3-3 所示。

b. 辅助符号　辅助符号是表示焊缝表面形状特征的符号，焊缝的辅助符号及其应用如表 3-4 所示。如不需要确切说明焊缝表面形状时，可以不用辅助符号。

c. 补充符号　补充符号是为了补充说明焊缝的某些特征而采用的符号，如表 3-5 所示。

表 3-3　焊缝的基本符号

名　称	符　号	图　示
卷边焊缝 （卷边完全熔化）	⋏	
I 形焊缝	‖	
V 形焊缝	∨	
单边 V 形焊缝	⌵	
带钝边 V 形焊缝	Y	
带钝边单边 V 形焊缝	⼘	
带钝边 U 形焊缝	Y	
带钝边 J 形焊缝	⼘	
封底焊缝	⌣	
角焊缝	◺	

（续表）

名　称	符号	图　示
塞焊缝或槽焊缝	⊓	
点焊缝	○	 电阻焊　　　熔焊
缝焊缝	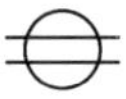 ⊖	 电阻焊　　　熔焊
陡边焊缝	 ⋁	
单边陡边焊缝	 ⋁	
端接焊缝	‖‖	
堆焊缝	 ⌒⌒	

表 3-4　焊缝的辅助符号及其应用

名称	符号	图示	说明	辅助符号应用示例	
				焊缝名称	符号
平面符号	──		焊缝表面齐平（一般通过加工）	平面 V 形对接焊缝	
凹面符号	⌣	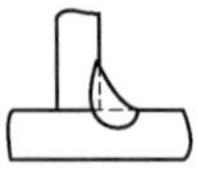	焊缝表面凹陷	凹面角焊缝	
凸面符号	⌢		焊缝表面凸起	凸面 V 形焊缝	
		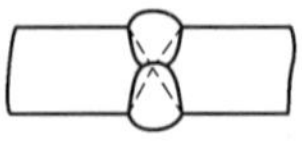		凸面 X 形对接焊缝	
焊趾平滑过渡符号			角焊缝具有平滑过渡的表面	平滑过渡熔为一体的角焊缝	

表 3-5　焊缝的补充符号

名称	符号	图示	说　　明
带垫板符号	▭		表示焊缝底部有垫板
三面焊缝符号	⊏		表示三面带有焊缝
周围焊缝符号	◯		表示环绕工件周围焊缝
现场符号	◤	—	表示现场或工地上进行焊接
尾部符号	⟨	—	尾部可标注焊接方法数字代号(按 GB/T 5185—2005)、验收标准、填充材料等。相互独立的条款可用斜线"/"隔开

（5）焊缝标注的有关规定。

a. 基本符号相对基准线的位置　图 3-11 表示指引线中箭头线和接头的关系，图 3-12 所示为基本符号相对基准线的位置。如果焊缝在接头的箭头侧，如图 3-11(a)所示，则将基本符号标在基准线的实线侧，如图 3-12(a)所示；如果焊缝在接头的非箭头侧，如图 3-11(b)所示，则将基本符号标在基准线的虚线侧，如图 3-12(b)所示。标对称焊缝及双面焊缝时，基准线可以不加虚线，如图 3-12(c)(d)所示。

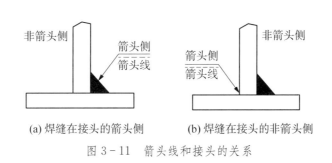

(a) 焊缝在接头的箭头侧　　　(b) 焊缝在接头的非箭头侧

图 3-11　箭头线和接头的关系

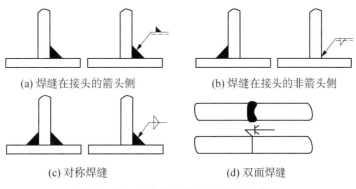

(a) 焊缝在接头的箭头侧　　　(b) 焊缝在接头的非箭头侧

(c) 对称焊缝　　　(d) 双面焊缝

图 3-12　基本符号相对基准线的位置

　　焊缝尺寸符号及数据的标注原则如图 3-13 所示。焊缝尺寸符号如表 3-6 所示。

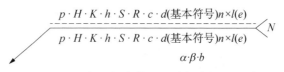

图 3-13　焊缝尺寸符号及数据的标注原则

表 3-6　焊缝尺寸符号

符号	名称	图示	符号	名称	图示
δ	工作厚度		K	焊脚高度	
S	焊缝有效厚度		d	熔核直径	
c	焊缝宽度		l	焊缝长度	
b	根部间隙		R	根部半径	
p	钝边高度		n	相同焊缝段数	
e	焊缝间隙		N	相同焊缝数量符号	
α	坡口角度		H	坡口深度	
β	坡口面角度		h	余高	

　　(a) 焊缝横剖面上的尺寸,如钝边高度 p、坡口深度 H、焊脚高度 K、焊缝宽度 c 等标注在基本符号左侧。

（b）焊缝长度方向的尺寸,如焊缝长度 l、焊缝间隙 e、相同焊缝段数 n 等标注在基本符号的右侧。

（c）坡口角度 α、坡口面角度 β、根部间隙 b 等尺寸标注在基本符号的上侧或下侧。

（d）相同焊缝数量 N 标在尾部。

当若干条焊缝的焊缝符号相同时,可使用公共基准线进行标注(见图 3-14)。

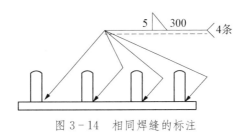

图 3-14　相同焊缝的标注

4）焊接应力与变形

焊接构件中由焊接而产生的内应力称为焊接应力。焊后残留在焊件内的焊接应力称为焊接残余应力。

物体由于焊接而产生的变形称为焊接变形。焊后焊件残留的变形称为焊接残余变形。焊接残余变形通常是一种焊后不能恢复的塑性变形,只能残留在焊件上,它是由焊接内应力引起的。

焊接结构在制造过程中总会产生焊接应力和变形,使焊件的形状和尺寸发生偏差。如果变形量超过允许数值,必须经过矫正才能满足使用要求。如焊接应力过大,可使焊件在焊接过程中或焊后产生焊接裂纹,所以焊接应力和变形将直接影响结构的制造质量和使用性能。因此应了解焊接应力和变形的产生原因、种类、影响因素以及控制和防治方法。

（1）焊接应力及变形产生的原因。假设在焊接过程中焊件整体受热是均匀的,则加热膨胀和冷却收缩将不受拘束而处于自由状态,那么焊后焊件不会产生焊接残余应力和变形(见表 3-7)。

表 3-7　金属棒自由膨胀和收缩

自由膨胀和收缩	加热过程	变形	应力
	室温	原长	无
	加热	伸长	无
	冷却	缩短	无
	最终状态(室温)	原长	无

但是焊接时焊件实际上是承受局部不均匀的加热和冷却。用一根金属棒进行膨胀受阻、自由收缩及膨胀和收缩均受阻的不均匀加热和冷却实验,可模拟金属材料的焊接过程(见表 3-8 和表 3-9)。

表 3-8　金属棒膨胀受阻、自由收缩

膨胀受阻、自由收缩	加热过程	变形	应力
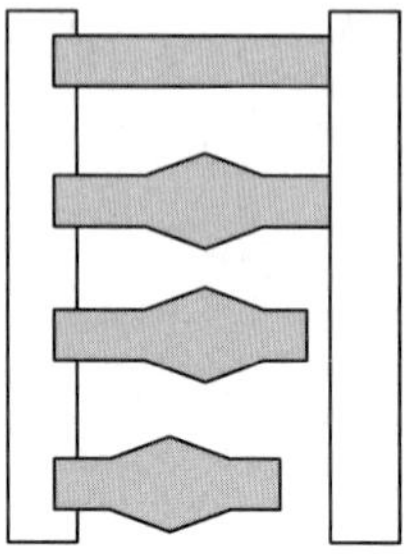	室温	原长	无
	加热	膨胀受阻	压应力
	冷却	缩短	无
	最终状态(室温)	缩短、中心变厚	无

表 3-9　金属棒膨胀和收缩均受阻

膨胀受阻、收缩受阻	加热过程	变形	应力
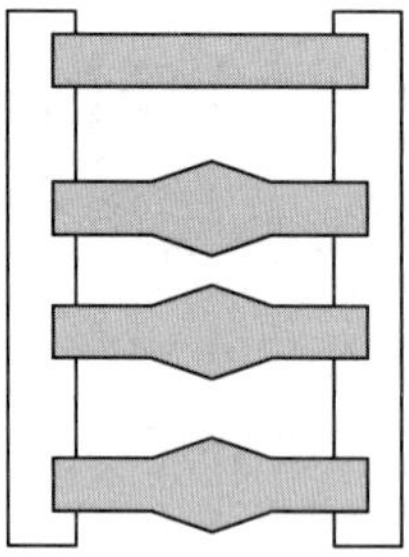	室温	原长	无
	加热	膨胀受阻	压应力
	冷却	收缩受阻	拉应力
	最终状态(室温)	原长、中心变厚	拉应力

由表 3-8 可知,金属棒加热时,膨胀受到阻碍,产生了压应力,在压应力的作用下,产生一定热压缩塑性变形;冷却时,金属棒可以自由收缩,冷却到室温后金属棒长度有所缩短,应力消失。

由表 3-9 可知,金属棒在加热和冷却过程中都受到拘束,其长度几乎不能伸长也不能缩短。加热时,棒内产生压缩塑性变形,冷却时的收缩使棒内产生拉应力和拉伸变形;当冷却到室温后,金属棒长度几乎不变,但金属棒内产生了较大的拉伸应力。

在焊接过程中,电弧热源对焊件进行局部的不均匀加热(见图 3-15),焊缝及其附近的金属被加热到高温时,由于受到其周围较低温度金属的抵抗,不能自由膨胀而产生了压应力,如果压应力足够大,就会产生压缩塑性变形;当焊缝及其附近金属冷却发生收缩时,同样也会由于受周围较低温度金属的拘束,不能自由地收缩,在产生一定的拉伸变形的同时,产生了焊接拉应力。

如进行 V 形坡口平板对接焊时,如果试板不受拘束,则高温时能自由膨胀,冷却后又不受任何拘束地自由收缩。由于熔敷金属的填充量较多,因而自由收缩量较大,其横向收缩变形量要比纵向变形量大得多,将会产生如图 3-16(a)所示的角变形,但没有焊接应力。

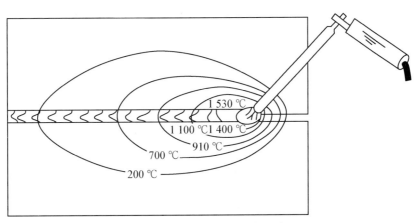

图 3-15　焊件上的温度分布

如果在具有很大刚性拘束（两端夹紧固定）的情况下进行焊接，如图 3-16（b）所示，则加热膨胀在试件内产生压应力和压缩塑性变形。冷却收缩在试件内产生拉应力和拉伸塑性变形。冷却到室温后，若解除拘束，则试件基本不变形，但其内部将产生较大的拉应力。

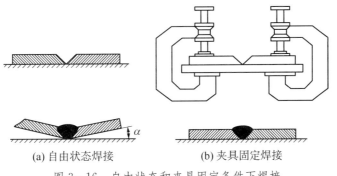

（a）自由状态焊接　　　　　　　　（b）夹具固定焊接

图 3-16　自由状态和夹具固定条件下焊接

根据以上分析可知：在焊接过程中，对焊件进行局部不均匀的加热是产生焊接应力和变形的主要原因。焊接接头的收缩造成了焊接结构的各种变形。另外，在焊接过程中，焊接接头晶粒组织发生转变引起的体积变化，也会在金属内部产生焊接应力，同时也可能引起变形。

焊接残余应力和残余变形既同时存在，又相互制约。如果使残余变形减小，则残余应力会增大；如果使残余应力减小，则残余变形相应会增大；应力和变形同时减小是不可能的。

在实际生产中，往往焊后的焊接结构既存在一定的焊接残余应力，又产生了一定的焊接残余变形。而焊接变形产生的附加应力，会使结构的实际承载能力下降。

（2）焊接应力的分类。

a. 根据焊接应力的产生原因，可将焊接应力分为拘束应力、热应力、相变应力三大类。

拘束应力:主要由于结构本身或外加拘束作用而引起的应力,称为拘束应力。

热应力:焊接是不均匀的加热和冷却过程,焊件内部主要由于受热不均匀,温度差异所引起的应力,称为热应力,又称温度应力。

相变应力:主要由于焊接接头区产生不均匀的组织转变而引起的应力,称为相变应力,又称组织应力。

b. 根据应力的发展阶段,可将应力分为焊接瞬态应力和焊接残余应力。

焊接瞬态应力:指焊接过程中某一瞬时的焊接应力,它随着时间而变化。

焊接残余应力:指焊后残留在焊件内的焊接应力。它对焊接结构的强度、腐蚀和尺寸稳定性等使用性能有影响。

c. 根据应力的作用方向,可将应力分为单向应力、双向应力和三向应力。

单向应力:在焊件中沿一个方向存在的应力,称为单向应力,又称线应力。如在薄板的对接焊缝及在焊件表面上进行堆焊时,焊件内存在的应力是单方向的,称为单向应力,如图 3-17 所示。

双向应力:作用在焊件某一平面内两个互相垂直的方向上的应力,称为双向应力,又称为平面应力,如图 3-18 所示。在焊接较厚板的对接焊缝时,焊件中的应力有两个方向,即沿着焊缝方向(纵向)和垂直于焊缝方向(横向)。薄板上的交叉焊缝中也有双向应力存在。

三向应力:作用在焊件内互相垂直的三个方向上的应力,称为三向应力,又称为体积应力。当焊接厚大件的对接焊缝时,焊件中的应力是沿三个方向作用的,如图 3-19(a)所示;另外,在三个方向焊缝的交叉处也有三向应力存在,如图 3-19(b)所示。

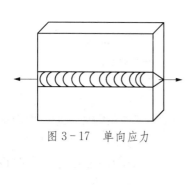

图 3-17　单向应力

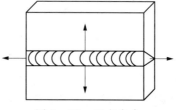

图 3-18　双向应力

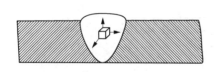

(a) 大厚件对接焊缝中的应力示意图

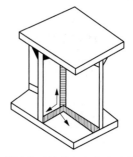

(b) 焊缝交叉处的三向应力示意图

图 3-19　三向应力

单向应力对焊件的影响不大,一般不必采取措施来减少或消除。当焊缝中存在双向应力及三向应力时,焊接接头的强度及冲击韧度都显著下降,且有可能产生裂纹,因此在焊接厚大件时,常采用预热及焊后热处理等措施,以减少或消除焊接应力。三个方向的焊缝交叉处,焊缝不应焊到交角的顶点,以避免产生三向应力。

（3）焊接变形的分类。焊接变形可分为在焊接热过程中发生的瞬态热变形和在室温条件下的残余变形。由于残余变形直接影响结构的使用性能,所以一般所说的焊接变形多是指焊接残余变形。焊接变形包括纵向收缩、横向收缩、角变形、弯曲变形、扭曲变形和波浪变形等。

a. 纵向收缩　焊件在焊后沿焊缝长度方向的缩短称为纵向收缩。焊缝的纵向收缩变形量随焊缝长度、焊缝截面尺寸或焊接热输入的增加而增加,随垂直焊缝的整个焊件横截面积或结构刚度的增加而减少。同样厚度的工件,多层多道焊时产生的纵向收缩变形量比单层焊少。

b. 横向收缩　焊件在焊后垂直于焊缝方向发生的收缩称为横向收缩。横向收缩变形量随焊接热输入或焊缝截面尺寸的增加而增加,随工件的刚度增加而减小。

c. 角变形　角变形是在焊接时,由于焊缝区沿板材厚度方向不均匀的横向收缩而引起的变形,角变形的大小以变形角 α 进行度量,如图 3-20 所示。在堆焊、搭接和 T 形接头的焊接时,往往会产生角变形。焊接角变形不但与焊缝截面形状和坡口形式有关,而且还与焊接方法有关。对于同样的板厚和坡口形式,多层焊比单层焊角变形大,焊接层次越多,角变形越大。

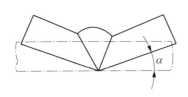 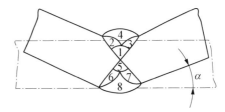

(a) V形坡口对接接头焊后角变形　　　　(b) 双V形坡口对接接头焊后角变形

图 3-20 角变形

d. 弯曲变形　弯曲变形是焊接结构中经常出现的变形,在焊接管道、梁、柱等焊接件时尤为常见。弯曲变形是由于结构上的焊缝布置不对称或焊件断面形状不对称,焊缝纵向收缩或横向收缩所引起的变形,又称挠曲变形。弯曲变形的大小用挠度 f 进行度量。挠度 f 是指焊后焊件的中心轴偏离焊件原中心轴的最大距离,如图 3-21 所示。

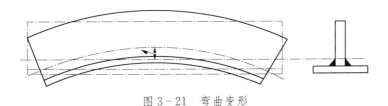

图 3-21 弯曲变形

e. 扭曲变形　由于装配不良、施焊程序不合理等,焊后构件发生扭曲,称为扭曲变形。产生这种变形的原因与焊缝角变形沿长度方向分布不均匀及工件的纵向有错边相关。如图 3-22 所示的变形是因为角变形沿着焊缝上逐渐增大,使构件扭转。

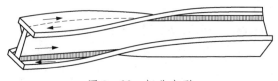

图 3-22　扭曲变形

f. 波浪变形　由于结构刚性小,在焊缝的纵向收缩、横向收缩综合作用下造成较大的压应力而引起的变形。薄板容易发生波浪变形,如图 3-23(a)所示。此外,当几条角焊缝靠得很近时,由于角焊缝的角变形连在一起也会形成波浪变形,如图 3-23(b)所示。

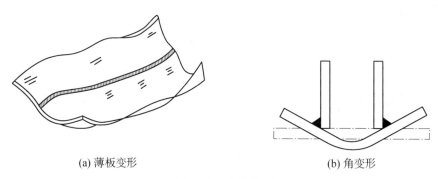

(a) 薄板变形　　　　　　　　　　　(b) 角变形

图 3-23　波浪变形

3.1.2　焊接材料

1) 焊条

焊条是从 20 世纪初期发展起来的,焊条的发展,开创了近代短接技术的历程。焊条在 20 世纪 80 年代前是使用量最大的焊接材料,伴随焊接自动化进展,焊条的使用比例逐年下降,但在整个焊接材料使用中占比仍较大。国外焊条占整个焊接材料中的比为 15%～30%,而我国这一比例仍为 40% 左右,但已呈现逐年下降的趋势。

随着我国工业化的高速发展,焊条的种类逐渐增多,同时针对不同需求焊条产品进一步细化,有专门针对不同焊接位置的细化产品,如最常用的不锈钢焊条,有适合平焊和横焊的,有适合全位置焊的,有适合向下立焊的等。各使用部门对焊条的要求越来越高,如我国行业标准《承压设备用焊接材料订货技术条件》NB/T 47018.1～47018.7—2011 对焊条熔敷金属的硫(S)、磷(P)等含量做出更为严格的规定,并且对熔敷金属化学成分和力学性能也做出比相应国标更为严格的规定,例如,碳钢和低合金钢焊条 $\omega(S) \leqslant 0.015\%$、$\omega(P) \leqslant 0.025\%$;不锈钢焊条 $\omega(S) \leqslant 0.020\%$、$\omega(P) \leqslant 0.030\%$。

(1) 焊条的定义。焊条是涂有药皮的供焊条电弧焊用的熔化电极,它由药皮和焊芯两部分组成。焊条主要采用手工操作,也叫手工焊条。焊条的纵向截面如图 3-24 所示。焊条的引弧端应倒角、露出金属芯,引弧端头处可以涂引弧剂,以便焊接时容易引燃电弧。焊条夹持端应去掉残存药皮,露出约 1.5 cm 长的金属焊芯,便于焊钳与焊芯接触充分,保证焊接时导电良好。

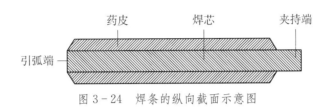

图 3-24　焊条的纵向截面示意图

(2) 焊芯。焊条的焊芯主要有两个方面的作用:为电弧导电和为焊缝提供填充金属。制造焊条的焊芯品种已有几十种,主要有低碳钢芯、合金钢芯,以满足不同焊条的要求。焊芯一般占整个焊条质量的 50%～70%,焊芯的成分及性能必须得到严格控制。

(3) 药皮。焊条的药皮一般由不同粉料及以水玻璃为主的黏结剂组成,主要包含稳弧剂、造渣剂、脱氧剂、造气剂、合金剂、增塑润滑剂等。

药皮的主要作用:焊接时形成熔渣和保护气体,保护熔化的金属和隔离有害空气;药皮中的脱氧剂脱氧,熔渣保护已凝固的高温焊缝金属不被氧化;药皮中的稳弧剂增加电弧的导电率,稳定电弧;药皮可向熔池中添加合金元素和铁粉,添加合金元素可调整焊缝金属成分,铁粉可增加熔敷效率;改善焊缝成形;保证电弧吹力和挺度,降低飞溅和使熔滴过渡顺利。

性能优良的焊条关键在于焊条药皮的配方设计,焊条药皮配方设计时必须考虑如下综合性能:满足熔敷金属化学成分和力学性能,并保证一定的富余量,消除焊缝中的气孔和裂纹,形成合理的焊缝熔深及形貌,促使良好的焊缝表面成形,消除咬边,减小飞溅,适应要求的焊接位置,脱渣性好,具有良好的电弧稳定性,易于控制熔池,容易引弧、再引弧,熔敷效率高,产生的有害杂质和气体足够低,耐吸潮性好,减少焊条在使用中过热,保证焊条药皮的强度、韧性和持久性,保证在运输和储存中的质量,具备良好的涂压性能,尽可能降低制造成本等。实际上一般焊条满足各自特定的性能,并不是具有上述所有优点。

(4) 影响焊条质量的主要因素。影响焊条质量的因素主要包括外在质量因素、内在质量因素和焊接工艺性能质量因素。

a. 焊条的外在质量因素。主要包括偏心度、耐潮性、药皮强度、焊条直径、焊条长度、夹持端长度、弯曲度、杂质、损伤、裂纹、包头、破头、倒角、磨尾不净、毛条、竹节、发泡、皱皮、印字等。

b. 焊条的内在质量因素。主要包括熔敷金属的化学成分和力学性能,焊缝金属无损探伤,熔敷金属扩散氢含量、耐蚀性能、硬度等。

c. 焊条的焊接工艺性能质量因素。包括引弧及再引弧性、电弧稳定性、熔滴过渡、焊接飞溅、烟雾、焊缝成形、熔敷效率、全位置操作适用性能、耐大电流性能、药皮开裂或脱落等。这些因素或多或少地影响着焊条的性能,是分析焊条电弧焊质量的重要参考因素。

（5）焊条的焊接工艺原理。焊条电弧焊工艺原理如图3-25所示,电弧产生热量熔化焊芯和药皮,形成药皮和金属熔滴;在电弧力和重力作用下,熔滴过渡到熔池里,并在此过程中进行焊接化学冶金反应,凝固后形成焊缝金属;熔渣由于质量较轻覆盖在熔池表面,凝固后覆盖在焊缝金属表面形成焊渣。

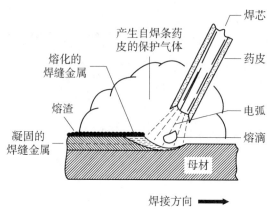

图3-25　焊条电弧焊工艺原理

（6）焊条的分类。焊条的分类方法很多,可分别按用途、熔渣的碱度、焊条药皮的主要成分、焊条性能特征等不同角度对焊条进行分类。

a. 焊条按用途可分为十大类,如表3-10所示。

表3-10　焊条按用途分类

序号	分　类
1	非合金钢及细晶粒钢焊条
2	热强钢焊条
3	高强钢焊条
4	不锈钢焊条
5	堆焊焊条
6	铸铁焊条
7	镍及镍合金焊条
8	铜及铜合金焊条
9	铝及铝合金焊条
10	特殊用途焊条

b. 按熔渣碱度分类。在实际生产中,通常将焊条分为两大类:酸性焊条和碱性焊条(又称低氢型焊条),即按熔渣中酸性氧化物与碱性氧化物的比例分类。当熔渣中酸性氧化物的比例高时为酸性焊条,如常用的金红石型焊条 E4313、钛钙型焊条 E4303、高纤维素钠型焊条 E6010 等;反之即为碱性焊条,如常用的低氢钠型焊条 E5015、低氢钾型焊条

E5016、铁粉低氢型焊条 E5018 等。

酸性焊条药皮中含有较多的氧化钛及氧化硅等酸性氧化物,焊接工艺性能较好,而在冶金反应过程中,氧化性较强,焊接过程中合金元素烧损较多,导致焊缝金属中氧和氢含量较多,因而焊缝金属塑性、韧性较低。

碱性焊条的药皮中含有较多的大理石和氟化物(如萤石),并有较多的铁合金作为脱氧剂和渗合金剂,因此药皮具有足够的脱氧能力,从而有效地降低了焊缝金属中的氧含量。另外,碱性焊条主要靠大理石等碳酸盐分解出二氧化碳(CO_2)作为保护气体,与酸性焊条相比,弧柱气氛中氢的分压较低,且氟化物中的氟在高温时与氢结合形成氟化氢(HF),从而降低了焊缝中的含氢量,故碱性焊条又称为低氢型焊条。但由于氟的反电离作用,为了使碱性焊条的电弧能稳定燃烧,一般只能采用直流反接(即焊条接正极)进行焊接,只有当药皮中含有较多量的稳弧剂时,才可以交、直流两用。用碱性焊条焊接时,由于焊缝金属中氧和氢含量较少,非金属夹杂物也少,故具有较高的塑性和冲击韧性。

c. 按药皮的主要成分分类。焊条药皮由多种原料组成,按照药皮的主要成分可以确定焊条的药皮类型。药皮中以钛铁矿为主的称为钛铁矿型;当药皮中含有 30% 以上的二氧化钛及 20% 以下的钙、镁的碳酸盐时,就称为钛钙型。低氢型焊条药皮主要组成为碳酸盐和萤石等,传统叫法以其熔敷金属扩散氢含量低作为其主要特征而予以命名。对于有些药皮类型,由于使用的黏结剂分别为钾水玻璃(或以钾为主的钾钠水玻璃)或钠水玻璃,因此,同一药皮类型又可进一步划分为钾型和钠型,如低氢钾型和低氢钠型。低氢钾型可用于交、直流焊接电源,而低氢钠型只能使用直流电源。

不同的药皮配方组分,致使不同药皮类型焊条的焊接工艺性能、焊接熔渣的特性以及焊缝金属力学性能均有很大差异,因此在选用焊条时,要充分考虑各类焊条药皮类型的特点。

d. 按焊条特性分类。按性能分类的焊条都是根据其特殊使用性能而制造的专用焊条,如超低氢焊条、低尘低毒焊条、立向下焊条、打底层焊条、高效铁粉焊条、防潮焊条、水下焊条、重力焊条等。

(7) 焊条的型号与牌号。焊条型号是以焊条国家标准为依据,反映焊条主要特性的一种表示方法。焊条型号根据焊条种类、熔敷金属化学成分和力学性能、药皮类型、焊接位置、电流种类划分。不同类型焊条的型号表示方法也不同。

标准规定,焊条型号由三部分组成:

第一部分:字母"E"表示焊条。

第二部分:字母"E"后面紧邻的两位数字表示熔敷金属最小抗拉强度代号,单位为MPa,"43"表示熔敷金属最小抗拉强度为 430 MPa,"50"表示熔敷金属最小抗拉强度为 490 MPa,"55"表示熔敷金属最小抗拉强度为 550 MPa,"57"表示熔敷金属最小抗拉强度为 570 MPa。

第三部分:字母"E"后面第三位数字和第四位数字表示焊条药皮类型、焊接位置和电流种类。代号"03"表示钛钙型药皮、全位置焊、交流和直流正、反接,代号"10"表示纤维素药皮、全位置焊、直流反接,代号"15"表示碱性药皮、全位置焊、直流反接,代号"20"表示氧化铁药皮、平焊或平角焊、交流和直流正接。

焊条的牌号是由焊条生产行业统一制订的焊条代号。焊条牌号由表示焊条类别的字母(见表3-12)和三位数字组成。如J422,其中,第一位字母表示焊条类别,"J"代表结构钢焊条;前二位数字代表焊缝金属的抗拉强度最小值为42 kgf/mm^2[①];末尾数字表示焊条的药皮类型和焊接电流种类(见表3-11)。

表3-11　焊条牌号末尾数字与焊条药皮类型及焊接电流种类之间的关系

末尾数字	药皮类型	焊接电源种类	末尾数字	药皮类型	焊接电源种类
××0	不属于已规定的类型		××5	纤堆素型	交流或直流正、反接
××1	氧化钛型	交流或直流	××6	低氢钾型	交流或直流反接
××2	氧化钛钙型		××7	低氢钠型	直流反接
××3	钛铁型	正、反接	××8	石墨型	交流或直流正、反接
××4	氧化铁型		××9	盐基型	直流反接

表3-12　焊条用途类别与焊条牌号表示方法

名称	焊条牌号	名称	焊条牌号
结构钢焊条	J×××	铸铁焊条	Z×××
钼及铬耐热钢焊条	R×××	镍及镍合金焊条	Ni×××
低温钢焊条	W×××	铝及铝合金焊条	L×××
不锈钢焊条	A×××	铜及铜合金焊条	T×××
堆焊焊条	D×××	特殊用途焊条	TS×××

(8) 焊条的选择。

a. 选用原则。焊条的选用应使焊缝金属与母材具有相同的使用性能。通常遵循的原则如下:

(a) "等强"原则:低、中碳钢或低合金钢的结构件,如16Mn的σ_b为520 MPa,应选用J506、J507等。

(b) "同成分"原则:特殊性能钢(不锈钢、耐热钢等)和有色金属等,根据母材的化学成分,选择相同成分的焊条。

b. 酸性焊条和碱性焊条的选择。碱性焊条焊缝金属力学性能好、抗裂性好,但焊接工艺性差,而且碱性焊条有较多毒烟尘。通常,对要求塑性好、冲击韧性高、抗裂能力强、低温性能好的,应选用碱性焊条。如焊件受力不复杂,母材质量较好,应尽量选用较经济的酸性焊条。

c. 焊条标称直径的选择。焊条类型选定后,还要根据焊件厚度等条件,确定焊条标称直径。焊条牌号及直径主要取决于材料性质、焊件的厚度、接头形式、焊缝位置及焊缝

---

① 1 kgf/mm^2＝9.80665×10^6 Pa。

参数等因素。焊条直径与焊件厚度的关系如表 3 - 13 所示。

表 3 - 13　焊条直径与焊件厚度的关系

焊件厚度/mm	<4	4～8	8～12	>12
焊条直径/mm	≤3.5	3～4	4～5	5～6

（9）焊条应用举例。三种常见焊条的特性及适用范围介绍如下：

a. J422 型　该焊条引弧容易，电弧稳定，飞溅小，熔深较浅，熔渣覆盖性好，脱渣容易，焊缝波纹特别美观，适用于全位置和薄板焊接，但塑性和裂性较差，能适用于一般低碳钢和同等强度的低合金钢焊接。氧化钛钙型药皮的焊点可交、直流两用，焊缝金属抗拉强度不低于 $42\,kgf/mm^2$，属于结构钢焊条。

b. J507 型　该焊条熔渣流动性好，工艺性较好，可用于全位置焊。同时，焊缝金属抗裂性能和机械性能较好，适用于受压容器（16 MnR）、中碳钢、低合金钢等重要焊接构件。低氢钠型药皮的焊点适用于直流，焊缝金属抗拉强度不低于 $50\,kgf/mm^2$，属于结构钢焊条。

c. A117 型　该焊条为低氢型不锈钢焊条，适用于焊接铬（Cr）18 镍（Ni）19 的不锈钢，为低氢型药皮，直流电焊接。同一等级焊缝化学成分中的不同牌号的焊缝金属主要化学成分为 Cr 18%，Ni 8%，属于奥氏体不锈钢焊条。

2）焊丝

与焊条一样，焊丝的种类繁多，一种焊丝可以焊接一种或多种母材，一种母材同样可以采用一种或多种焊丝。焊丝的制造工艺比焊条相对简单、高效。国内焊接行业快速发展，焊丝的用量逐年增长，气体保护焊丝 ER50 - 6 目前已成为使用数量最大的焊材品种。2002—2012 年，随着中国经济的高速发展和焊接自动化水平的提高，国内焊丝与焊剂发展速度加快，气体保护焊丝从 25 万吨发展到 160 万吨，药芯焊丝从 2 万吨发展到 40 万吨，埋弧焊丝与焊剂从 8 万吨发展到 52 万吨。2014 年，高强度钢气体保护实芯焊丝已超过 11 万吨，焊丝和焊剂的产量已超过焊条，其所占焊接材料比例已近 60%。

焊丝的标准规范种类繁多，美国的 AWS 是最早的焊丝标准之一，我国的焊丝标准体系已比较完善，焊丝的实物质量水平应该符合高于国家标准的企业标准，特别在熔敷金属杂质含量控制、熔敷金属力学性能控制上要提高水平；在送丝性能等焊接工艺性能指标上要达到国际先进水平。我国行业标准《承压设备用焊接材料订货技术条件》NB/T 47018.1—2017、NB/T 47018.2—2017、NB/T 47018.3—2017、NB/T 47018.4—2017、NB/T 47018.5—2017、NB/T 47018.6—2011、NB/T 47018.7—2011 等对焊丝、焊剂、焊带及其熔敷金属的 S、P 等含量做出更为严格的规定，并且对熔敷金属成分和力学性能也做出比相应国标更为严格的规定。

（1）焊丝分类　按截面结构形式可分为实芯焊丝和药芯焊丝两大类，其中药芯焊丝又可分为气保护和自保护两种。实芯焊丝截面形式为单一圆形，而药芯焊丝则较复杂，典型的药芯焊丝横截面及其接口形式有对接、搭接、无缝等。

按焊接工艺方法可分为埋弧焊焊丝、气体保护焊焊丝、电渣焊焊丝、气电立焊焊丝、堆焊焊丝和气焊焊丝等。

按被焊母材的性质又可分为碳钢焊丝、低合金钢焊丝、不锈钢焊丝、铸铁焊丝和有色金属焊丝等。

（2）实芯焊丝　实芯焊丝作为填充金属最早应用于气焊，后来应用于埋弧焊和电渣焊，随后细直径实芯焊丝广泛用于气体保护焊。

实芯焊丝是焊接用钢盘条经拉拔加工而成的。为了实现焊丝的送丝性能、防锈性能、导电性能等，一般焊丝都应进行表面处理，碳钢和低合金钢实芯焊丝目前主要采用镀铜表面处理，但是近年来表面不镀铜而采用特种涂层表面处理技术逐渐成熟，应用也不断扩大。不同的焊接方法应采用不同直径的焊丝。埋弧焊时电流大，采用较粗焊丝，焊丝直径为 $2.4\sim6.4$ mm；气体保护焊时，为了得到良好的焊接效果，一般采用较细焊丝，直径多为 $0.6\sim1.6$ mm。薄板焊接时，若采用焊丝直径过小，则容易烧穿钢板，宜采用较大直径焊丝加脉冲电源，既能控制熔滴尺寸，又能控制熔滴过渡频率。

实芯焊丝的表面质量是一个非常重要的控制因素，尤其是对气体保护实芯焊丝而言，尽管难以用量化指标来衡量，然而将直接影响焊丝的送丝性能、防锈性能和导电性能。虽然低碳钢及低合金钢焊丝表面镀铜比较好地解决了这些问题，但是镀铜焊丝的铜层脱落也是不能回避的问题。脱落的铜屑会沉积于焊枪的送丝软管及焊枪处，铜屑沉积过多时会阻碍焊丝送进并使焊丝摆动，从而导致焊接电弧电压的较大波动，焊接电弧的稳定性变差。在人工操作的半自动焊接时，出现上述问题焊工会及时发现并解决，但是焊接机器人却不能及时解决此类问题，往往等到熄弧不能焊接才发现，尤其是对于频繁引弧熄弧流水线的焊接工作，此类问题会导致故障率上升。近期国内外开发的无镀铜特种涂层实芯焊丝有效地解决了送丝问题，其明显的优点是送丝性能好、生产环境污染较小、焊接时铜烟尘大幅度降低等。国外机器人焊接大范围采用无镀铜焊丝，国内也已开始使用。但由于涂层和处理方法不同，国内外各企业供货的这类焊丝，性能差别较大，应在采购时做好鉴别工作。

不锈钢气体保护实芯焊丝的表面处理有光亮处理的也有无光亮处理的，其好坏也直接影响送丝性能。强度低不足以克服送丝阻力的铝焊丝，对送丝比较敏感，铝焊丝的表面必须光滑，另外送丝软管的选择也很重要。

影响气体保护焊焊丝送丝性能的另一个重要指标是松弛直径和翘距，偏小的松弛直径和偏大的翘距一般会导致送丝性能下降。

（3）药芯焊丝　药芯焊丝也称粉芯焊丝或管状焊丝。近几年来全位置焊接用细直径药芯焊丝的用量急剧增加，大部分采用钛型渣系，焊接工艺性能好，采用细直径药芯焊丝焊接时解决了实芯焊丝大电流飞溅大、成形差、全位置焊接困难等缺点。

根据焊丝结构，药芯焊丝可分为有缝焊丝和无缝焊丝。有缝药芯焊丝又有搭接、对接、双层之分，国内碳钢和低合金钢药芯焊丝基本上采用有缝对接形式，不锈钢药芯焊丝基本上采用搭接形式。虽然无缝药芯焊丝可以镀铜，可以生产超低氢药芯焊丝，保存周期长，但是制造成本高，目前国内尚处于小批量生产阶段。根据保护气体的有无，可分为气体保护焊丝和自保护焊丝；根据药芯中有无造渣剂，又可分为熔渣型（有造渣剂）焊丝和金属粉型（无或少量造渣剂）焊丝；按照渣的碱度，可分为钛型（酸性渣）、钙钛型（中性或弱碱性渣）和钙型（碱性渣）焊丝。

碱性药芯焊丝的熔渣黏度较大，结晶温度相对较低，采用喷射过渡方式焊接时难以全位置焊接,也可以像实芯焊丝一样采用短路过渡方式进行焊接,尽管这种方式可实现全位置焊接,但是焊接效率比喷射过渡方式低得多。碱性药芯焊丝焊缝金属杂质少,力学性能优良,冲击韧性较高,抗裂性能较好,一般焊接拘束度较高的焊接接头或根部焊道时,推荐采用碱性药芯焊丝。碱性药芯焊丝采用直流反接时,熔化焊丝的热量较多,而熔池中的热量较少,焊缝成形良好,有利于焊接接头性能的提高。

气体保护药芯焊丝电弧焊的电流密度和电弧中产生的热量要比实芯焊丝大得多。实芯焊丝电弧特性区分明显,如短路过渡电弧、大滴状过渡电弧及喷射过渡电弧,而药芯焊丝则不同,对于某些药芯焊丝在一定电流范围内可以出现喷射电弧,也有一些药芯焊丝在低电流范围内出现与实芯焊丝一样的滴状短路过渡电弧。采用相同规格和相同电流焊接,药芯焊丝比实芯焊丝熔敷效率高,但不同的药芯焊丝类,其熔敷效率也会高20%～30%。为避免有缝药芯焊丝纵向对接缝在送丝轮作用下张开发生漏粉,一般采用上下U形沟槽送丝轮。相比实芯焊丝,药芯焊丝电弧焊的电弧更稳定,焊接过程及熔池行为更容易控制,全位置焊接性能更好。药芯焊丝的喷射电弧与实芯焊丝的喷射电弧有着本质的区别,药芯焊丝熔宽比较宽,可以获得侧壁熔深良好的焊接接头,而实芯焊丝的喷射电弧比药芯焊丝的喷射电弧更为集中,如图3-26所示。

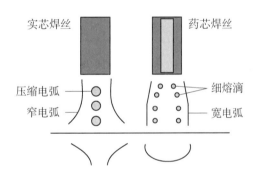

图3-26　实芯焊丝与药芯焊丝电弧形貌的区别

药芯焊丝的优点主要有如下几方面:

a. 飞溅小　由于药芯焊丝中加入了稳弧剂,电弧燃烧稳定,熔滴呈滴状均匀过渡,故焊接时飞溅很少,且飞溅颗粒细小,在钢板上粘不住,很容易清除。

b. 焊缝成形美观　在焊道成形方面,熔渣起着重要作用。实芯焊丝施焊时无法依靠熔渣起作用,仅依靠熔融金属自身的黏性和表面张力形成焊道,故表面形状不良。药芯焊丝焊接时,能形成一定数量的熔渣,依靠熔渣的表面张力生成一个软的铸型,这个铸型对形成良好焊道起着重要作用。

c. 熔敷速度高于实芯焊丝　采用药芯焊丝焊接时,由于焊丝断面上通电部分的面积比实芯焊丝小,在同样的焊接电流下药芯焊丝的电流密度高,焊丝熔化速度快,熔敷速度提高。

d. 可采用大电流进行全位置焊接　在各种焊接位置下,药芯焊丝均可采用较大的焊接电流,如直径1.2 mm的焊丝,其电流可用到260～280 A,甚至达到320 A,工艺性能好的药芯焊丝立焊电流为240～260 A,焊接效率高。

相对实芯焊丝,药芯焊丝熔深形貌好,全位置焊接工艺好,电弧稳定性和生产效率较高等。但是药芯焊丝价格高于实芯焊丝,受潮后不能使用,一些性能上的不足之处也限制其应用的扩大,例如,药芯焊丝仰焊时焊缝尺寸较小,焊接熔池难以控制;热辐射较大;金红石型药芯焊丝采用陶瓷衬垫平焊时容易产生热裂纹;采用 Ti－B 微合金化的金红石药芯焊丝焊后消除应力处理时,可能会导致力学性能下降。

3) 焊剂

埋弧焊的焊接材料由焊丝(或带极)与焊剂的组合构成。焊剂是具有一定粒度的颗粒状物质,是埋弧焊和电渣焊时不可缺少的焊接材料。目前我国埋弧焊焊丝和焊剂的产量占焊材总量的 12%～15%。

焊剂的焊接工艺性能和化学冶金性能是决定焊缝金属性能的主要因素之一,采用同样的焊丝和同样的焊接参数,若配用的焊剂不同,则所得焊缝的性能将有很大的差别,特别是冲击韧性差别更大。为焊丝合理选配焊剂需要全面地了解焊剂的主要特性。

焊剂的分类方法有许多种,可按用途、制造方法、化学成分、焊接冶金性能、酸碱度、颗粒结构等对焊剂进行分类,但每一种分类方法都只是从某一方面反映了焊剂的特性。

(1) 按用途分类。焊剂按焊接方法可分为埋弧焊焊剂、堆焊焊剂、电渣焊焊剂;也可按焊缝金属分类为低碳钢用焊剂、低合金钢用焊剂、不锈钢用焊剂、铜及铜合金用焊剂、镍及镍合金用焊剂、钛及钛合金用焊剂等。

(2) 按制造方法分类。按制造方法的不同,可将焊剂分成熔炼焊剂和非熔炼焊剂(烧结焊剂、黏结焊剂)两大类。

a. 熔炼焊剂是将各种原料按配方混合成炉料,将炉料加入电炉(又称矿热炉)中熔炼,炉料熔化成高温液态物质后,在炉内起高温化学反应,去除杂质,形成某些复合化合物完成精炼过程后,经过水冷粒化、烘干、筛选而制成的焊剂。熔炼焊剂采用的原料主要有锰矿、硅砂、铝矾土、镁砂、萤石、生石灰、钛铁矿等矿物原料以及冰晶石等化工原料。由于熔炼焊剂制造中要经熔炼处理,所以焊剂中不含碳酸盐、脱氧剂和合金剂。熔炼焊剂根据颗粒结构的不同,又可分为玻璃状焊剂、结晶状焊剂和浮石状焊剂等。玻璃状焊剂和结晶状焊剂的结构较致密,其松装密度为 1.1～1.8 g/cm³,浮石状焊剂的结构比较疏松,其松装密度为 0.7～1.0 g/cm³。

b. 烧结焊剂是将各种粉料按配方混合后加入黏结剂,经过造粒制成一定粒度的小颗粒,经烘焙、烧结(通常温度在 600～900 ℃之间)后得到的焊剂。制造烧结焊剂基本流程如下:按照给定配比配料,混合均匀后加入黏结剂(水玻璃)进行湿混合,然后送入造粒机造粒,造粒之后将颗粒状的焊剂送入低温干燥炉内固化、烘干、去除水分,最后送入高温烧结炉内烧结。根据烧结温度的不同,烧结焊剂可分为以下两种:

黏结焊剂(亦称陶质焊剂或低温烧结焊剂)通常是以水玻璃作为黏结剂,经 350～500 ℃低温烘焙或烧结得到的焊剂。

烧结焊剂要在较高的温度(600～900 ℃)下烧结,经高温烧结后,焊剂的颗粒强度明显提高,吸潮性大大降低。烧结焊剂的碱度可以在较大范围内调节而仍能保持良好的工艺性能,可以根据需要添加过渡合金元素;而且,烧结焊剂适用性强,制造简便,故近年来发展很快。

根据不同的使用要求,还可以将熔炼焊剂和烧结焊剂混合起来使用,称为混合焊剂。

(3) 按化学成分分类。　按照焊剂的主要成分进行分类是一种常用的分类方法。

按 SiO_2 含量可分为高硅焊剂 ($\omega_{SiO_2} > 30\%$)、中硅焊剂 ($\omega_{SiO_2} = 10\% \sim 30\%$)、低硅焊剂 ($\omega_{SiO_2} < 10\%$) 和无硅焊剂。

按 MnO 含量可分为高锰焊剂 ($\omega_{MnO} > 30\%$)、中锰焊剂 ($\omega_{MnO} = 15\% \sim 30\%$)、低锰焊剂 ($\omega_{MnO} = 2\% \sim 15\%$) 和无锰焊剂 ($\omega_{MnO} < 2\%$)。

按 CaF_2 含量可分为高氟焊剂 ($\omega_{CaF_2} > 30\%$)、中氟焊剂 ($\omega_{CaF_2} = 10\% \sim 30\%$) 和低氟焊剂 ($\omega_{CaF_2} < 10\%$)。

一般熔炼焊剂按 MnO、SiO_2、CaF_2 组合含量进行分类,主要有高锰高硅低氟熔炼焊剂,如熔炼焊剂 431;中锰中硅中氟熔炼焊剂,如熔炼焊剂 350;低锰中硅中氟熔炼焊剂,如熔炼焊剂 250;无锰低硅高氟熔炼焊剂,如熔炼焊剂 117。高锰高硅低氟熔炼焊剂属于酸性熔炼焊剂,焊接工艺性能良好,交直流两用,主要用于对韧性要求不高的低碳钢和低合金钢的埋弧焊。无锰低硅高氟熔炼焊剂氧化性小,焊缝金属韧性高,可焊接不锈钢等高合金钢。中锰中硅中氟熔炼焊剂介于上述两者之间,属于中性熔炼焊剂,焊接工艺性能和焊缝金属韧性均可,多用于低合金钢的焊接。这种组合分类方法是熔炼焊剂的主要分类方法,可以比较直观地了解熔炼焊剂的主要成分和特性。

4) 焊接用气体及钨极

焊接用气体主要是指气体保护焊(二氧化碳气体保护焊、混合气体保护焊、惰性气体保护焊等)中所用的保护性气体和气焊、切割时用的气体,包括二氧化碳(CO_2)、氩气(Ar)、氦气(He)、氧气(O_2)、可燃气体(乙炔、氢气、甲烷、丙烷、天然气、液化石油气、合成气体等)、二元或三元混合气体等。焊接时保护气体既是焊接区域的保护介质,也是产生电弧的气体介质;气焊和切割主要是依靠气体燃烧时产生的热量集中的高温火焰完成,因此气体的特性(如物理特性和化学特性等)不仅影响保护效果,而且也影响到电弧的引燃及焊接、切割过程的稳定性。

根据各种气体在工作过程中的作用,焊接用气体主要分为保护气体和气焊、切割时所用的气体。

(1) 保护气体。保护气体主要包括二氧化碳(CO_2)、氩气(Ar)、氦气(He)、氧气(O_2)和氢气(H_2)。国际焊接学会指出,保护气体统一按氧化势进行分类,并确定分类指标的简单计算公式:分类指标 $= O_2\% + 1/2CO_2\%$。在此公式的基础上,根据保护气体的氧化势可将保护气体分成五类:I 类为惰性气体或还原性气体,M1 类为弱氧化性气体,M2 类为中等氧化性气体,M3 和 C 类为强氧化性气体。

(2) 气焊、切割用气体。根据气体的性质,气焊、切割用气体又可以分为两类,即助燃气体(O_2)和可燃气体。

可燃气体与氧气混合燃烧时,放出大量的热,形成热量集中的高温火焰(火焰中的最高温度一般为 $2\,000 \sim 3\,000\ ℃$),可将金属加热和熔化。气焊、切割时常用的可燃气体是乙炔,目前推广使用的可燃气体还有丙烷、丙烯、液化石油气(以丙烷为主)、天然气(以甲烷为主)等。

3.1.3　焊接方法及设备

1) 焊条电弧焊

(1) 电弧焊的过程原理。焊条电弧焊又称手工电弧焊,是用手工操纵焊条进行焊接的电弧焊方法,也是各种电弧焊方法中发展最早、目前仍然应用最广的一种焊接方法。

焊条电弧焊是利用焊条与焊件之间的电弧热量熔化母材和焊条芯金属,形成共同的熔池,经冷却凝固后达到连接焊件的一种弧焊方法,其焊接过程如图3-27所示。焊接前,把焊钳和焊件分别接到电焊机输出端的两极,并用焊钳夹持焊条。焊接时,在焊条和焊件之间引燃焊接电弧,利用电弧产生的高温(6 000~7 000 ℃),将焊条和焊件被焊部位的母材熔化(熔点一般为1 500 ℃左右)形成熔池。随着焊条沿焊接方向移动,新的熔池不断形成,而原先的熔池液态金属不断冷却凝固,构成焊缝,使焊件连接在一起。

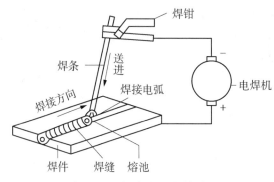

图3-27　焊条电弧焊接过程

手工电弧焊焊接过程的基本原理如图3-28所示,焊条药皮在电弧高温作用下燃烧而产生保护气体并形成熔渣,以保护焊接熔池和凝固的焊缝金属不受空气的污染。凝固后的熔渣壳有助于改善焊缝成形,使焊缝表面平整光滑。焊条药皮在熔化过程中同时对熔化金属产生脱氧还原作用,以形成致密的焊缝金属。合金钢焊接时,焊条药皮通过冶金反应,对焊缝金属进行必要的渗合金,从而保证焊缝金属的力学性能与所焊母材相当。

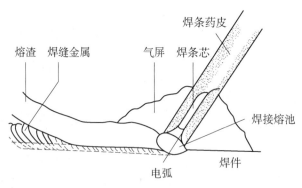

图3-28　手工电弧焊焊接过程的基本原理

焊条电弧焊之所以能成为最普及的焊接方法之一,是基于以下工艺特点。

a. 机动、灵活。焊条电弧焊的最大特点是机动性和灵活性好。因为所需的焊接设备相对简单,只要配备适用的焊接电源、焊钳和足够长的焊接电缆即可进行焊接作业。由于焊接电源可任意移动,焊接场地不受限制,无论室内、室外都可以施焊。尤其是体积小、质量轻的弧焊电源问世以后,更提高了焊条电弧焊的机动性和灵活性,大大方便了现场施工和高空焊接作业。使用内燃机驱动直流弧焊发电机更是可使焊条电弧焊的工作范围扩大到无电力供应的偏远地区。

对于结构复杂、空间位置狭小的焊接构件,焊条电弧焊因焊钳和焊条的体积很小,比其他焊接方法更为适用。由于市售大多数优质药皮焊条具有良好的操作性能,可在平、横、立、仰任何位置进行焊接。另外,目前可供应的焊条规格较多、焊条直径可从 1.6 mm 到 8.0 mm,因此,可以焊接从薄板到厚板的各种焊接接头。

b. 焊缝金属性能优良。首先,焊条电弧焊时,因焊接热输入较低,焊缝金属结晶较致密,其力学性能,特别是缺口冲击韧度比其他熔焊方法高得多;其次,通过焊条药皮配方的调整,容易控制焊缝金属的性能,满足各种不同焊接工程提出的技术要求。目前,市售的焊条品种齐全,其焊缝金属的性能可与大多数金属材料性能相匹配。

c. 工艺适应性强。焊条电弧焊的热循环和冶金过程决定了其工艺适应性较强,可以焊接除活性金属以外的大多数金属结构材料,包括碳素结构钢,低、中合金结构钢,高合金不锈钢和耐热钢,铜合金和镍合金等。

(2) 焊条电弧焊的优缺点及适用范围。

a. 焊条电弧焊与其他焊接方法相比,具有以下主要优点:

(a) 焊接设备简单,故障率低,维修方便,投资费用少。

(b) 机动、灵活,可在任何工况下施焊,不受气候条件的影响。

(c) 焊接位置不受限制,可在平、横、立、仰各种位置进行焊接。

(d) 对各种金属材料的工艺适应性强,可以焊接几乎所有的碳素结构钢,低、中合金结构钢,高合金不锈钢和耐热钢,铜合金和银合金等。

(e) 焊缝金属的力学性能优异,特别是低温冲击韧度高于其他熔焊方法。

(f) 焊条药皮对焊接区的保护效果良好,且对焊件表面油脂、锈、氧化皮等污染敏感性较小。

(g) 焊条品种齐全,可按焊件的技术要求进行合理选配。

(h) 操作方便,可见度好,容易控制焊缝成形。可任意改变焊接顺序,减少焊接变形。

b. 焊条电弧焊也存在以下不可忽视的缺点:

(a) 焊接效率低,辅助时间长,焊后必须清渣。

(b) 焊条利用率不高,焊条头的损耗率为 10%～15%。

(c) 焊工手工操作,劳动强度大,工作环境差,容易疲劳。

(d) 焊接质量受焊工体能、手法、经验、情绪、责任心等人为因素的影响较大。

(e) 焊接过程中产生较大的烟尘,对焊工的身体健康产生不利影响;如不采取有效的防护措施,强烈的弧光会灼伤焊工和装配工的眼睛与皮肤。

(f) 每根焊条焊接的焊缝长度有限,焊道接头频繁,尤其是厚板接头焊接时,接头数量甚多,使产生焊接缺陷的概率增大。

(g) 难以实现焊接过程的机械化和自动化。

(h) 熟练掌握焊接操作技能的难度较大,焊工需经专门的培训和长期生产经验的积累才能达到高级焊工的水平。

　　c. 鉴于焊条电弧焊具有上述一系列的优点,目前在下列各类焊接结构制造业中仍得到较广泛的应用。

　　(a) 在建筑结构制造中的应用。建筑钢结构,包括民用高层建筑、大型公共建筑和重型厂房建筑等,均采用由角钢、槽钢和工字钢等型材(对于某些轻型钢结构也开始采用圆钢管和矩形钢管)所组成的各种形式的钢构件。这些型材之间的连接大多数需要焊接,且焊接位置多变。尤其是在安装现场,焊缝的布置更是层错交叉,位置多变,难以甚至无法采用机械化和自动化焊接。因此,除了钢结构预制件外,建筑钢结构焊接接头的现场连接大都采用焊条电弧焊,建筑钢结构制造业成了焊条电弧焊应用比率最高的制造行业。

　　(b) 在船舶结构制造中的应用。船舶结构,包括军舰和民用船舶早已发展成为全焊结构。目前,船舶的吨位已达 30 万吨。船体结构除外层船壳外,内部均为骨架式结构,采用型材和板材组焊而成。由于骨架结构复杂,结构元件间距狭小,且焊缝成三维布置,很难使用机械化焊接。因此,这些结构件目前仍采用焊条电弧焊,其工作量占总焊接工作量的 40%~50%,故船舶制造业也是焊条电弧焊的主要应用领域之一。

　　(c) 在海洋工程结构制造中的应用。海洋工程结构主要是指海洋油气钻井平台、生产平台和油气集输系统。它是一种大型、复杂、特殊的全焊工程结构。因其常年固定在海上作业,工作条件极其恶劣,要经受海洋波浪、潮流、风暴、地震、海啸和寒冷气候的侵袭。因此采用各种优质的材料制成,并对焊接接头提出了十分严格的要求。

　　目前,钻井平台主要为导管架型平台结构,其大多采用的桁架式管结构,由各种不同规格的厚壁管相贯组焊而成。因此焊缝轨迹多为马鞍形三维曲线,且节点的空间位置狭窄,难以进行机械化焊接而必须采用焊条电弧焊。因此,海洋工程结构制造业已成为促进焊条电弧焊进一步发展的又一个应用领域。

　　(d) 在输油气管线安装施工中的应用。当前,各国为解决燃料供应紧张的状况,跨国输油气管线的铺设工程大量上马,管线长达数千公里。为加快管线安装焊接速度,曾试图推广熔化极气体保护电弧焊法(GMAW)焊。但因接缝的装配质量往往达不到自动焊接的要求,只得继续使用工艺适应性较强的焊条电弧焊。目前,通常采用高效药皮焊条和先进的焊接工艺以解决焊条电弧焊效率偏低的问题。例如,通常安排两名焊工同时焊接一条对接环缝,以加快焊接速度。

　　(e) 在大型液化气储罐建造中的应用。建造大型液化气储罐是具有战略意义的能源储备重大举措。我国各大沿海领域城市都在建造或计划建造大型液化气储罐,其容量已达 $150\,000\ m^3$,储罐直径为 80 m,高度为 40 m,储罐容量今后有可能增大到 $300\,000\ m^3$。一台大型液化气储罐焊缝总长近万米,焊接工作量十分可观,因此力求采用效率较高的机械化焊接法,但对于筒体纵缝的拼接,因施工条件恶劣,往往仍需采用焊条电弧焊。此外,液化天然气(LNG)储罐的工作温度为 $-196\ ℃$,液化石油气(LPG)储罐的工作温度为 $-60\ ℃$,储罐壳体材料必须相应选用 9% Ni 钢和 3.5% Ni 低温钢,并对焊缝金属的低温冲击韧性提出了严格的要求。大量的试验结果表明,只有采用镍基合金焊条才能达到要求,从而使焊条电弧焊成为大型低温储罐焊接的最佳解决方案。

　　(f) 在锅炉、压力容器和化工装备制造中的应用。锅炉、压力容器和化工装备是焊接质量要求最高、焊接工作量很大的全焊金属结构。因其中大部分受压部件的形状较简单且规则,容易实现焊接过程的机械化和自动化。在锅炉、压力容器制造业中,焊接自动化率已达 70%。焊条电弧焊主要用于锅炉锅筒和压力容器壳体上的各种接管焊缝、附件焊缝、内部设备连接焊缝、锅炉集装箱成排接管焊缝、锅炉蒸汽管道弯管接头焊缝以及其他难以实现焊接自动化的结构部件焊缝。在电厂和化工装备的安装工程中,安装焊缝也大部分采用焊条电弧焊。因此,在锅炉压力容器、化工装备制造和安装中,焊条电弧焊也是主要的焊接方法之一。

(g) 在其他焊接结构制造中的应用。在机床结构、车辆结构、矿山和工程机械结构、起重机结构和航空航天工程结构制造中,虽然焊接自动化的进程相对较快,但仍有部分结构件需采用焊条电弧焊焊接,其应用比率为 30%~40%。

综上所述,焊条电弧焊在各类焊接结构制造中仍占有重要的地位。

(3) 焊接电弧。在两电极之间的气体中,长时间地强烈放电称为电弧。电弧放电时,一方面产生大量的热量,同时还会产生强烈的光线。电弧焊就是利用电弧放热来熔化焊条和焊件而进行焊接的过程。

焊接引弧时,将焊条和焊件接触,发生短路,由于接触处的电阻和通过的电流密度很大,在短时间内就产生大量热能,使焊条端部和焊件迅速加热,温位升高。当稍提起焊条时,在焊条和焊件之间就有高热空气和金属及煤药皮的蒸发气,这些热气体很容易电离,也就是电子很易从原子中逸出形成带电质点,在电弧电压的作用下,它们按照一定的方向移动,自由电子和阴离子奔向阳极;阳性离子奔向阴极,气体间隙内就流通电流,形成了电弧。电弧维持正常燃烧的电压为 16~35 V,但引弧时,为了使阴极高速发射电子,使空气电离,要求引弧电压高于正常燃烧电压。在正常燃烧时,电弧愈长,需要稳定燃烧的电压愈高,电弧愈短,需要稳定燃烧的电压愈低。图 3 - 29 给出了焊接电弧的示意图。

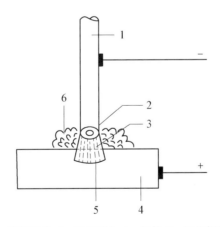

1—焊条;2—阴极部分;3—弧柱部分;4—焊件;5—阳极部分;6—弧焰。

图 3 - 29　焊接电弧示意图

电弧产生于焊条与焊件中间,阴极部分位于焊条末端,而阳极部分则位于焊件表面,弧柱部分成锥形,弧柱四周被弧焰包围。电弧中各部分产生的热量是不同的。直流电的电弧热量,阳极产生的较多,约占 42%,阴极为 38%,弧柱为 20%。电弧中各部分温度也不相同，对金属电极，阳极附近温度约为 2 600 ℃，阴极附近约为 2 400 ℃，而弧柱中心温度较高，为 6 000～7 000 ℃。

对直流电焊机，如果把阳极接在焊件上，阴极接在焊条上，这样，电弧中的热量大部分集中在焊件上，可以加快焊件的熔化速度，大多用于焊接厚焊件，这种连接形式称为正接法；反之，如果焊件接阴极，焊条接阳极，称为反接法。

极性接法的选择，主要取决于焊条的性质和焊件所需的热量。当使用碱性低氢型焊条或焊接薄钢板、低合金钢和有色金属时，采用反接法；当采用酸性焊条或焊厚钢板时，一般采用正接法。在施焊时，如何鉴别极性很重要，一般当采用碱性焊条时，如果电弧燃烧稳定，飞溅很小，声音平静，则说明用的是反接法；如果电弧不稳，飞溅很大，声音暴躁，则说明用的是正接法，应该更换极性。

使用交流电焊机时，闪电弧中的阳极和阴极在时刻变化着，就没有正反接法的差别。这时，在焊件和焊条上产生的热量是相等的。

电弧燃烧时应该稳定，即要求维持一定的长度、不偏吹、不摇摆、不熄灭。电弧燃烧不稳定的原因，除操作不熟练外，还有下列因素：

a. 焊接电源的种类、极性及焊机性能的影响。一般用直流电焊机比交流电焊机焊接时稳定，直流电焊机用反接法比正接法焊接时稳定，空载电压较高的焊机电弧燃烧也比较稳定。

b. 焊条药皮的影响。一般厚药皮焊条比薄药皮焊条的电弧燃烧稳定；当有药皮脱落现象时，也影响电弧燃烧稳定性。

c. 气流影响。当在空气流速较大的情况下焊接时，会造成严重的电弧偏吹，使焊接无法进行。

d. 焊接处不清洁。如有油污、水分等，也会严重影响电弧的稳定燃烧。

e. 磁偏吹。正常燃烧时，电弧的轴线应与焊条轴线一致，当电弧左右摇摆，使弧柱轴线与焊条轴线不在同一中心线上，就产生了磁偏吹，如图 3 - 30 所示。

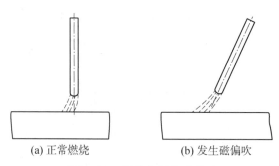

(a) 正常燃烧　　　　　　　(b) 发生磁偏吹

图 3 - 30　焊接电弧的磁偏吹

磁偏吹的产生是在使用直流电焊机时，由于弧柱周围磁力线分布不均匀，电弧受磁力线分布较密侧的力的作用，迫使电弧向一定方向偏吹的现象。焊接电流越大，可能产生的磁偏吹也越严重。磁偏吹会使焊缝产生气孔、未焊透和焊偏等缺陷。

为防止和减小磁偏吹，可采用以下措施：

a. 适当改变焊件与焊接电缆的接触部位，尽可能使弧柱周围磁力线分布均匀。

　　b. 适当调整焊条倾斜角度,使焊条朝磁偏吹方向倾斜。

　　(4) 电弧焊的冶金过程。电弧焊是利用焊条和焊件作为电极,使两块金属熔合成一体。焊件本身的金属称为基本金属,焊条熔化的熔滴过渡到熔池上的金属称为焊着金属。焊接时,由于电弧吹力,使焊件熔化金属的底部形成一个凹坑称为熔池(冷却后形成弧坑);焊着金属和基本金属不断熔合而构成熔化的焊缝金属冷却后形成焊缝;焊缝表面覆盖的一层渣壳称为焊渣;焊条熔化末端到熔池表面的距离称为电弧长;基本金属表面到熔池底部的距离称为熔深,如图 3 - 31 所示。

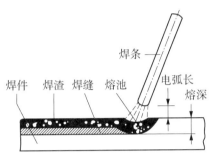

图 3 - 31　焊缝的形成过程

　　金属熔滴向焊缝熔池过渡的力主要有两种:第一种是重力,在水平施焊时,它能促使熔滴的过渡,而在立焊、横焊、仰焊时则阻碍熔滴的过渡;第二种是吹力,这种吹力是由于焊接时焊条的药皮比金属芯熔化慢,而形成了一个杯状小罩,使弧柱内产生一个非常集中的气体压力,成为熔滴过渡的主要力量。此外,金属熔滴还承受表面张力和电磁力等的作用。金属熔滴穿越弧柱向熔池过渡时,少部分变成蒸气在空气中氧化成烟气,还有一部分飞溅出熔池以外,绝大部分落入熔池,冷凝后形成焊缝。

　　在焊接时,由于熔池温度极高,熔池体积小和熔池存在时间极短,因此焊接的冶金过程比较复杂,如熔池中的某些元素发生蒸发或燃烧,一些物理化学反应不能像正常冶金过程一样达到平衡等。

　　在焊接过程中,极高的电弧温度使周围空气强烈受热而分解为化学性质很活泼的氧原子和氮原子,当熔化金属向熔池过渡时,少部分金属与氧原子和氮原子接触而化合成一系列的氧化物和氮化物。如氧与铁的化合物有氧化铁(FeO)、三氧化二铁(Fe_2O_3)、四氧化三铁(Fe_3O_4),其中,氧化铁能熔于钢液中和钢中的碳、硅、锰、铬等元素作用,使这些元素的一部分烧损,形成浮渣或夹杂在焊缝金属内,而使焊缝的强度、塑性和冲击韧性降低,脆性增加;其余两种氧化物不能溶于钢液,而可能在焊缝内形成夹渣。氮原子可以直接溶于金属中,也可变成一氧化氮溶于金属中,焊缝中如有氮气存在可提高强度,但塑性和冲击韧性急剧降低。

　　为了防止焊缝金属的氧化和氮化,在施焊时可以控制电弧长度,尽量采用短弧焊,以减少熔化金属和空气的接触机会。此外,在焊条药皮中加入造气、造渣保护物质,使熔化金属和空气隔绝;还可加入脱氧能力比铁更强的物质,使铁还原。

　　为了进一步改善焊缝金属的力学性能,必须尽量减少焊缝中的硫、磷等有害成分,因为硫、磷会使焊缝金属发生热脆性和冷脆性。因此在药皮中加入脱硫、磷物质,使焊缝金属得到精炼。另外，为了保证有益成分(硅、锰、铬、钼等)具有必要的含量，必须对焊接过程中合金元素的氧化烧损给以补偿和调整焊缝金属的化学成分，一般利用在药皮中加入锰铁、硅铁、铬铁等铁合金的方法，在焊接过程中向熔化金属加入合金元素，使其产生合金化作用，增加焊缝金属的合金含量，以获得成分、组织和力学性能与基本金属相同或相近的焊缝金属；同时消除焊接缺陷，改善焊缝金属的组织和性能。

(5)焊条电弧焊设备。焊条电弧焊所需的设备主要是由电弧焊机和一些焊接工具组成，为实施焊条电弧焊，必须配备相应的焊接电源、夹持焊条的焊钳、传递焊接电流的电缆和地线夹头等，如图 3-32 所示。

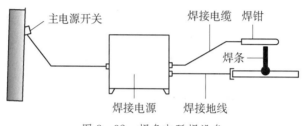

图 3-32　焊条电弧焊设备

电弧焊机(简称电焊机)是手工电弧焊用的主要设备，按焊接电源的不同，分为直流弧焊机和交流弧焊机两大类；按供给的焊头数，可分为单头焊机和多头焊机；按焊机结构的不同，又可分为旋转式直流焊机、交流焊机、硅整流焊机等。目前，使用最广泛的电焊机主要有以下类型。

a. 直流弧焊机　直流弧焊机有旋转式和整流式两种形式。直流弧焊机具有引弧容易、电弧稳定、穿透力强、飞溅少等优点。旋转式直流弧焊机，由焊接发电机和三相感应电动机组成。感应电动机以电能作为动力，驱动焊接发电机，获得焊接电流。整流式弧焊机由于没有旋转部分，因而还具有噪声小、空载能耗小、效率高、成本低、制造和维护容易等优点，得到广泛应用。整流式弧焊机按其调节装置作用原理不同可分为硅整流式弧焊机、晶闸管整流式弧焊机等。

硅整流式弧焊机由焊接变压器、整流器和转换开关等组成。焊接时，通过焊接变压器将高压交流电变为焊接所需的低压电，再利用硅整流器将交流电变为直流电，供焊接用。如 ZXG1-250 和 ZXG1-400 型弧焊机属于动圈式硅整流式弧焊机，电焊机型号的最后数字 250 及 400 表示该型号焊机的额定焊接电流分别为 250 A 及 400 A。该类焊机的焊接电流调节分为粗调和细调，粗调是旋转转换开关，通过改变焊接变压器一次、二次绕组的串、并联来实现的；细调借助于手柄、旋转螺杆带动二次绕组上下移动，以改变焊接变压器一次、二次绕组耦合间距来改变焊接电流的大小。

晶闸管整流式弧焊机主要由焊接变压器、晶闸管整流器、控制和调节系统等组成。晶闸管整流式弧焊机利用晶闸管的整流特点来获得弧焊机所需要的外特性，它具有良好的网络补偿效果，外特性及动特性容易控制，且电弧稳定、噪声小、空载损耗小、体积小、质量轻、成本低、功率因数高、省电，以及调节性能好和便于实现自动化焊接的优点，所以目前使用越来越普遍。图 3-33 为 ZX5-400 型晶闸管整流式弧焊机外形图，型号中的最后数字 400 表示该整流器额定焊接电流为 400 A。使用时先按下启动按钮,待其正常运行后,旋转电位调节旋钮,将焊接电流调至所需要的数值,即可进行正常的焊接。

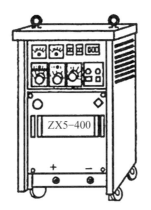

图 3-33　ZX5-400 型晶闸管整流式弧焊机外形图

b. 交流弧焊机　交流弧焊机是一种具有陡降外特性的降压变压器,采用交流电焊接,虽然电弧稳定性差,但由于其结构简单、制造方便、成本低廉、使用可靠和维修方便等优点,因而应用普遍,为焊接低碳钢焊件最常用的焊接设备。由于交流弧焊机所得到的焊接电流是交流电,因而其输出端无正、负极之分,焊接时不会产生磁偏吹,但交流弧焊机不能用于药皮类型为低氢钠型、高纤维素钠型等焊条的焊接。

交流弧焊机的形式较多,BX1-330 型交流弧焊机是常用的焊机之一,是一种有三只铁心柱的单相漏磁式降压变压器,其额定焊接电流为 330 A。图 3-34(a)所示为其外形结构图,图 3-34(b)为其结构原理图,中间为可动铁心,两边为固定铁心,其中一边绕有一次线圈。二次线圈分为两部分,一部分绕在一次线圈外面;另一部分兼做电抗线圈,绕在另一侧固定铁心柱上,并且可以调节线圈的圈数。交流弧焊机上装有接线板,可对电流进行粗调节,转动手柄可以使中间可动铁心前后移动,进行电流的细调节。

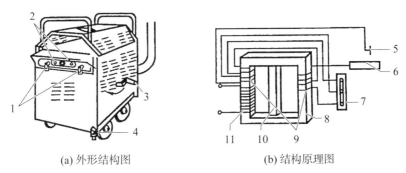

(a) 外形结构图　　　　　　　　(b) 结构原理图

1—焊接电缆连接螺钉;2—拉线柱(粗调电流);3—调节手柄(细调电流);4—接地螺钉;
5—焊钳;6—工件;7—接线板;8—固定铁心;9—二次侧线圈;10—可动铁心;11—一次侧线圈。

图 3-34　BX1-330 型交流弧焊机

　　BX6-120型交流弧焊机属于交换抽头式弧焊机,外形尺寸较小,质量轻,易搬运,适用于流动性较大的焊接或维修工作。但该弧焊机的额定负载持续率为20%,如果连续长时间使用,为保护弧焊机不因过热而损坏,热继电器会自动切断电源停止工作,待弧焊机冷却后再自动恢复。该弧焊机的焊接电流调节分为9挡,是通过特殊的旋转开关改变两个一次绕组的匝数分配以调节不同的焊接电流的。

　　c. 焊接电缆　焊接电缆用以实现焊钳、焊件对焊接电源的连接,以传导焊接电流。电缆外表应有良好的绝缘层,不允许导线裸露。外皮如有破损,应用绝缘胶布包好,以防破损处引起短路和发生触电等事故。

　　主要依据焊接电流来选择焊接电缆,表3-14供选用时参考。

表3-14　焊接电缆选用表

导线截面积/mm²	25	35	50	70
最大允许电流/A	140	175	225	280

　　d. 焊钳　焊钳是用来夹持焊条并传导电流以进行焊接的工具,其外形如图3-35所示。

　　焊钳应具有良好的导电性、绝缘性和隔热性,要求能迅速、牢固地夹持焊条和松开焊条,使用轻便、灵活。采用的规格有300A和500A两种。

　　e. 面罩　面罩用来挡住飞溅的金属和电弧中的有害光线,以保护眼睛和头部。一般有手持式和头盔式两种,如图3-36所示。

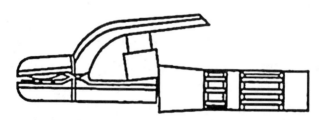

图3-35　焊钳外形

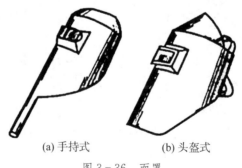

(a) 手持式　　　　(b) 头盔式

图3-36　面罩

面罩上的护目玻璃用来降低电弧光的强度和过滤红外线和紫外线,操作者通过护目玻璃观察熔池,掌握焊接过程。为了防止护目玻璃被飞溅金属损坏,必须在护目玻璃前另加普通玻璃。护目玻璃的颜色深浅以看清焊接熔池为宜。国产护目玻璃常用牌号及性能如表 3-15 所示。

表 3-15 国产护目玻璃常用牌号及性能

玻璃牌号	颜色深浅	适用焊接电流/A
11~12	最暗	大于 350
9~10	中等	100~350
7~8	较浅	小于 100

f. 焊接用手套和绝缘鞋 手套和绝缘鞋属劳动保护用品。手套为长袖。袖长以不妨碍肘关节活动为准。绝缘鞋要求厚底、高帮,能绝缘、隔热。焊工用手套和绝缘鞋应能有效地阻挡弧光的灼伤和飞溅熔渣的伤害以及防止触电。

g. 屏风板 屏风板的作用有两个:一是使作业区与外界或其他操作者隔开,防止弧光和飞溅物伤害他人或引起火灾;二是防止风吹引起电弧不稳。屏风板可因地制宜,做成各种形式。

h. 钢丝刷 钢丝刷是用来清除焊接处的锈皮、污物等的工具。

g. 锤子、扁铲、敲渣锤 这些工具都是用来清除焊渣的辅助工具。其中,敲渣锤的锤头两端常根据实际需要磨成圆锥形和扁铲形。

2)埋弧焊

(1)埋弧焊概述。埋弧焊是一种在焊剂层下进行电弧焊的方法,发明于 1930 年,自 1940 年开始逐步在工业生产中推广应用。我国于 1956 年从苏联引进了埋弧焊工艺和设备,并在电站锅炉、压力容器、船舶、机车车辆和矿山机械制造中得到了实际应用。

埋弧焊是一种向焊接熔池连续机械送进焊丝的方法。基于采取较短的焊丝伸出长度,可以使用高达 2 000 A 的大电流进行焊接,从而可达相当高的熔敷率。图 3-37 列示了各种埋弧焊方法与焊条电弧焊熔敷率的对比数据,从图中可见,埋弧焊的熔敷率比焊条电弧焊高出 10 倍之多。此外,埋弧焊又是一种高电流密度焊接法,具有深熔的特点,一次行程熔透深度可达 20 mm,因此,埋弧焊在所有弧焊方法中效率最高。

虽然传统的单丝埋弧焊方法的效率已经达到较高的水平,但由于大型、重型厚壁焊接结构的快速发展,迫切要求进一步提高埋弧焊的效率,从而开发出了各种高效埋弧焊工艺方法。图 3-38 所示的这些高效埋弧焊方法已在不同的工业领域得到实际的应用。

埋弧焊的生产效率取决于焊接设备的自动化程度,现代埋弧焊设备分为机械化和全自动化两大类。机械化埋弧焊设备,除了焊丝的送进、焊接小车的移动或工件的旋转由相应的传动机构驱动外,焊接过程的启动、停止、焊丝对中、焊接工艺参数的设备与调整以及焊接过程程序的编制仍需靠焊工手工操作。在我国,目前市售的埋弧焊设备基本上均为机械化焊接设备。全自动埋弧焊设备是一种焊接全过程由相应的控制系统和执行机构自动完成的装置,其中包括焊接机头的自动跟踪、焊接工艺参数的预置和自动反馈控制以及

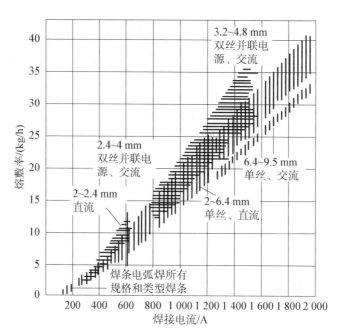

图 3-37　各种埋弧焊方法与焊条电弧焊熔敷率的对比

注：每一范围中的低值是指焊丝接正极，高值是指焊丝接负极。

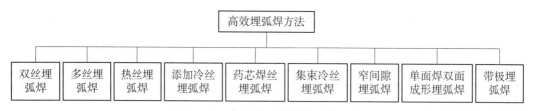

图 3-38　各种高效埋弧焊工艺方法

焊接程序的自行生成等。焊工只需在焊前做必要的调整工作，按下启动按钮后无须再对设备进行干预，因此可大大提高生产效率，并保证焊接质量。

在埋弧焊焊接材料方面，随着焊接结构用新钢种的不断涌现，研发出了各种与之相匹配的埋弧焊实芯焊丝，并已纳入相应的埋弧焊焊丝标准。药芯焊丝和金属粉芯焊丝在埋弧焊生产中也得到应用，以提高焊接效率并改善焊缝质量。为提高埋弧焊的工艺适应性，研制成功了各种新型埋弧焊焊剂，包括高碱度焊剂、高速埋弧焊焊剂和铁粉焊剂等。迄今，埋弧焊已成为大型、重型和厚壁焊接结构制造中不可或缺的高效焊接法。

（2）埋弧焊的过程原理。埋弧焊是利用焊丝与焊件之间在焊剂层下燃烧的电弧熔化焊丝、焊剂和母材金属而形成焊缝以连接被焊工件。埋弧焊时，颗粒状焊剂对电弧和焊接区起保护作用，而焊丝则作为填充金属，并与熔渣产生一定的冶金反应。埋弧焊的过程原理如图 3-39 所示。焊机导电嘴和焊件分别与焊接电源的正负输出端相接，焊丝由送丝机构连续地向覆盖焊剂的焊接区送进。电弧引燃后，焊剂、焊丝和母材在电弧高温作用下立即熔化并形成熔池，焊剂熔化后覆盖熔池金属及高温焊接区，起到良好的保护作用。焊剂层中未熔化的焊剂具有隔离空气、屏蔽电弧光和热辐射的作用,并提高了电弧的热效率。

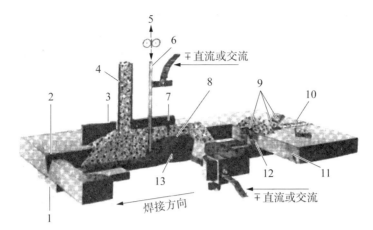

1—衬垫;2—V 形坡口;3—挡板;4—送焊剂软管;5—送丝机构;6—焊丝;7—焊剂层;
8—熔化的焊剂;9—熔渣;10—焊缝表面;11—母材;12—焊缝金属;13—熔池金属。

图 3-39　埋弧焊过程原理图

熔融的焊剂与熔化金属之间可产生各种冶金反应。正确控制这些冶金反应的进程,可以获得化学成分、力学性能和其他性能(耐蚀性、耐热性等)符合预定技术要求的焊缝金属。同时,焊剂的成分也影响到电弧的稳定性、弧柱的最高温度以及焊接区热量的分布,熔渣的物理特性也对焊缝的成形起到一定的作用。

(3)埋弧焊的优缺点及适用范围。埋弧焊与其他弧焊方法相比,具有以下优点:

a. 埋弧焊可以相当高的熔敷率高速完成各种厚度的对接、角接和搭接接头。多丝埋弧焊特别适用于厚板接头和表面堆焊。

b. 单丝或多丝埋弧焊可以通过单面焊双面成形工艺,一次成形完成厚度 30 mm 以下的直边和单 V 形坡口对接接头,焊接效率相当高,能取得可观的经济效益。

c. 利用焊剂组分对熔池金属脱氧还原反应以及渗合金作用,可以获得力学性能优良、致密度高的优质焊缝金属。焊缝金属的性能容易通过焊剂和焊丝的选配加以调整。

d. 埋弧焊时焊丝熔化过程中不产生任何飞溅,焊缝表面光洁,焊后不需修磨焊缝表面,缩短了焊接辅助时间。

e. 埋弧焊过程无弧光刺激,焊工可集中注意力操作,焊接质量最易于保证,同时劳动条件得以改善。

f. 埋弧焊可在风力较大的露天场地施焊。

埋弧焊的主要缺点如下:

a. 埋弧焊设备的占地面积较大,一次投资费用较高,并需配备处理焊丝、焊剂的辅助装置。

b. 使用普通熔炼焊剂焊接时,每层焊道焊接后必须清除焊渣,增加了焊接辅助时间。如清渣不净,还会产生夹渣之类的缺陷。不过,现在已研制出脱活性良好的烧结焊剂,如焊接工艺参数选配恰当,焊后焊渣会自动脱落,可省略清渣工序。

c. 埋弧焊只能在平焊、平角焊位置下进行焊接,焊接过程中对工件的倾斜度有严格的限制，否则焊剂和熔池难以保持正常状态。

随着埋弧焊焊丝和焊剂新品种的开发和埋弧焊工艺的不断改进，目前可焊接的钢种如下：所有牌号的低碳结构钢、$\omega_C < 0.6\%$ 的中碳钢，各种低合金高强度钢、耐热钢、耐候钢、低温钢、铬和铬镍不锈钢、高合金耐热钢和镍基合金等。淬硬性较高的碳钢、马氏体时效钢、铜及其合金也可采用埋弧焊焊接，但必须采用特殊的焊接工艺，才能保证焊接接头的质量。埋弧焊还可用于不锈钢耐蚀合金、硬质耐磨合金的表面堆焊。

埋弧焊适用于各种形式的焊接接头，包括直边对接、V 形坡口对接、U 形坡口对接、T 形角接和搭接接头等。

埋弧焊可用于最小厚度为 4 mm 的各种板材、型材和管材。焊件的最大厚度可达 600 mm。最常用的厚度范围为 10～350 mm。

目前，埋弧焊是各类焊接结构制造业中应用最广泛的机械化焊接方法之一，特别是在锅炉、压力容器、风电和水电装备部件，大型管道、轨道交通车辆、重型机械、起重机械，船舶、海洋工程结构、桥梁及炼油化工装备生产中，埋弧焊已成为主导焊接工艺，发挥了不可替代的作用。

（4）埋弧焊的冶金过程。埋弧焊的冶金过程是指液态熔渣与液态金属及电弧气氛之间的相互作用，其中主要包括氧化、还原反应，脱硫、脱磷反应以及去气等过程。

a. 焊剂层的物理隔绝作用。埋弧焊时，电弧在一层较厚的焊剂层下燃烧，部分焊剂在电弧高温的作用下立即熔化，形成液态熔渣，包围了整个焊接区和液态熔池，隔绝了周围的空气，产生了良好的保护作用，焊缝金属的氮含量仅为 0.002%，若选用优质药皮焊条电弧焊焊接的焊缝金属氮含量则为 0.02%～0.03%，两者相差 10 倍之多，故埋弧焊焊缝金属具有很高的致密度和纯度。

b. 冶金反应较完全。埋弧焊接时，由于焊接熔池和凝固的焊缝金属被较厚的熔渣层所覆盖，焊接区的冷却速度较慢，熔池液态金属与熔渣的反应时间较长，故冶金反应较充分，去气较完全，非金属夹杂物也易从液态金属中浮出，故埋弧焊焊缝金属具有优良的力学性能。

c. 焊缝金属的合金成分易于控制。在埋弧焊焊接过程中，可以通过焊剂或焊丝（含药芯焊丝和金属粉芯焊丝）对焊缝金属进行渗合金。焊接低碳钢时，可以利用焊剂中 SiO_2 和 MnO 的还原反应，对焊缝金属渗硅和渗锰，使焊缝金属中含有适量的硅、锰等合金元素。焊接合金钢时，通常采用高碱度焊剂和合金焊丝保证焊缝金属必要的合金成分。

d. 焊缝金属纯度较高。在埋弧焊过程中，高温熔渣具有较强的脱硫、脱磷作用，可将焊缝金属中的有害杂质硫和磷含量控制在很低的范围内。同时，熔渣也具有很强的去气作用，从而大大降低焊缝金属中氢、氧和氮的含量。

（a）硅、锰的还原反应。硅和锰是低碳钢焊缝金属中最主要的合金元素，锰可提高焊缝金属的抗热裂性和抗拉强度，改善常温和低温冲击韧性。硅使焊缝金属镇静，加快熔池金属的脱氧过程，保证焊缝金属的致密度。低碳钢埋弧焊用焊剂通常含有较高的氧化锰（MnO）和氧化硅（SiO_2），焊缝金属的渗锰和渗硅主要通过 MnO 和 SiO_2 的还原反应来实现。

（b）碳的氧化反应。焊缝金属中碳来自焊丝和母材，焊剂中碳含量很少，基本上不参加氧化反应。焊丝中碳的原始含量越高，则氧化烧损量越多。碳氧化过程中释放 CO，对熔池金属产生搅拌作用，加快熔池中其他气体的逸出，有利于遏制焊缝中氢气孔的形成。

焊缝金属的合金含量对碳的氧化有一定的影响。例如硅含量的提高能抑制碳的氧化,而锰含量的增加对碳的氧化无明显影响。

（c）去气反应。埋弧焊时,焊缝中的气孔主要是氢气孔。为去除焊缝中的氢,常用的办法是将氢结合成不溶于熔池金属的化合物而排出熔池。采用含 CaF_2 的焊剂埋弧焊时,可以把氢结合成稳定而不溶于熔池金属的化合物。

（d）脱硫和脱磷的反应。硫是促使焊缝金属产生热裂纹的主要因素之一,通常要求焊缝金属的硫含量低于 0.025%。因为硫是一种偏析倾向较大的元素,故微量硫也会产生有害的影响。

埋弧焊时,可以通过提高焊剂中的 MnO 含量或焊丝中的锰含量降低焊缝金属中的硫含量。硫的危害主要是它与 Fe 结合成低熔点共晶体 FeS。当焊缝金属从熔化状态凝固时,低熔共晶液膜偏聚于晶界而导致红脆性或热裂纹。FeS 中的硫可通过化学反应被锰置换,形成熔点较高的 MnS,因 MnS 不溶于金属而上浮到熔渣中,脱磷主要通过焊剂中的碱性氧化物结合成的磷酸盐进入熔渣。

（5）埋弧焊的设备。埋弧焊设备按焊接过程的自动化程度可分机械、自动和全自动三大类。我国目前生产的埋弧焊设备基本上都是机械埋弧焊机,即焊接小车或焊接机头的移动和送丝机构由电动机驱动,而焊接过程的启动、停止、焊丝对中和焊接参数的调节仍需由焊工手动操作。自动埋弧焊机是指焊接全过程,包括焊缝自动跟踪、焊接参数自动检测与反馈控制和焊接程序均由焊机自动完成。全自动埋弧焊设备亦称自适应控制埋弧焊机,其焊接过程自动化程度比自动埋弧焊机更进一步。它借助现代高灵敏度传感器和反应速度极快的电子检测线路,对焊接过程中可能出现的形位偏差能以最快速度予以自适应,使焊接熔池始终保持良好状态,在焊接过程中能持续稳定保持预置的各重要焊接参数。使用这种自适应控制埋弧焊设备时,操作工只需在焊前做必要的预调整和焊接参数的设置。设备启动后操作工无须干预,整个焊接过程按预置的程序和工艺参数自动完成。

通用埋弧焊设备的结构形式可分为小车式焊机和悬挂式机头两种。其典型的外形如图 3-40 和图 3-41 所示。焊接机头通常与各种焊接操作机组合使用。如图 3-42 所示为

1—送丝机；2—焊剂斗；3—十字滑板；4—控制器；5—支架；6—行走小车；7—导向杆；8—导电嘴。

图 3-40　小车式埋弧焊机结构形式

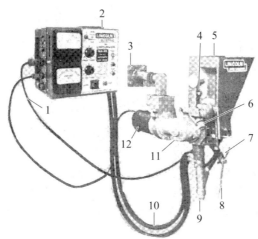

1—焊剂斗控制线；2—控制器；3—安装连接板；4—焊丝校正压紧机构；5—焊剂斗；
6—机头；7—横向拖极；8—指针；9—导电嘴；10—焊接电缆；11—减速箱；12—送丝电动机。

图 3-41　悬挂式埋弧焊机结构形式

图 3-42　侧梁式埋弧焊接操作机

一台装有焊接机头的侧梁式埋弧焊接操作机，焊接机头由小车带动在横梁上做直线运动。

一台完整的埋弧焊机由以下几部分组成：行走小车或机头移动机构；送丝机、焊丝校正压紧机构；焊接电源；控制系统等。焊接机头还应包括焊丝盘支架、焊剂斗和输送回收器、十字滑板、导丝管和导电管等。

3）熔化极气体保护电弧焊

熔化极气体保护电弧焊（GMAW）是用外加气体作为保护介质和连续送给焊丝作为填充金属（熔化极），该焊丝和工件之间建立了电弧加热金属，并在气体介质保护下形成金属熔滴、焊接熔池和焊接区高温金属而获得金属结合的电弧焊方法，熔化极气体保护电弧焊原理如图 3-43 所示。

（1）熔化极气体保护电弧焊的分类。熔化极气体保护电弧焊方法根据焊丝和保护气体等的不同可以分为实芯焊丝气体保护电弧焊和药芯焊丝气体保护电弧焊两类，如图 3-44 所示。实芯焊丝气体保护电弧焊可分为惰性气体保护电弧焊（MIG）、活性气体保护电弧

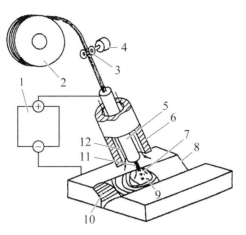

1—焊接电源；2—焊丝盘；3—送丝盘；4—送丝电动机；5—导电嘴；6—喷嘴；
7—电弧；8—母材；9—熔池；10—焊缝金属；11—焊丝；12—保护气。

图 3-43　熔化极气体保护电弧焊原理

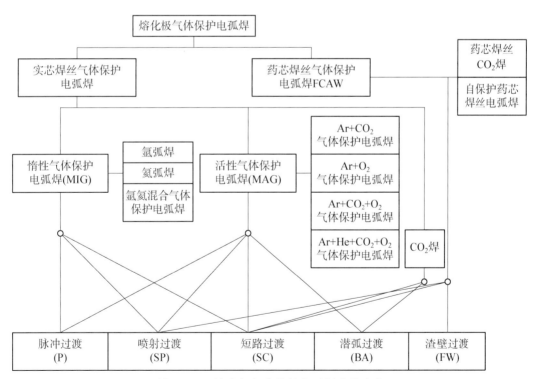

图 3-44　熔化极气体保护电弧焊法的分类

焊（MAG）和二氧化碳气体保护电弧焊（CO_2 焊）。惰性气体保护焊又分为氩弧焊、氦弧焊和氩氦混合气体保护电弧焊；活性气体保护电弧焊可分为 $Ar+CO_2$ 混合气体保护电弧焊和 $Ar+O_2$ 混合气体保护电弧焊（它们都为二元气体保护电弧焊）、$Ar+CO_2+O_2$ 混合气体保护电弧焊（三元气体保护电弧焊）、$Ar+He+CO_2+O_2$ 混合气体保护电弧焊（四元气体保护电弧焊）；二氧化碳气体保护电弧焊还可分为纯 CO_2 气体保护电弧焊与 CO_2+O_2 混合气体保护电弧焊。药芯焊丝气体保护电弧焊可分为药芯焊丝 CO_2 焊和自保护药芯焊丝电弧焊等。

熔化极气体保护电弧焊与焊条电弧焊及埋弧焊不同，前者无熔渣的化学作用与机械隔离作用，也就是对熔滴过渡没有熔渣所引起的约束作用，所以熔滴过渡只能受电弧力、表面张力和重力等作用。由于不同的气体保护电弧焊方法在熔滴上作用力的大小和方向不同，有几种不同的电弧形态和可使用的熔滴过渡类型，如 MIG 有喷射过渡、脉冲过渡和短路过渡；MAG 除了有上述三种过渡形式外，还有潜弧过渡；CO_2 焊只有短路过渡和潜弧过渡；药芯焊丝气体保护电弧焊除有喷射过渡、短路过渡外，还有渣壁过渡形式可以使用。

（2）熔化极气体保护电弧焊的特点。GMAW 因焊丝、保护气体和焊接参数的不同组合能够实现多种功能，各种组合都具有许多不同于其他焊接方法的特点。

GMAW 的主要优点如下：

a. 气体保护焊效率高，焊丝熔化速度快、熔深大和熔渣少而减少打磨时间，连续送丝而无须更换焊条等。与焊条电弧焊相比可提高工效 2～3 倍。

b. 焊接质量好，是一种低氢焊接法，对铁锈和水分不敏感，气孔率低。短路过渡（SC）法热输入低，热影响区小，变形小，搭桥性能好，适合于打底焊和全位置焊。

c. 焊接成本低，因连续送丝而无焊条头和药皮，从而减少了消耗，节约了电能，提高了生产率。

d. 气体保护电弧焊是明弧焊，在半自动焊时，方便操作，简化了焊工对弧长的控制。

e. 适合于焊接各种金属和合金，以及适用于焊接从 0.1 mm 到几十毫米厚的焊件。

f. 气体保护电弧焊焊接时可以连续送丝和连续焊接，便于实现自动焊，并与焊接机器人兼容性好。

GMAW 的主要缺点如下：

a. 焊接设备复杂，价格较贵，不便于携带。

b. 怕风，当风速大于 2 m/s 时，将破坏气体保护。

c. 电弧有强烈的光辐射，易伤眼，焊接烟雾影响作业环境，需加强环保。

可见 GMAW 的优点是十分可贵的，而缺点是可以防治的，因此它在工业中的应用越来越普及，已占有十分重要的地位。当前在工程中气体保护焊法完成的焊接工作量已占 50% 左右，是一种不可或缺的焊接方法。

（3）熔化极气体保护电弧焊的原理。电弧是在焊丝（电极）与母材间，在气体介质中产生的强烈而持久的放电，它是将电能转化成热能的元件。电弧分为三部分：电弧区、阴极区和阳极区。对焊丝加热的主要是两个电极区的产热，而弧柱区对产热影响不大。两个电极区的产热量由如下方程决定：

$$P_A = I(U_A + U_W)$$
$$P_K = I(U_K - U_W)$$

式中，P_A，P_K——阳极区和阴极区产热；

$\quad U_A$，U_K——阳极区和阴极区电压降，V；

$\quad U_W$——电极材料的逸出功；

$\quad I$——电弧电流，A。

可见，两个电极区的产热量主要与电极材料的种类、电极前面的气体种类和电弧电流大小等因素有关。在采用 GMAW 时，阳极电压降 U_A 较小（为 0～2 V），而阴极区的电压降 U_K 较大（约为 10 V）。因此熔化极气体保护电弧焊时，常常采用直流反接（DCEP），即焊丝接阳极，而母材接阴极。这种接法时虽然焊丝熔化速度较小，但是电弧燃烧稳定，熔滴过渡比较规则且焊缝成形良好。

GMAW 通常不用交流电，主要原因是电流过零时电弧熄灭，电弧难以再引燃，且焊丝为阴极的半波电弧不稳定。

熔化焊丝的能量主要来自电弧的电极区。此外焊接电流流经焊丝还将产生电阻热，也对焊丝的熔化率有影响，尤其是在用细焊丝、较大的焊丝伸出长度和电阻率较高时，由欧姆定律决定将产生较大的电阻热。

焊丝熔化速度

$$v_m = aI + bLI^2$$

式中，v_m——焊丝熔化速度，mm/s；

$\quad a$——阳极或阴极加热的比例常数，其大小与极性、焊丝化学成分直径、保护气体种类等有关，mm/(s·A)；

$\quad b$——包括焊丝电阻率在内的电阻加热比例常数，1/(s·A²)；

$\quad L$——焊丝伸出长度，mm；

$\quad I$——焊接电流，A。

当电流较小和焊丝伸出长度较短时，方程的第一项较为重要。当焊丝直径较小、焊丝伸出较长和焊丝电阻率增加（如不锈钢焊丝比铝焊丝的电阻率大）以及电流加大时，方程中第二项的影响就增大。

试验表明，工件处的电压降和弧柱部分的电压降对焊丝熔化速度的影响不大。

（4）熔化极电弧焊的熔滴过渡。GMAW 按熔滴过渡的不同，主要可分为三种主要形式：短路过渡、大滴过渡、喷射过渡，如表 3-16 所示。按照熔滴过渡的形态，还可以有更细的区分。影响熔滴过渡的因素很多，其中主要有以下几个影响因素：

a. 焊接电流的大小和种类。

b. 焊丝直径。

c. 焊丝成分。

d. 焊丝伸出长度。

e. 保护气体种类。

表 3-16　气体保护电弧焊熔滴过渡的分类及其特征

熔滴过渡类型		形态	焊接条件
中文名称	英文名称	—	—
自由过渡	free transfer	—	—
大滴过渡	globular transfer	—	—
下垂滴状过渡	drop transfer		小电流 GMAW
排斥滴状过渡	repelled transfer		CO_2 焊
喷射过渡	spray transfer	—	—
射滴过渡	projected transfer		中等电流 MIG/MAG
射流过渡	streaming transfer		较大电流 MIG/MAG
旋转射流过渡	rotating transfer		过大电流 MIG/MAG
爆炸过渡	explosive transfer		—
接触过渡	contact transfer	—	—
短路过渡	short circuiting transfer		CO_2 焊、MAG
渣壁过渡	flux wall transfer		药芯焊丝气体保护电弧焊 药芯焊丝自保护电弧焊

　　a. 短路过渡　短路过渡发生在 GMAW 的细焊丝和小电流条件下。这种过渡形式产生小而快速凝固的焊接熔池,适合于焊接薄板、全位置焊和有较大根部间隙的搭桥焊。熔滴过渡只发生在焊丝与熔池接触时,而在电弧空间不发生熔滴过渡。

焊丝与熔池的短路频率为 20～200 次/秒。短路过渡过程和相应的电流与电压波形如图 3-45 所示。当焊丝与熔池接触时，电弧熄灭，电弧电压急剧下降，接近于零，而短路电流上升[见图 3-45 中(a)～(d)过程]，在焊丝与熔池之间形成液体金属柱[见图 3-45 中(b)过程]，它在不断增大的短路电流所形成的电磁收缩力和表面张力的作用下，强烈地压缩液柱而形成缩颈[见图 3-45 中(d)过程]，该缩颈称为小桥。在这个小桥中通过某一短路电流时(即短路峰值电流)，小桥由于过热气化迅速爆断。这时电弧电压很快恢复到空载电压以上，电弧又重新引燃[见图 3-45 中(e)过程]。短路电流上升曲线为指数特性，在短路后期的电流上升速度较低，以保证小桥爆断时产生较少的飞溅。这一电流上升速度是靠调节电源电感而进行控制的。电感量的选择取决于焊接回路电阻和焊丝的直径。

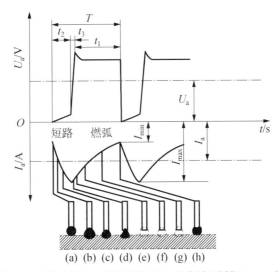

t_1—燃弧时间；t_2—短路时间；t_3—燃弧时间；T—焊接循环周期；I_{max}—短路峰值电流

I_{min}—最小电流；I_a—焊接平均电流；U_a—平均电弧电压。

图 3-45　短路过渡过程和相应的电流与电压及波形图示意图

当电弧建立之后，焊丝继续送进和被电弧熔化。这时电源的空载电压必须足够低，以免在焊丝与熔池接触之前发生熔滴过渡。燃弧能量除由电源提供外，在短路时储存在电感中的能量也将释放出来。由于逆变焊机问世，对于电源动特性有很大的改善，其波形如图 3-46 所示。根据电弧的状态，设置了不同的电子电抗器，能根据工艺的需要，给以相应的控制。在短路初期，为防止瞬时短路，逆变焊机应使电流降到很低值 I_w，并保持较短的时间 t_w。之后为减少短路时间，要求短路电流较快地提升达到 I_1 时再降低短路电流上升斜率 K_m，这样就可确保在较小的短路峰值电流 I_{max} 时爆断短路小桥，其结果能够降低正常短路的飞溅，这就是双斜率控制短路电流波形。在燃弧初期降低电流下降速度，能提高燃弧能量，而改善焊缝成形。

虽然熔滴过渡仅发生在短路期间，但是保护气体成分对熔化金属的表面张力和电弧电场强度均有影响，因此对电弧形态和对熔滴作用力也有影响，所以保护气体成分变化将对短路过渡频率及短路时间有很大影响。与惰性气体相比，CO_2 保护时将产生更多的飞

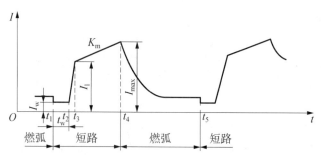

图 3-46　逆变式短路过渡 GMAW 的电流波形

溅,但是 CO_2 气还能加大熔深。为了获得较小的飞溅、较大的熔深和良好的性能,在焊接碳钢和低合金钢时还可采用 CO_2 和 Ar 的混合气体,而在焊接有色金属时向 Ar 中加入 He 也可以增加熔深。

b. 大滴过渡　在 DCEP 情况下,无论是哪种保护气体,在较小电流时都能产生大滴过渡。但是在 CO_2 焊和氩弧焊时,采用所有可用焊接电流时都能产生大滴过渡。大滴过渡的特征是熔滴直径大于焊丝直径,大滴过渡只能在平焊位置,在重力作用下过渡。

在惰性气体为主的保护介质中,当平均电流等于或略高于短路过渡所用的电流时,就能获得大滴轴向过渡。如果弧长过短,长大的熔滴就会与工件短路,造成过热和崩断,而产生相当大的飞溅。所以电弧长度必须足够大,以保证熔滴接触熔池之前就脱落。然而,当弧长过大时,又容易形成不良焊缝,如未熔合、未焊透和余高不规则等。这样一来,大滴过渡的应用受到很大限制。

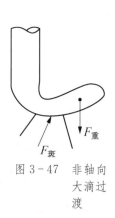

图 3-47　非轴向大滴过渡

CO_2 保护焊在焊接电流和电压超过短路过渡范围时,都产生非轴向大滴过渡,其原因是在熔滴底部作用着斑点压力,该力由三部分组成:一为电弧收缩力;二为带电的阳离子的撞击力;三为斑点处的金属蒸气强烈蒸发而产生的反作用力。因为斑点面积较小,只占据焊丝端头熔滴的局部面积,该力常常偏离焊丝轴线,并迫使熔滴也偏离轴线和上翘。这时熔滴在斑点压力 $F_{斑}$ 和熔滴的自身重力 $F_{重}$ 的共同作用下形成力偶,使熔滴旋转着脱离焊丝而成为强烈飞溅,如图 3-47 所示。

然而,CO_2 气体仍然是低碳钢和低合金钢最常用的保护气。当电弧电压较高时,熔滴过渡形式如上所述为非轴向排斥滴状过渡;而在焊丝直径大于 1.6 mm 时,使用较大电流和较低电压能形成潜弧过渡,如图 3-48 所示。这时焊丝端头跟随电弧一起插入工件表面以下的凹坑内。在其中形成空腔,在空腔内电弧气氛不仅有 CO_2,同时还伴随其分解产物及金属蒸气的混合物,使得电弧空间的电场强度降低,并促使电弧扩张,它覆盖着焊丝端头,使熔滴呈喷射状过渡。这时电弧力很大,足以维持相对稳定的空腔,于是形成了稳定的潜弧状态。

如此调整,不但因改善了熔滴过渡形式而减少飞溅,而且该空腔还能捕捉到大部分金属飞溅,使得焊接飞溅减小。很明显,这种方法的熔深较大,是一种高效焊接方法,已广泛用于较厚工件的焊接。但是应注意焊速的选择,否则焊缝的余高过大,这种潜弧过渡也能

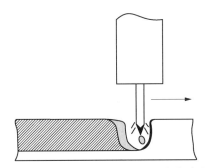

图 3-48　CO_2 焊潜弧状态的熔滴过渡

在 MAG 时出现。

c. 喷射过渡　喷射过渡包括射滴过渡和射流过渡两种过渡形式。

MIG/MAG 时按电流大小可分为三种熔滴过渡区间：①小电流区间（小于 255 A）为大滴过渡，熔滴过渡频率很低，大约为每秒过渡几个大熔滴，且呈下垂状大滴过渡；②从大滴区域向射流区域（即 255～265 A）转换处为射滴过渡区间，该区间的电流范围较窄，用 Ar＋1％O_2 保护气体焊接低碳钢时，仅为 10 A，而用 Ar＋20％CO_2 为保护气体焊接低碳钢时，射滴过渡区间为 80 A 左右，射滴过渡的形态为焊丝端头呈圆球状，其直径大约为焊丝直径；③较大电流区间（大于 265 A）为射流过渡，其特征为焊丝端头呈铅笔尖状，在其周围被锥形电弧所覆盖，呈对称分布，沿焊丝尖端流出液体金属流束从射滴过渡转变为射流过渡的电流值称为射流过渡临界电流，当焊接电流大于该临界电流时熔滴过渡将保持稳定的射流状态，该临界电流因焊接材料、焊丝直径、焊丝伸出长度和保护气体的不同而有较大差异，通常 MIG 主要是应用射流过渡。

射滴过渡形式的一个特点是在连续直流电流时电流区间较窄，难以可靠控制和使用。由于射滴过渡比射流过渡更稳定，烟雾少，几乎无飞溅和焊缝成形良好，所以人们发明了脉冲焊法，能够实现一个脉冲过渡一个熔滴的射滴过渡形式。

射流过渡形式的另一个特点是在电磁力与等离子流力的作用下，熔滴的细小颗粒沿焊丝轴线高速冲向熔池，使得在熔池中心处冲出一条很窄的深沟，通常称为指状熔深，这种熔深对于焊缝质量是无益的，又因为射流过渡的大电流容易对薄板焊接造成切割和在指状焊缝的中心部位产生缺陷。可见射流过渡受到一定局限，对于工件厚度和焊接位置均有要求。而射滴过渡却不然，指状熔深的特征不明显。

熔化极脉冲焊主要采用射滴过渡形式。其电流波形可以是正弦波，还可以是方波。它由基值电流和脉冲电流组成。基值电流只能维持电弧连续而不能在焊丝端头生成熔滴。而脉冲电流都高于射流过渡临界电流值。在脉冲期间形成和过渡一个或几个熔滴。还可能在维弧初期过渡一个熔滴或几个熔滴，最佳状态为一个脉冲过渡一个熔滴，实现了脉冲频率对熔滴过渡的控制。一般脉冲频率为 30～300 Hz。

通常熔化极脉冲焊采用脉冲频率调制，也就是说每个脉冲的宽度和幅值是不变的，而通过改变脉冲频率来调节焊接平均电流。弧长自调节作用正是利用这一规律，如弧长变短时，自动增加脉冲频率，也就是提高平均电流，而加快焊丝熔化速度；反之，弧长变长时，自动减少脉冲频率。

另外,焊接平均电流也是通过送丝速度来确定的。当调节送丝速度时,通过设备的控制电路自动调整脉冲频率与之相适应,从而也调节了平均电流。如在送丝速度高时,脉冲频率也高,则焊接电流增大,反之亦然。

由于脉冲频率较低时,也就是焊接平均电流较低时,电弧仍然可以稳定地燃烧。因此,可用的焊接电流就可以远远低于射流过渡临界值,从而扩大了焊接电流使用范围。采用熔化极脉冲焊时,电弧形态为钟罩形,熔滴过渡形式类似射滴过渡,所以焊缝成形不是指状熔深,而是圆弧状熔深,有利于焊接薄工件和实现厚板的全位置焊。

(5) 熔化极气体保护电弧焊设备。熔化极气体保护电弧焊设备包括焊接电源、焊枪、送丝系统、气路系统和控制系统五个部分。焊枪是焊工进行焊接操作的主要工具,焊接电流、保护气体、焊丝和控制线都要通过焊枪进出,半自动气体保护电弧焊机的组成如图3-49所示,有时焊枪还需要通水冷却。在焊丝通过焊枪时,通过与铜导电嘴的接触而带电,导电嘴将电流由电源输送给电弧,由控制系统对焊接操作程序进行控制。

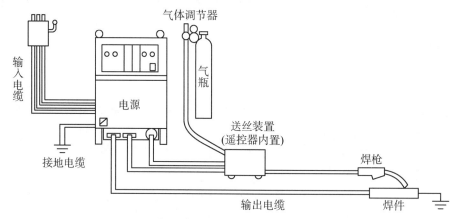

图 3-49　半自动气体保护电弧焊机的组成示意图

a. 焊接电源　焊接操作方式主要有两种。一种是半自动气体保护电弧焊,沿焊接线移动利用手工操作;另一种是自动气体保护电弧焊,它是通过行走机构(小车式、吊梁小车式、操作机、转胎和焊接机器人等)沿焊接线移动。在自动焊接行走机构上还载有焊枪、送丝系统和控制系统等,如图3-50所示。

焊接电源的主要功能是向焊丝和母材间的电弧供给能量。此外,还应保证电弧稳定,在输入电压变化等外部干扰时输出仍保持稳定,得到良好的焊缝成形。同时送丝控制、保护气体控制和焊接程序控制等功能都隐藏在电源箱内。

(a) 焊接电流外特性(即电源静特性)　电源外特性主要有三种形式,即缓降外特性、陡降外特性(即恒流外特性)和水平外特性(即恒压外特性)。对于熔化极气体保护电弧焊,主要采用恒压外特性,当送丝方式采用等速送丝控制时,这对于细焊丝和大电流情况来说是最佳组合。它利用电源的自动调节作用能自动保持弧长稳定。同时短路电流较大,引弧比较容易。实际使用的水平外特性大都不是真正平直的,通常带有一定的下斜,其下降斜率不大于 4 V/100 A。

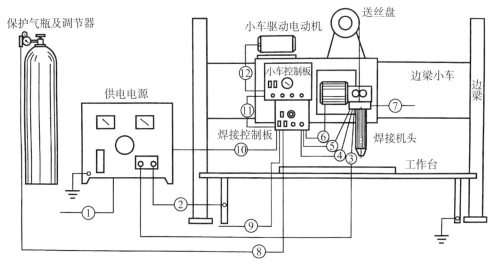

图 3-50 熔化极气体保护电弧焊的设备组成

当焊丝直径较粗时(直径大于 2 mm),一般采取缓降外特性(或陡降外特性)电源,配用变速送丝系统。由于焊丝直径较粗,电弧的自动调节作用较弱,恢复速度较慢,甚至难以恢复。因此也像埋弧焊那样需要外加电弧电压反馈电路,将弧长(电弧电压)的变化及时反馈到送丝控制电路,调节送丝速度,使弧长能及时恢复。对于直径小于 1.6 mm 的铝焊丝,焊接时采用亚射流过渡,此时采用恒流外特性,也可以得到很强的电弧固有的自调作用。

(b)焊接电源动特性　电源动特性是指当负载状态发生瞬时变化时,弧焊电流和输出电压与时间的关系,用以表征对负载瞬变的反应能力。在熔化极气体保护焊工艺中,电弧的引燃、短路过渡时负载周期性变化等瞬变,都将影响甚至破坏焊接过程的稳定性,下面以短路过渡为例说明电源动特性问题。

电源动特性是不同焊接电源所固有的性能。由于焊接电源种类不同,它所表现出的动特性有很大差别。最初,电源动特性有下述三大项内容:

$\Delta I/T_s$——短路电流上升速度,A/s;

I_{max}——短路峰值电流,A;

$\Delta U/T_r$——从短路到燃弧的过程中电源电压恢复速度,V/s。

目前大量使用的整流式 CO_2 焊机都采用串联在电路中的直流电感作为抑制电流变化的元件。在粗焊丝、大电流情况下,要求短路电流上升速度 $\Delta I/T_s$ 小一些,则要求直流电感大一些;在细焊丝、小电流情况下,要求 $\Delta I/T_s$ 大一些,则直流电感应小一些。在其他条件不变时,小电感将产生较大的 $\Delta I/T_s$ 和较大的短路峰值电流 I_{max},同时产生较大的飞溅;反之,较大电感将产生较小的 I_{max} 和较小的飞溅,但过大的电感,将使焊丝与工件发生固体短路和产生更大的飞溅,所以应该正确地选择直流电感。

晶闸管整流焊机的焊接电源动特性可用直流电感进行调节;此外,还可采用状态控制,也就是分别控制短路阶段和燃弧阶段。适当地降低短路阶段的电源电压和提高燃弧阶段的电源电压,就可以起到类似直流电感的作用。短路时降低 $\Delta I/T_s$ 和 I_{max},而燃弧时提高燃弧电流。这样不但可以降低飞溅,而且还可以改善焊缝成形。

逆变式焊机因其工作频率高达20 kHz,这就决定了其响应速度很高,能充分满足控制短路过渡过程的需要。这时也采取状态控制法:①短路阶段控制主要着眼点是焊接飞溅。首先,在短路初期应控制短路电流的大小,维持较低的电流(几十安培),以防止瞬时短路和避免大颗粒飞溅;然后,迅速提高短路电流,当达到某一设定值后,立刻改变电流上升斜率,以较小的 $\Delta I/T_s$ 增大电流,以便降低 I_{max} 和减小飞溅。②燃弧阶段控制的主要着眼点是改善焊缝成形,它是通过提高电弧能量来实现的。典型电流波形是通过电子电抗器实现的,而不是依靠传统的铁磁电抗器。所以逆变式焊机的铁磁电感常常很小,仅为几十微亨,比一般整流焊机小一个数量级。通过微机控制短路过渡的逆变式焊机,可以针对不同焊丝、不同电流和不同需要(如焊接速度和焊接位置控制等)较容易地通过柔性系统调节出合适的工艺参数,并得到理想的工艺效果。

整流式焊接电源是熔化极气体保护焊用的主要设备。抽头式整流焊接电源经三相交流输入,通过调节抽头来改变变压器的变压比,把电压降到焊接所要求的数值,再经过三相桥式整流将交流变为直流,然后通过直流电感进行滤波和调节焊机的动特性。晶闸管整流焊接电源的构成大体上与抽头式整流焊接电源类似,但是控制方式不同,晶闸管整流焊接电源的电压是通过晶闸管控制角的移相控制;而抽头式整流焊接电源却是通过调节变压器抽头来调节输出电压。晶闸管整流焊接电源与晶体管都对输出信号进行反馈,所以当外部条件发生变化时,输出仍然比较稳定。晶体管控制方式是把交流输入整流成直流后,利用晶体管的模拟控制或开关控制(斩波控制)来调节输出的大小。焊接变压器设计在晶体管输入侧的形式一般称为模拟控制或斩波控制,而设计在晶体管输出侧的形式为逆变控制,两者之间有很大差别。

b. 送丝系统　送丝系统由送丝机(包括电动机、减速器、校直轮和焊枪)、送丝软管及焊丝盘等组成。盘绕在焊丝盘上的焊丝经过校直轮校直后,再经过安装在减速器输出轴上的送丝轮,最后经过送丝软管送到焊枪(推丝式);或者,焊丝先经过送丝软管,然后再经过送丝轮送到焊枪(拉丝式)。

a) 送丝机　根据送丝方式的不同,半自动焊送丝机可分为四种类型,如图3-51所示。

(a) 推丝式送丝机　推丝式送丝机是半自动熔化极气体保护焊应用最广泛的送丝方式。它用于直径为0.8~2.0 mm的焊丝。这种送丝方式的焊枪结构简单、轻便和便于操作。但送丝阻力较大,随着软管的加长,送丝稳定性变差,特别是对于较细和较软材料的焊丝。所以推丝式送丝软管长度通常限制为3~5 m,如图3-51(a)所示。

(b) 拉丝式送丝机　拉丝式送丝机如图3-51(b)所示。这种送丝方式主要用于直径不超过0.8 mm的细焊丝。由于焊丝盘与送丝电动机都装在焊枪上,尽管送丝电动机较小(一般10 W左右),焊丝盘质量不超过1 kg,但仍然较重,焊工劳动强度较大。

(c) 推拉式送丝机　这种送丝方式为推丝式与拉丝式两者结合形成,如图3-51(c)所示。除推丝机外,还装有拉丝机,送丝软管最长可达15 m,扩大了半自动焊操作距离。送进焊丝时既靠后面推丝机推力,又靠前面拉丝机的拉力。但是拉丝速度应快于推丝,这样在送丝过程中,焊丝在软管中始终处于拉直状态,送丝阻力较小。常用于长距离半自动焊或软焊丝机器人焊接等。

(d) 加长推丝式送丝机　这是一种长距离送丝方式所采用的送丝机,如图3-51(d)

所示。除了在焊机附近的主推丝机外,在送丝软管中间还加有辅助推丝机,使软管加长至20多米。这种方式并不增加工人的劳动强度,却能扩大工人的操作范围。

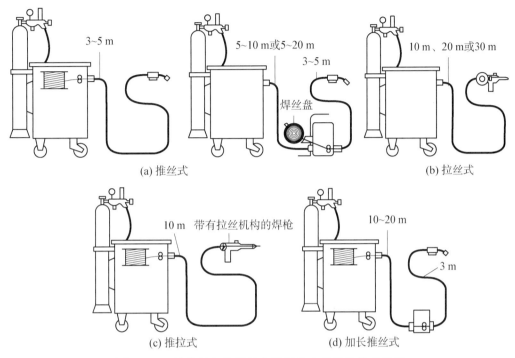

图 3-51 熔化极气体保护电弧焊半自动送丝机示意图

自动焊用送丝机除细丝可用上述半自动焊送丝机外,粗丝时大都采用固定的或车载的送丝机,其中以推丝式为主。

b) 送丝滚轮 送丝滚轮是直接送丝的元件,它与加压滚轮、校直轮等一并装在送丝机基体上,如图 3-52 所示。

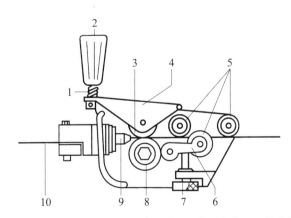

1—加压弹簧;2—加压手柄;3—加压轮;4—加压杠杆;5—校直轮;
6—活动杠杆;7—压紧螺钉;8—送丝轮;9—焊丝导向管;10—焊丝。

图 3-52 送丝滚轮组件

这种送丝机在中国、日本和美国等国家应用较普遍,它是一种对滚轮送丝机,通过驱动轮将力传递给焊丝。一方面从焊丝盘拉出焊丝,另一方面通过软管和焊枪把焊丝推出。送丝机可用对滚轮(即两轮),也可用四滚轮送丝装置(见图 3 - 53)。在两轮送丝装置中,轮间的压紧力可以调节,该力的大小取决于焊丝直径和焊丝种类(如实芯和药芯焊丝,硬的或软的焊丝)。在送丝轮前后设有输入与输出导向管,其作用是使焊丝准确地对准送丝轮沟槽和尽量缩短导向管到送丝轮之间的距离,以便支承焊丝并防止失稳而折弯。导向管到送丝轮的间距与焊丝直径有关,如图 3 - 54 所示。显然,间距 l 越大,允许焊丝纵向弯曲力越小。还可看到,较粗的焊丝允许更大的纵向弯曲力。

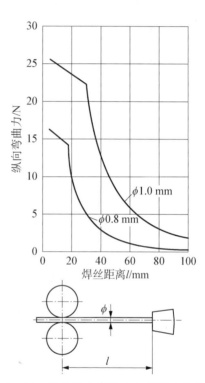

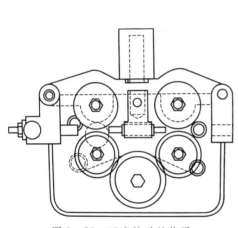

图 3 - 53 四滚轮送丝装置　　　　图 3 - 54 焊丝纵向弯曲力与间距 l 的关系

在四滚轮送丝装置中,有两对滚轮压紧焊丝,这就保证了在送丝力相同时,减少滚轮对焊丝的压紧力,它适合于送进软的焊丝,如铝焊丝和药芯焊丝。

通常送丝滚轮是由沟槽轮与平面轮相配合,沟槽轮为主动轮,平面轮为支承轮。其中 V 形沟槽用于实芯硬焊丝,如碳钢和不锈钢;而 U 形沟槽轮适用于软焊丝如铝等,如图 3 - 55 所示。

c) 送丝电动机　送丝电动机主要有两种,一种为印刷电动机,另一种为伺服电动机。

d) 焊丝盘　国家标准《二氧化碳气体保护焊用钢焊丝》GB 8110—2008 中规定了焊丝盘的尺寸及绕丝质量。通常半自动焊中大都使用外径为 300 mm、质量为 20 kg 的焊丝盘。

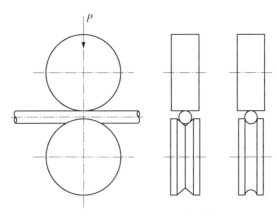

图 3-55　送丝轮的沟槽形状

　　c. 焊枪　熔化极气体保护电弧焊用焊枪可用来进行手工操作(半自动焊)和自动焊(安装在机械装置上),包括用于大电流、高生产率的重型焊枪和适用于小电流、全位置焊的轻型焊枪。

　　焊枪还可以分为水冷或气冷及鹅颈式或手枪式,这些形式既可以制成重型焊枪,也可以制成轻型焊枪。

　　GMAW 用焊枪的基本组成:导电嘴、气体保护喷嘴、焊接软管和导丝管、气管、水管、焊接电缆和控制开关。

　　在焊接时,由于焊接电流通过导电嘴产生电阻热和电弧辐射热的作用,将使焊枪发热,所以常常需要冷却。气冷焊枪在 CO_2 焊时,断续负载下一般可使用高达 600 A 的电流;但是,在使用氩弧焊或氦弧焊时,通常只限于 200 A 的电流。超过上述电流时,应该采用水冷焊枪。半自动鹅颈式焊枪应用最广泛,它适合于细焊丝,使用灵活方便,可焊性好,典型鹅颈式气冷 GMAW 焊枪如图 3-56 所示。而手枪式焊枪适合于较粗的焊丝,它常常采用水冷,如图 3-57 所示。

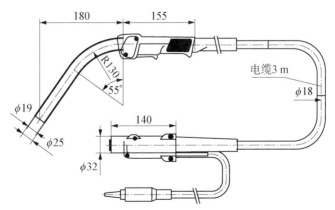

图 3-56　典型鹅颈式气冷 GMAW 焊枪示意图

注:除已标注单位外的数字单位均为毫米。

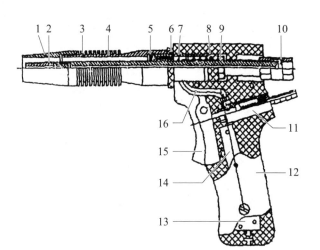

1—喷嘴;2—导电嘴;3—套筒;4—导电杆;5—分流环;6—挡圈;7—气室;8—绝缘圈;
9—紧固螺帽;10—锁母;11—气阀;12—枪把;13—退丝开关;14—送丝开关;15—扳机;16—气管。

图 3-57　手枪式焊枪

　　自动焊焊枪的基本构造与半自动焊焊枪相同,但其载流容量较大,工作时间较长,一般都采用水冷。

　　导电嘴由铜或铜合金制成。因为焊丝是连续送给的,焊枪必须有一个滑动的电接触管(一般称导电嘴),由其将电流传给焊丝。导电嘴通过电缆与焊接电源相连。导电嘴的内表面应光滑,以利于焊丝送给和良好导电。

　　一般导电嘴的内孔应比焊丝直径大 0.13~0.25 mm,对于铝焊丝应更大些。导电嘴必须牢固地固定在焊枪本体上,并使其定位于喷嘴中心。导电嘴与喷嘴之间的相对位置取决于熔滴过渡形式。对于短路过渡,导电嘴常常伸到喷嘴之外;而对于喷射过渡,导电嘴应缩到喷嘴内,最多可以缩进 3 mm。焊接时应定期检查导电嘴,如发现导电嘴内孔因磨损而变长或由于飞溅而堵塞时就应立即更换。为便于更换导电嘴,常采用螺纹连接。磨损的导电嘴将破坏电弧稳定性。

　　喷嘴应使保护气体平稳地流出,并覆盖在焊接区。其目的是防止焊丝端头、电弧空间和熔池金属受到空气污染。根据应用情况可选择不同尺寸的喷嘴,一般直径为 10~22 mm。较大的焊接电流产生较大的熔池,则用大喷嘴。而小电流和短路过渡焊时用小喷嘴。对于电弧点焊,焊枪喷嘴端头应开出沟槽,以便气体流出。

　　焊接软管和导丝管应安装在接近送丝轮处,送丝软管支承、保护和引导焊丝从送丝轮到焊枪。导丝管可作为焊接软管的一个组成部分,也可以分开。无论哪种情况,导丝管材料的内径都十分重要。钢和铜等硬材料推荐用弹簧钢管,铝和镁等软材料推荐用尼龙管。导丝管必须定期维护,以保证清洁和完好。应特别注意不可将软管盘卷和过度弯曲。

　　此外,保护气、冷却水和焊接电缆、控制线也应接到焊枪上。

　　除了上述两种推丝焊枪外,还有两种拉丝焊枪。其中一种在焊枪上装有小型送丝机构,通过焊丝软管与焊丝盘连接;还有一种在焊枪上不但装有小型送丝机构,而且还装有小型焊丝盘,质量约 5 kg,如图 3-58 所示。这种焊枪主要用于细焊丝和软焊丝(如铝焊丝),但是由于枪体较重,不便使用。另外由于推丝焊枪轻便、灵活,但难以长距离送丝,如果再与拉丝枪结合起来,就可以形成推拉式送丝方式,这样既保持了操作的灵活性,又有利于扩大工作范围。

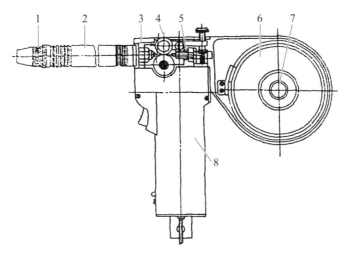

1—喷嘴;2—枪体;3—绝缘外壳;4—送丝轮;5—螺母;6—焊丝盘;7—压栓;8—电动机。

图3-58 拉丝式焊枪

鹅颈式推丝枪应用最普遍。国内电焊机厂家大都采用配套方式,也就是这种焊枪都是由专业厂家生产。主要有两种类型,一种为以阿比泰克公司的宾彩尔焊枪为代表的欧式焊枪,另一种为仿日本的大阪焊枪与松下焊枪。

熔化极气体保护焊用焊枪,除了半自动焊用外,自动焊也需要不同类型的焊枪。许多情况下可直接选用自动焊枪或稍加改装的半自动焊枪,还可以根据电流的大小,选用粗丝水冷自动焊枪。在 MIG/MAG 时,为了节约氩气,还可以采用双层气流保护焊枪。另外,在自保护药芯焊丝焊时,由于不需要保护气体,所以焊枪也不需要气体喷嘴。为了提高焊丝的熔化效率,常常需要采用较大的焊丝伸长度,为确保焊丝的指向性稳定,应在导电嘴外附加一个绝缘外伸导管。

d. 气路系统 气体保护焊是依靠保护气体介质的屏蔽作用和冶金反应进行保护。这就要求保护气体以一定的纯度、一定的流量和一定的配比从焊枪喷嘴平稳地流出。

CO_2 焊的保护介质主要是 CO_2 气体和 CO_2 气体与 Ar 气的混合气体。CO_2 气体的供应方式有瓶装液态 CO_2 供气、管道供气和 CO_2 发生器供气三种。但大多是以钢瓶装液态 CO_2 形式供气。这种供气装置包括气体钢瓶、预热器、减压器、干燥器、流量计、电磁气阀和混合配比器等,如图3-59所示。

(a) 气体钢瓶 气体钢瓶可以根据需要储存各种不同的气体。储存 CO_2 气体的钢瓶(简称 CO_2 钢瓶)表面涂有银白色,并写有"二氧化碳"字样。CO_2 气体以液体形式储存于气瓶中供用户使用。气瓶中 CO_2 气体的数量只能用称重法测定,而不能用气瓶内的压力测定。气瓶内的压力与温度有关,当温度为 $0\sim20℃$ 时,瓶中压力为 $4.5\sim6.8$ MPa;由于当环境温度在 $30℃$ 以上时,瓶中压力急剧增加(可达7 MPa以上),所以气体钢瓶不得放

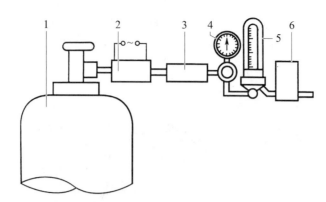

1—CO₂ 钢瓶;2—预热器;3—干燥器;4—减压器;5—流量计;6—电磁气阀。

图 3-59　气路系统示意图

在火炉等热源附近,也不得放在烈日下暴晒,以防发生爆炸。

储存 Ar 气的钢瓶(简称 Ar 气瓶)表面涂灰色,并写有"氩气"字样。环境温度在 20 ℃以下时,满瓶压力为 15 MPa。

(b)预热器　当打开气瓶的阀门时,瓶中的液态 CO_2 将挥发成气态,从瓶中流出。从液态转变成气态的过程中吸收汽化热;同时,CO_2 气体从瓶中的高压经减压后,气体体积膨胀,这一过程也要吸收热量,因此,管路可能被冻结。为了保证管路畅通,在 CO_2 气体流出瓶嘴后到减压器之前,加装一只预热器,以便加热 CO_2 气体。预热器大多采用电阻加热式,功率为 100~150 W,从安全考虑应采用 36 V 交流电。

(c)减压器和流量计　减压器用于调节压缩气体的压力和流量,利用减压器可以把气瓶里的高压气体的压力降至 0.1~0.2 MPa,并保持输出压力稳定。气体保护焊的保护气体流量采用转子流量计进行调节与测量。转子流量计是由一垂直的锥形玻璃管与管内的浮子所组成。锥形管的大端在上,浮子随流量大小沿轴线向上下移动。当被测气体的气流自下而上通过锥形管,作用于浮子的上升力大于浸在气流中的浮子质量时,浮子上升。浮子最大外径与锥形管内壁之间的环隙面积随浮子的升高而增大,随之气体流速降低,作用于浮子的上升力也逐渐减小,直到上升力与浮子的质量平衡时,浮子便稳定在某一高度上,该高度所对应的刻度就是实际的流量值。

(d)电磁气阀　电磁气阀用来接通或切断保护气体。常直动型常闭式两位两通电磁阀结构如图 3-60 所示。当电磁阀线圈失电时,阀内的衔铁靠本身自重和弹簧的作用力关闭阀的通路,从而切断气路;相反,当电磁线圈得电时产生磁场,将衔铁吸起而打开气阀的通路,使管路接通。通常电磁气阀均用 24 V 直流电或 36 V 交流电,以确保操作安全。

(e)混合配比器　由于 CO_2 焊工艺存在的严重缺点是飞溅大和成形不良,于是改进的 Ar-CO_2 混合气体保护焊得到迅速发展。由于混合气体的配比对焊接电弧及冶金过程都有重要影响,所以对混合气体的配比精度和配比稳定性提出了较高的要求。

混合气体的配制是利用等压汇流系统作用原理,也就是在等压汇流系统中,在输出流量改变时,其汇流比例(即配比)不变。

按照等压汇流原理设计的混合气体配比器的原理如图 3-61 所示。从图中可见,

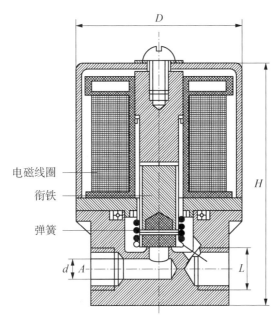

图 3-60　常直动型常闭式两位两通电磁气阀结构示意图

配比器主要由四个部分构成：压力平衡阀、比例调节阀、气体混合室和流量调节阀。

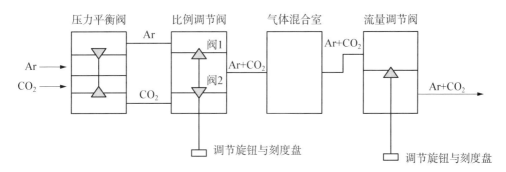

图 3-61　混合气体配比器原理示意图

压力平衡阀包含 CO_2 和 Ar 的进口和出口，两种气体分别进入各自的稳流腔，两个稳流腔被封气膜片隔开，由于两种气体的压力不同，所以该膜片可以发生往返移动，行程为 1.5 mm 左右，从而达到平衡气体压力和稳定气体流量的作用。

比例调节阀的作用是控制两种气体的流量比例，即混合气体的配比值。流入该气阀的两种气体的压力相等，配比值主要由其阀门开启度所决定。压力平衡阀和比例调节阀的阀杆是同轴连接的。当阀门杆向右移动时，压力平衡阀逐渐开启，而比例调节阀逐渐关闭；反之，当阀门杆向左移动时，压力平衡阀逐渐关闭，比例调节阀逐渐开启。所以调节阀门杆的位置，就可调节气体的配比值。

气体混合室的作用是将来自配比阀的混合气体均匀化。

流量调节阀的作用是控制混合气体配比器的输出流量。

　　e. 控制系统　控制系统由基本控制系统和程序控制系统组成。基本控制系统主要包括焊接电源输出调节系统、送丝速度调节系统、小车(或工作台)行走速度调节系统和气体流量调节系统。它们的作用是在焊前或焊接过程中调节焊接电流、电压、送丝速度、工作台位置和气体流量的大小。

　　焊接设备的程序控制系统的主要作用如下：

　　(a) 控制焊接设备的启动和停止。

　　(b) 控制电磁气阀开通和关闭，实现提前送气和滞后停气。

　　(c) 控制水压开关的开闭，确保焊枪在焊接时通水冷却。

　　(d) 控制引弧和熄弧。

　　(e) 控制送丝和小车(或工作台)移动。

　　半自动焊接控制系统按焊接过程的引弧→焊接→收弧三个阶段分别进行控制。焊前应先给定焊接参数(焊接电流、电弧电压和焊接速度)。在细丝气体保护焊中，采用等速送丝和恒压外特性电源的组合，这时因焊接电流与送丝速度成正比，所以焊接电流给定实际上是按一定比例对送丝速度给定；电弧电压给定是对恒压外特性焊接电源的输出给定；焊接速度给定是对小车(或工作台)的行走速度给定。因上述三个阶段的焊接电流和电弧电压不同，所以上述三个阶段的焊接参数给定也不同，也就是各阶段切换时，相应的焊接参数也应自动切换到焊前预置的焊接参数。只有如此，才能保证焊接过程稳定和优质地完成。

　　通常焊接程序控制系统有两种控制方式：二步法，如图 3-62(a)所示；四步法，如图 3-62(b)所示。在二步法中，一开(ON)、一关(OFF)就能实现一个焊接过程，可见焊接过程简单，易于掌握。在四步法中，二开、二关才能完成一个焊接过程，可见焊接过程有些复杂，通常重要之处才采用四步法。

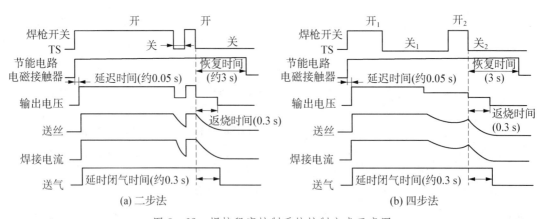

图 3-62　焊接程序控制系统控制方式示意图

　　二步法控制是无火口填充的情况，其动作过程如图 3-62(a)所示。焊接开始，先打开电源开关，使风机旋转，控制电路供电。

　　焊接时，按焊枪开关 TS 后，主接触器延时 0.05s 吸合，控制电路得电并接通有关继电器，令电磁气阀通电并开始送气，主电路开始供电和开始送丝，这时已进入引弧阶段。

引弧有三种方式:爆断引弧、慢送丝引弧和回抽引弧。爆断引弧比较简单,常用于抽头式整流焊机,开始送丝后焊丝送进并接触工件,同时通以焊接电流,由于焊丝端头与工件之间的接触电阻较大,在该处瞬间发生过热、气化直至爆断并引弧。这种引弧方式的成功率较低,往往需要多次短路才能成功。慢送丝引弧多用在晶闸管整流焊机和逆变焊机上,开始时使用比正常送丝速度低的慢送丝方式送进,同时电源应输出较高的电压,这样能够提高短路峰值电流,有利于在接触点处发生爆断和获得较高的引弧成功率。回抽引弧方式以往都用在粗丝埋弧焊上,但随着焊接设备的进步和要求引弧成功率更高,奥地利的福尼斯公司在数字化焊机上也采用了回抽引弧,其特点是在基本无飞溅的情况下达到100%引弧成功率。

引弧成功后,慢送丝转为正常送丝,高压引弧转为正常电弧电压,焊接过程正常进行。

焊接结束时,释放焊枪开关 TS,则部分继电器失电,使得电源输出电压较低,送丝速度随惯性衰减,同时焊接电流也衰减,而保护气体继续供应 $0.3\,s$,确保熔池在气体保护下凝固。有时为了填充火口,可以短时间按焊枪开关 TS,焊丝熔化和填充火口,然后再释放开关 TS 和重复收弧程序。

四步法控制是有火口填充的情况,其动作过程如图 3-62(b)所示。焊接开始,先打开电源开关,使风机旋转,控制电路供电。

焊接时,第一次按焊枪开关 TS 后,主接触器延时 $0.05\,s$ 后吸合,控制电路得电并接通有关继电器,令电磁气阀通电并开始送气,主电路开始供电和开始送丝,此步骤与二步法相同。当焊丝送进后接触工件,引弧成功后,焊接过程开始正常进行。此步骤与二步法不同的是,焊枪开关 TS 已被旁路接通,当第一次释放焊枪开关 TS 后,原来的信息继续被记忆下来,焊接过程照常进行。

焊接结束时,第二次按焊枪开关 TS 后,程序进入火口填充阶段,送丝速度和电源电压(包含焊接电流)都按预先调定的焊接参数输出。火口填充完成后,第二次释放焊枪开关 TS,此步骤与二步法相同,延时 $0.3s$ 完成防止粘丝和滞后停气之后,才结束焊接全过程。

自动焊设备常将送丝机、焊枪调节机构及焊枪都安装在小车上,可以随着小车移动。而自动焊控制系统将弧焊电源的调节系统、送丝系统、供气系统、冷却系统、小车行走系统及焊枪调节系统等有机地组合起来,构成一个完整的、自动控制的焊接系统。

除程序系统外,高档焊接设备还有参数自动调节系统。其作用是当焊接工艺参数受到外界干扰而发生变化时可自动调节,以保持有关焊接参数的恒定,维持正常稳定的焊接过程。

f. 熔化极气体保护电弧焊焊机简介　GMAW 焊机按额定电流大小有 160 A、200 A、250 A、350 A、400 A、500 A、630 A 及 1 000 A 等。额定电流较小的焊机如 NBC-160、NBC-200、NBC-250A、NBC-350、NBC-400、NBC-500 和 NBC-630 常用于细丝半自动焊,而额定电流较大的焊机如 NZC-630 和 NZC-1000 常用于粗丝自动焊。半自动焊时负载持续率为 60%,自动焊时负载持续率为 100%。各种焊机的技术参数详见生产商的产品样本。

(a)抽头式硅整流 CO_2 焊机的特点。这是一种最简单的焊机,电流在 60~300 A 以下,焊接飞溅小,焊接过程较稳定、焊缝成形较好,焊机坚固、耐用、不易损耗、成本低、价格便宜,但不具有抗干扰能力,只适合用于一般产品的焊接。

(b) 晶闸管式 CO_2/MAG 焊机的特点。晶闸管式 CO_2/MAG 焊机控制性能好,能实现电压或电流负反馈控制,可以保证焊接参数稳定,调节范围大,可实现遥控,能实现焊丝种类、焊丝直径、收弧方式及一元化个别调整的功能。主要不足之处是焊接过程稳定性欠佳,飞溅较大。由于价格较低廉,因此是国内使用量最大的焊机。

(c) 逆变式 CO_2/MAG 焊机的特点。逆变式 CO_2/MAG 焊机具有质量轻、体积小及效率高等优点。目前逆变式 CO_2/MAG 焊机主要采用绝缘栅双极型晶体管(inslated gate bipolar transistor, IGBT)逆变技术、软开关技术和采用电子控制与数字控制技术,逆变频率高达 20 kHz,所以有较高的网络电压补偿能力,电弧稳定、焊缝成形美观、飞溅较小。可以预设焊接电流和电压,并能方便地实现数显和便于调节,适合于与自动控制装置配套。

(d) 数字式 CO_2/MAG 焊机的特点。数字式 CO_2/MAG 焊机采用 IGBT 式弧焊逆变器,其主电路及控制电路均采取了数字化控制技术。通常控制电路常用 MCU 或 DSP 单机控制模式,只需输入少量参数(如母材类型、板厚、焊丝直径等),系统就能自动调出专家系统程序和相应的焊接参数。有些焊机的送丝机还采用速度反馈控制,实现了更稳定的送丝速度。这种初级数字化 CO_2/MAG 焊机具有引弧容易、飞溅小和成形较好的特点。

在上述初级数字化焊机的基础上,在硬件电路中采用数字信号处理(digital signal processing,DSP)和微控制单元(microcontroller unit,MCU)双机控制,高速复杂可编程逻辑器件(complex programmable logic devicel,CPLD)控制和通过编码器速度反馈来控制四轮双驱送丝机。同时,在焊机中还设有内置式焊接专家系统,包括由精细的焊接波形控制参数、焊接过程参数及引弧收弧参数数据等构成的全数字化焊接控制系统。这种焊机还具有焊接条件记忆功能和焊接参数调用功能。配合自动焊专机或通过接口与计算机连接通信,实现焊接的实时网络监控。

总之,数字式 CO_2/MAG 焊机具有优质,高效节能、绿色化和网络化功能,已成功地用于汽车、高铁、航空、航天、核电和管道等领域,该法具有广阔的应用前景。

g. 熔化极气体保护电弧焊的设备选择　GMAW 法是一种应用十分广泛的焊接方法,对焊接工艺要求不同。此外,GMAW 法用的设备也是高、中、低档种类繁多,焊机容量大小各有不同,所以设备选择就相当复杂。为便于用户选择,提出如下建议:

(a) 根据焊接对象和技术要求选择。焊接对象和技术要求主要包括工件材料、结构的形状和尺寸、工件的厚度、尺寸精度和工件的使用场合等。

根据工件材料选择焊接方法,如黑色金属可选用 CO_2 焊和 MAG;不锈钢可选用MAG;铝及铝合金选用 MIG。根据材料的厚度,除可选用焊接方法外,还应选择焊机的规格。如焊接薄板时,应选用短路过渡或脉冲 MIG/MAG,应该选择 350 A 以下小电流焊机,等速送丝配合平特性电源;而焊接厚板时,可以选择大电流潜弧焊、大电流 MIG 和专用的 TIME 焊。选择 500A 以上的大电流焊机,均匀调节方式配合陡降特性电流。根据工件使用场合的重要性,可选择不同档次的焊机。当对产品质量有严格要求时,可选用数字化焊机和逆变焊机。一般情况下可以采用逆变焊机、晶闸管焊机,甚至抽头焊机。

(b) 按产品的批量大小选用设备。批量大时可选用焊接专用机和自动焊机,选用水冷式直管焊枪;批量小时,应选用半自动焊机,选用鹅颈式焊枪。

（c）根据性价比选择。应选择性能好和价格低廉的设备。如焊接摩托车零部件时,大多为薄板和短缝,而短焊缝的特点是要求频繁重复引弧,大抽头式焊机引弧性能不好,显然不合适。而略贵一些的逆变式焊机较为理想,由于其飞溅少和引弧易,因此能节省附加费,性价比较高。但是对于要求不高的薄板,可以选择抽头式焊机。

（d）设备应满足现场使用条件,如水、电的供应条件。

4）其他焊接方法

（1）等离子弧焊　等离子弧焊是利用等离子弧作为热源的焊接方法。利用等离子焊炬,将阴极（钨极）和阳极之间的自由电弧燃烧电压缩成高温、高电离度及高能量密度即等离子弧。由于它的稳定性、发热量和温度都高于一般电弧,因而具有较大的熔透力和焊接速度。形成等离子弧的气体和它周围的保护气体一般用氩气,根据各种工件的材料性质,也有使用氦气或氩氦、氩氢等混合气体的。

等离子弧焊与钨极氩弧焊的设备非常相似,都使用同样类型的电源,两者也都使用钨极来起弧,但其焊枪结构存在明显差异,如图 3-63 所示。等离子焊枪的陶瓷喷嘴中有一个铜质压缩喷嘴,等离子气体通过此喷嘴时受到压缩,形成等离子弧,又称压缩电弧。而钨极氩弧焊使用的热源是常压状态下的自由电弧（简称自由钨弧）。

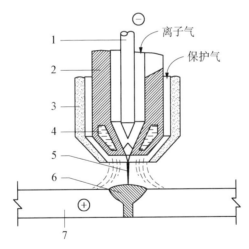

1—钨级;2—压缩喷嘴;3—保护罩;4—冷却水;5—等离子弧;6—焊缝;7—工件（母材）。

图 3-63　等离子弧的焊枪结构

与自由钨弧相比较,等离子弧有如下特性:

a. 等离子弧的能量密度和温度均高于自由钨弧很多。

b. 等离子弧的静特性接近 U 形,与自由钨弧比较,电弧电压高。在小电流时,等离子弧更加稳定。

c. 等离子弧的形态呈圆柱形,扩散角约为 5°,焊接时,当弧长发生波动时,母材的加热面积不会发生明显变化;而自由钨弧呈圆锥形,其扩散角约为 45°,对工作距离变化敏感。

d. 由于等离子弧是自由钨弧经压缩而成,故其挺度比自由钨弧好,焰流速度大,可达

300 m/s 以上,因而指向性好,喷射有力,熔透能力强。

等离子弧焊可焊接不锈钢、钛及其合金和薄板等材料,与 TIG 焊相比有如下特点:

a. 等离子弧弧柱温度高,能量密度大,因而对焊件加热集中,熔透能力强,焊接速度比 TIG 焊高,效率大大提高。

b. 由于等离子弧呈圆柱形,扩散角小,挺直度好,所以焊接熔池形状和尺寸受弧长波动的影响小,因而容易获得均匀的焊缝成形。TIG 焊随着弧长的增加,其熔宽增大,而熔深减小。

c. 由于等离子弧的压缩效应及热电离充分,所以电弧工作稳定,特别当联合型等离子弧在小电流(0.1 A)焊接时,仍具有较平的静特性,配用恒流(垂降)电源,能保证焊接过程非常稳定,故可以焊接超薄构件。

d. 由于钨极内缩到喷嘴孔道里,可以避免钨极与工件接触,消除了焊缝夹钨缺陷。同时喷嘴至工件距离可以变长,焊丝进入熔池更容易。

e. 采用穿透型焊接技术,能实现单面焊双面成形焊接工艺。但穿透型焊接技术所能焊接的最大厚度受到一定限制,一般能稳定焊接的厚度为 3~8 mm,很少超过 13 mm。

f. 等离子弧焊用的焊枪结构复杂,直径较粗,操作过程的可达性和可见性较 TIG 焊差。

g. 等离子弧焊设备(如电源、电气控制线路和焊枪等)较复杂,设备费用较高,焊接时对焊工的操作水平虽然要求不高,但是焊工需要了解焊接设备方面的基本知识。

(2) 气电立焊　气电立焊(EGW)是利用熔化极气体保护电弧焊自动地对厚板对接焊缝进行立焊的一种方法,其原理如图 3-64 所示。它是从普通熔化极气体保护焊和电渣焊发展形成的一种熔化极气体保护电弧焊方法。在机械系统和操作应用上与电渣焊方法相似,但气电立焊的能量密度比电渣焊高且更加集中,其热源是电弧热而不具电渣的电阻热。气电立焊中起保护作用的主要是气体,通常采用外加单一气体(如 CO_2)或混合气体(如 $Ar+CO_2$)作为保护气体。

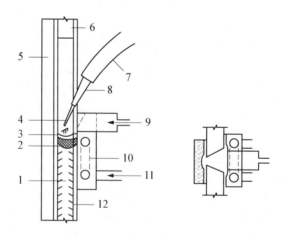

1—凝固金属;2—熔池;3—熔渣;4—药芯焊丝;5—垫板;6—板厚;7—焊枪;
8—导电嘴;9—保护气体;10—铜滑块;11—冷却水;12—渣壳。

图 3-64　气电立焊原理图

将厚板立焊接头的坡口挡上铜制滑块,构成封闭坡口,以实芯或药芯焊丝从坡口的上方向坡口内送进,电弧在焊丝和接头底部的起焊板之间引燃,电弧热使焊丝和坡口表面熔化并汇流到电弧下面的熔池中,熔池凝固成为焊缝金属。焊丝可沿接头整个厚度做横向摆动,使热量分布均匀并熔敷焊缝金属。随着坡口空间逐渐填充,滑块随焊接机头向上移动,便可从下而上一次完成整条垂直焊缝的焊接。虽然焊缝轴线和焊接行走方向都是垂直的,但却是从下而上来做平焊位置的焊接。如用实芯焊丝,则需使用外加气体作为保护,若用药芯焊丝,其芯料的成分可提供全部或部分保护。铜制滑块内通常用水冷却。

气电立焊的运用方式与电渣焊相同,均可进行厚板立焊,但在工艺上各具特点,两者比较,气电立焊具有如下优点:

a. 重新启动焊接很容易。

b. 焊接熔池可见。

c. 焊后有可能不进行热处理,因而可以在现场施工,降低制造成本。

d. 热输入小,焊缝冲击韧度得到改善。

气电立焊具有如下缺点:

a. 接头不够清洁,有金属飞溅。

b. 缺陷较多,尤其是有气孔。

c. 随着板厚的增加,气体保护效果变差。

3.2　切割概述

切割是现代工业生产中的一种重要的加工方法,已广泛应用于各种材料(金属材料和非金属材料)的切割加工。近年来,切割技术的开发和应用已经取得了很大的发展,切割技术从传统的气体火焰切割发展到包括等离子弧切割、激光切割、电火花切割、高压水射流切割等在内的多种现代切割技术。

3.2.1　切割方法的分类及选择

1) 切割方法的分类

切割方法很多,大致可以分为冷切割和热切割两大类。

冷切割是在常温下利用机械方法使材料分离,如剪切、锯切等;热切割是利用热能使材料分离,如气体火焰切割、等离子弧切割、激光切割等。其他分类方法介绍如下。

(1) 按物理现象分类。可以分为燃烧切割、熔化切割和升华切割。所有的切割方法都是混合形式的。

a. 燃烧切割　燃烧切割是把材料在切口处加热至燃烧状态时,利用切割氧流将切口处产生的氧化物吹出而形成切口的热切割方法。

b. 熔化切割　熔化切割是把材料在切口处加热熔化,利用高速及高温气体射流将熔化产物吹出而形成切口的热切割方法。

c. 升华切割　升华切割是把材料切口处加热气化,使气化产物通过膨胀或被一种气体射流吹出而形成切口的热切割方法。

（2）按加工方法分类。可分为手工切割、半机械化切割、机械化切割和自动化切割。

a. 手工切割　全部切割过程均用手工操作完成。

b. 半机械化切割　整个切割操作过程中部分采用机械化方式实施。

c. 机械化切割　整个切割操作过程都采用机械化方式进行。

d. 自动化切割　整个切割操作过程，包括一切辅助作业（如更换工件）都自动地完成。

（3）按切割过程使用能源分类。这是比较常用的分类方法，常用的切割方法如氧气切割、等离子弧切割、激光切割等就是这样分类的。其中有些方法兼用两种能量，如电弧-氧切割，既利用电能——电弧热，又利用化学反应能——氧化反应热。

a. 氧气切割　氧气切割（简称气割）。它是采用气体火焰的热能将工件切口处预热到燃烧温度后，喷出高速切割氧流，使其燃烧并放出热量实施切割的方法。图 3-65 给出了气割原理示意图。

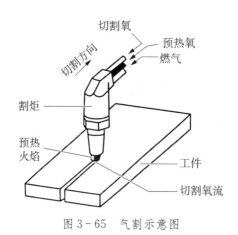

图 3-65　气割示意图

该方法设备简单，操作灵活，主要用于碳素钢和低合金钢的切割，是切割碳素钢最常用的方法，切割质量良好，但切割速度低，一般在 1 m/min 以下，切割变形较大，尺寸精度较低，对于薄板难以实现机械化切割。该方法的最大切割厚度可达 4 m。

b. 氧熔剂切割　在切割氧流中加入纯铁粉或其他熔剂，利用它们的燃烧和造渣作用实现气割的方法。主要用于不锈钢、铸铁等金属以及浇冒口和钢渣等的切割。随着等离子弧切割方法的发展和应用，该切割方法的使用范围已缩小。

根据所使用的溶剂的不同，该方法又分为以下三种：

（a）金属粉末-火焰切割　金属粉末-火焰切割是向反应部位送进金属粉末的气体火焰切割，通过金属粉末的燃烧产生附加热，并通过生成的氧化物稀释切割熔渣，从而用切割氧流将熔渣吹走。随着割炬的移动而形成切口。图 3-66 给出了金属粉末-火焰切割示意图。

（b）金属粉末-熔化切割　金属粉末-熔化切割是在送入金属粉末的情况下，利用气体火焰及切割氧流进行的热切割方法。用气体火焰及燃烧的金属粉末热量将材料熔化，

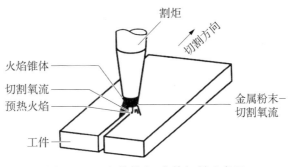

图 3-66　金属粉末-火焰切割示意图

并将金属(或矿石)熔融物转变成稀薄的熔渣(或熔岩),被切割氧流吹走,随着割炬的移动而形成切口。图 3-67 给出了金属粉末-熔化切割示意图。

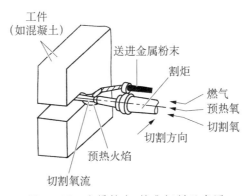

图 3-67　金属粉末-熔化切割示意图

(c)矿石粉末-火焰切割　矿石粉末-火焰切割是向反应部位送进矿石粉末的气体火焰切割。送进的矿石粉末通过切割氧流的动能作用将切割熔渣吹走,随着割炬的移动而形成切口。图 3-68 给出了矿石粉末-火焰切割示意图。

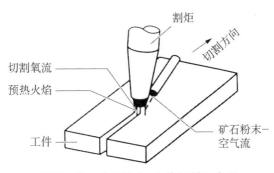

图 3-68　矿石粉末-火焰切割示意图

c. 氧矛切割　先用预热火焰将切割区预热到燃点后,用直径为 3～12 mm 的厚壁碳素钢管在管内供送切割氧,使钢材在氧中燃烧实现切割或穿孔的一种特殊气割法(开始正常切割后不需要预热火焰)。适用于在极厚钢材上打割孔或割断。在钢管内添加各种熔剂,也可以用来切割不锈钢等金属以及岩石、混凝土等材料。图 3-69 是氧矛切割示意图。

d. 电弧-氧切割　电弧-氧切割是利用电弧加切割氧进行切割的热切割方法。电弧在空心电极与工件之间燃烧,由电弧和材料燃烧时产生的热量使材料能够连续燃烧,熔融物被切割氧排出,随着电弧的移动而形成切口,如图 3-70 所示。该方法切割速度较气割快,但切割面质量差,现在作为水下切割金属的一种主要方法。

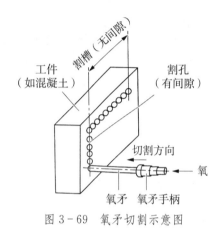

图 3-69　氧矛切割示意图

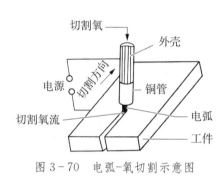

图 3-70　电弧-氧切割示意图

e. 等离子弧切割　等离子弧切割是利用小孔径喷嘴压缩电弧形成的高温、高速等离子流作为热源进行熔割的方法。该种方法切割速度快(在 1～5 m/min 范围)、切割热变形小、切割面光洁,缺点是切口宽度大,切割面倾斜(已部分得到改善)。

这种方法有转移电弧的等离子弧切割(简称等离子弧切割)和非转移电弧的等离子弧切割(简称等离子焰流切割)两种切割方式。

(a) 等离子弧切割　它是以转移电弧作为热源,进行等离子弧切割时,工件处于切割电流回路内,故被切割的材料必须是导电的。这种方法通常用于切割金属材料,切割厚度在 25 mm 以下的碳钢经济性好。对不锈钢的最大切割厚度为 200 mm。图 3-71 给出了转移电弧的等离子弧切割示意图。

(b) 等离子焰流切割　它是以非转移电弧作为热源,依靠从喷嘴喷出的等离子焰流来加热和熔化工件,所以又称等离子焰流切割。由于电弧进行等离子弧切割时,工件无须处于切割电流回路内,它可以切割导电材料,也可以切割不导电材料,所以等离子焰流切割可以用来切割塑料等非金属,但很少用这种方法来切割金属。图 3-72 给出了等离子焰流切割示意图。

f. 熔化极电弧切割　利用 MIG(熔化极惰性气体保护电弧焊)焊接装置,借熔化极与工件间的电弧的热量进行熔割的方法。是一种在水下进行切割的有效方法,陆上切割已基本上不使用此方法。

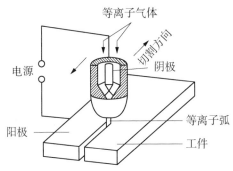

图 3-71　转移电弧的等离子弧切割示意图

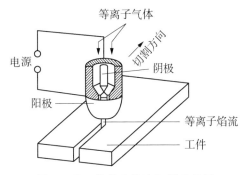

图 3-72　等离子焰流切割示意图

g. 电弧-压缩空气切割　电弧-压缩空气切割是利用电弧及压缩空气在表面进行切割的热切割方法。由电弧和材料燃烧时产生热量使材料能够连续地熔化及燃烧。随着电弧的移动，由压缩空气流吹除熔融物及熔渣而形成切口。该方法可用于切割铸铁、铜、铝等有色金属及其合金。现已不再使用该方法。但该方法的变种，即碳弧气刨，则广泛用于焊缝坡口加工、背面清根等工序。图 3-73 给出了电弧-压缩空气切割示意图。

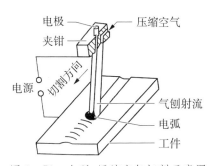

图 3-73　电弧-压缩空气切割示意图

h. 电弧锯切割　电弧锯切割是利用高速运动的圆盘或带状电极与工件间发生的大电流（数千至数万安培）电弧使工件熔化，并借电极的运动将熔化金属去除的切割方法。主要用于核反应堆中不锈钢零部件的解体。

i. 线电极电火花切割　线电极电火花切割是将被切割工件浸入绝缘性液体中，借反复短时放电来消除金属的一种精密切割方法。切割时采用直径为 $50\sim300\,\mu m$ 的钼丝并以一定的速度进给，使钼丝和工件间断续地发生火花放电。加工速度慢，但能实现高精度的切割。它是模具加工和试样精密切割的有效方法。近年来，该方法的切割速度已明显提高，最大切割速度可达 $250\,mm/min$。

j. 阳极切割　阳极切割是将旋转的薄钢质圆盘接直流电源的阴极，工件接阳极，用水玻璃溶液作为介质，通过断续的电弧进行切割，可用于加工高硬度淬火钢、硬质合金等材料。

k. 激光切割　激光切割是利用高能量密度激光束的加热作用使材料气化、熔化或剧烈氧化来进行切割的方法。既可用来切割金属材料，又能切割各种非金属材料。切口宽度窄、切割热变形小、切割速度快、切割精度高,是一种能实施高精度、高速度的自动化切割方法,有广阔的发展前景。

该切割方法可以细分为如下三种:

(a) 激光-燃烧切割　激光-燃烧切割是利用激光束将适合于火焰切割的材料加热到燃烧状态而进行切割的方法。在加热部位含氧气体射流将材料加热至燃烧状态并沿移动方向移动时,产生的氧化物被切割氧流吹走而形成切口。图3-74给出了激光-燃烧切割示意图。

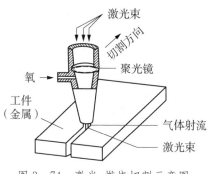

图3-74　激光-燃烧切割示意图

(b) 激光-熔化切割　激光-熔化切割是利用激光束将可熔材料局部熔化的切割方法。熔化材料被气体射流排出,在割炬移动或工件进给时产生切口。图3-75给出了激光-熔化切割示意图。

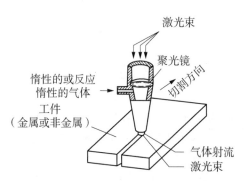

图3-75　激光-熔化切割示意图

(c) 激光-升华切割　激光-升华切割是利用激光束局部加热工件,使材料受热部位蒸发的切割方法。高度蒸发的材料受气体射流及膨胀作用被排出,在割炬移动或工件进给时产生切口。图3-76给出了激光-升华切割示意图。

l. 水射流切割　水射流切割是利用水的机械冲击力或者水的机械冲击力和磨料的磨削来实现材料切割的方法。水射流切割可细分为如下两类:

(a) 纯水型水射流切割　将压力为196~490 MPa的高压水从孔径为0.1~0.5 mm的喷嘴孔喷出,利用这种水射流的机械冲击力对材料进行切割。由于完全不使用热源,对切口无热影响,因此也无热变形。可以切割纸、塑料等材料,但较难切割金属材料和陶瓷材料。

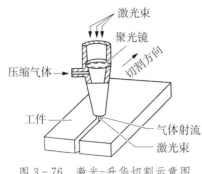

图 3 - 76　激光-升华切割示意图

（b）加磨料型水射流切割　是在纯水射流中加入金刚砂、铝氧砂等粉状磨料,借助这些磨料的磨削作用提高切割性能的水射流切割方法。该方法能有效地切割金属、陶瓷和混凝土等硬质材料及复合材料。切割精度好,但切割速度不及热切割法,且设备价格高。对于不锈钢,最大切割厚度可达 300 mm。

m. 气射流切割　气射流切割是在压缩空气中加入磨料,利用这种气射流的能量和磨削作用进行切割的方法。这种方法的原理与加磨料型水射流切割类似,但切割能力与加磨料型水射流切割法相差甚远,仅适用于清除零件上的飞边。

n. 电子束切割　电子束切割是利用高密度电子束能量进行切割的方法。与激光切割一样,切割精度高,切口宽度窄(可小至 $1 \mu m$ 以下),能实现高速、高精度切割。但需要真空室,适用范围有限,且设备复杂。它可以切割各种钢铁材料、有色金属和难熔合金。

o. 电解加工　电解加工是利用电解时金属的溶解进行的切割加工。与机械加工相比,加工精度差,主要用于难磨削材料的加工。

利用化学反应能、电能、光能的切割法和利用动能的电子束切割法在切割时都伴有热过程,一般统称为热切割法。其余的切割方法统称为冷切割法。

在利用氧化反应能的切割方法中,还有可用作其他用途的几种方法,介绍如下:

（a）火焰气刨　与气割原理相同,区别在于气割最终是形成切口,而火焰气刨则是在金属表面上加工沟槽。图 3 - 77 是火焰气刨的示意图。

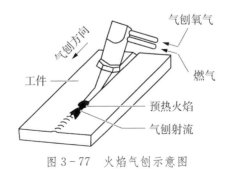

图 3 - 77　火焰气刨示意图

（b）火焰表面清理　它是利用气割火焰铲除钢锭表面缺陷的一种方法。图 3 - 78 给出了火焰表面清理的示意图。

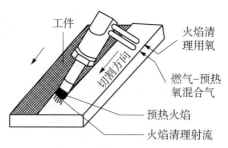

图 3-78   火焰表面清理示意图

c. 火焰净化   火焰净化是用气体火焰去除表面上的覆盖层或涂层的热切割方法。气体火焰将金属或矿石工件的表面迅速地加热,使有机或无机覆盖层或涂层剥落或转变而被除去。图 3-79 给出了火焰净化的示意图。

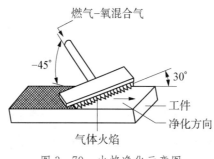

图 3-79   火焰净化示意图

2)切割方法的选择

在选择切割方法和切割设备时需要重点考虑如下主要因素:

(1)切割对象   主要是指被切割件的材料(是碳素钢、低合金钢还是不锈钢或有色金属等)、零部件形状和尺寸、材料厚度和同形零件的批量等。

(2)切割效率   包括切割速度、切割后的处理作业量、多割炬同时切割的可能性等。

(3)对切割质量的要求   包括切割面质量、热影响区材质的变化、零件的尺寸精度,是成形切割零件还是一般的下料切割等。

(4)加工工作量的大小   包括一天的切割工作量和年总加工工作量。

(5)切割设备投资和日常切割成本   包括零部件的寿命和价格,气体、水、电成本,工时费用等。

(6)对环境的影响   包括烟尘、有害气体、噪声和弧光等对工作环境的影响。

(7)自动化和可行性   除了考虑适应自动化和无人切割的可行性之外,还需要考虑对柔性生产系统的适应性。在选择切割方法和切割设备时,需要结合工厂的实际情况,综合分析后才能确定。不应盲目追求新颖和所谓的"先进",以免引进设备后,因技术力量、加工工作量、使用成本等因素使设备闲置,造成资源浪费。

表 3-17 给出了各种切割方法对于各种材料的适用性。

表 3-17 各种切割方法对于各种材料的适用性

材料	氧气切割	等离子弧切割	碳弧气刨	激光切割	水射流切割
碳钢	A	A	A	A	A
低合金钢	A	A	A	A	A
不锈钢	B	A	A	A	A
铸铁	B	A	A	A	A
铝及铝合金	—	A	A	A	A
钛及钛合金	B	A	A	A	A
铜及铜合金	—	A	A	A	A
难熔金属	—	A	A	A	A

注:A—适用的方法;B—需要特殊技术才能适用的方法。

切割所用的能源及其功率密度,对切割、质量、精度以及材质等有明显的影响。表 3-18 给出了常用切割方法的功率密度、切割最大厚度和热影响区宽度。

表 3-18 常用切割方法的功率密度、切割最大厚度和热影响区宽度

切割方法	功率密度 $/(W/cm^2)$	切割最大 厚度/mm	热影响区宽度(材料为低碳钢)/mm		
			板厚 10 mm	板厚 6 mm	板厚 3 mm
氧气切割	5×10^4	4 000	0.8	0.6	0.5
等离子弧切割	$10^5 \sim 10^6$	200[①]	0.5	0.4	0.3
激光切割	$10^5 \sim 10^9$	200[②]	0.075	0.05	0.05

注:① 材料为不锈钢。
② 材料为碳素钢。

3) 切割技术的新发展

(1) 气体火焰切割技术　工业的迅猛发展使钢材的切割工作量大幅度增加,而气体火焰切割仍然是应用最多的一种切割方法,因此,如何提高气体火焰切割速度、效率、精度以及自动化程度引起了人们的关注。另外,随着世界各国对环保的重视,清洁、环保、经济的燃气火焰技术的开发越来越受到重视。

进入 21 世纪后,气体火焰切割技术开发主要集中在如下几个方面:

a. 开发新的割嘴材料和制造工艺,提高割嘴的精度,特别是提高切割氧孔道的尺寸精度和表面质量。

b. 推广应用低压扩散型割嘴和氧帘割嘴。

c. 研制并改善各种小型切割机、光电跟踪以及数控切割机等切割设备,提高加工成形零件的切割质量和效率。

d. 扩大液化石油气、天然气的应用,替代耗电、易爆的乙炔。

e. 推广应用液态氧,提高切割速度和质量,节约能源。

(2) 等离子弧切割技术　等离子弧切割具有能量密度高、切割变形小、切割前无须预

热、切割金属范围广等优点，在工业上尤其是制造业中的应用日益广泛。与气焰切割相比，在切割厚度小于 25 mm 的情况下，等离子弧切割速度更快、效率更高、质量更好，其切割速度几乎是氧乙炔切割速度的 5 倍。与激光切割相比，在切割成本上显现出明显的优势，几乎是激光切割的 1/3。另外，数控等离子弧切割与自动套料编程软件配合可以提高材料利用率 5%～10%，经济性明显。

进入 21 世纪后，等离子弧切割的技术开发主要集中在如下几个方面：

a. 研制用于氧化性工作气体的新型电极材料，提高电极的使用寿命，降低成本。

b. 研究高精度等离子弧切割技术，开发特殊的电弧燃烧电压缩、稳定装置，加强工作气体和喷嘴对等离子弧的压缩作用，使从喷嘴射出的等离子弧更细、更挺直有力，达到切口宽度更小、切割精度更高、切割垂直度好的切割质量。

c. 开发切割碳素钢厚板的等离子弧切割技术。大电流空气等离子弧切割板厚大于 30 mm 的碳素钢的速度低于氧气切割，且切割面倾角大。

d. 研究和开发等离子弧焰流切割技术及其设备，以适应切割薄金属和某些非金属材料的要求。

e. 开发特殊工作气体以及特殊的气体保护装置。

（3）激光切割技术　激光切割与其他切割方法相比，最大区别是它具有高速、高精度和高适应性的特点。同时还具有割缝细、热影响区小、切割面质量好、切割时无噪声、切割过程容易实现自动化控制等优点。

激光的发展趋势及新进展如下：

a. 开发高速、高精度激光切割机及切割工艺。

b. 开发厚板切割和大尺寸工件切割的大型激光切割机及切割工艺。

c. 开发高效率、高精度、多功能和高适应性三维立体多轴数控激光切割机。

d. 实现激光切割单元自动化和无人化。

e. 开发占地面积小、功能完善的整套紧凑型激光切割机。

f. 改进激光器，包括 2 kW 级以上 CO_2 激光器光束模式的改善、钇铝石榴石晶体（YAG）激光束发散角的减小和超小型大功率气体激光器的开发等。

g. 改进和研发光束传导系统功能部件，改善传递光束的性能。

h. 切割软件的功能改善及激光切割工艺控制。

3.2.2　切割原理及设备

1）气体火焰切割

气体火焰切割是指氧气切割，也称氧-火焰切割，它是一种利用气体火焰的热能将金属材料分离的方法，称为气体火焰切割法（简称气割）。气割的主要对象是一般结构钢，是生产中备料工序应用最广的下料方法。气割已广泛应用于在冶金、机械、电力、石油化工、锅炉及压力容器、车辆、造船等各行各业中。

（1）气割原理。气割是利用可燃气体（乙炔、丙烷、液化石油气、天然气等）与氧燃烧（火焰）产生的热将工件表面加热到一定的温度后（该温度高于熔点），喷出高纯度、高流动速度的切割氧，使工件表面燃烧生成熔渣，并释放出大量的热。工件燃烧释放的热、高温的熔渣以及气体火焰产生的热不断加热工件的下层和切口前缘,使之达到燃点(工件在氧中的燃烧温度,称为工件的燃点),直至工件的底部。同时切割氧流将熔渣吹走,从而形成切口将工件切割分离。气割原理示意图如图 3 - 80 所示。

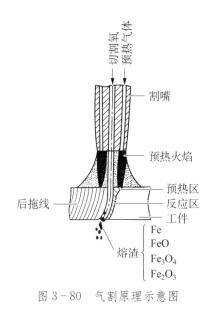

图 3 - 80　气割原理示意图

整个气割过程可以分成四个相互关联的阶段:

a. 起割点处的金属表面被预热火焰加热到燃点,并发生燃烧反应。

b. 下层金属燃烧。

c. 切割氧流吹走燃烧生成的熔渣,沿厚度方向切开金属。

d. 燃烧反应热以及预热火焰热量加热切口前缘的金属上层至燃点,并燃烧。

这四个阶段不断重复,完成工件的气割。

根据所采用的可燃气体(如乙炔、丙烷、液化石油气、天然气、氢等)的不同,可以将气割分为氧-乙炔气割、氧-丙烷气割、氧-液化石油气气割、氧-天然气气割以及氧-氢气割等。

(2) 金属能被气割的条件。并不是所有的金属都可以用气割来切割,例如,铜及铜合金就不能用气割来切割。金属是否可以气割,可以从以下几个方面来判断:

a. 金属在氧气中的燃点是否低于熔点。气割的实质是金属在氧气中燃烧形成熔渣,熔渣被吹走形成切口。因此,要使金属能够被切割,金属在氧气中的燃点必须低于熔点,否则,金属还没有燃烧,就先熔化了,就不是所谓的气割了。而且,材料在燃烧前就先熔化了,获得的切口质量将会很差。

b. 金属燃烧生成的熔渣(氧化物)的熔点是否低于金属的熔点,熔渣在液态时是否具有很好的流动性。一般来说金属燃烧生成的熔渣的熔点应低于金属的熔点,如果熔渣的熔点高于金属的熔点,熔渣会在液态金属凝固之前凝固,从而在液体金属表面形成固态薄膜,或形成的熔渣黏度大,不易被切割氧从切口中吹走,那么这种金属就难以气割。但是如果生成的熔渣的流动性好,黏度低,熔渣能够被切割氧从切口中吹走,那么该种金属也可以被气割。

c. 金属在氧气中燃烧时,能否放出较多的热量。切割能够顺利进行的一个重要条件,就是必须保证切口前缘的金属能够被迅速、连续地加热到燃点。因此,要求气体火焰和金属燃烧产生足够多的热来保证满足上述条件。如果金属在氧气中燃烧时,放出的热量太少,不足以将切口前缘的金属迅速、连续地加热到燃点,则该种金属难以被气割。

d. 金属的导热性是否太好。气体火焰产生的热和金属燃烧产生的热只是其中的一部分用来加热切口前缘的金属,另外一部分则通过辐射、导热等方式散失掉。若金属导热性太好,用来加热切口前缘的金属的热量不足以保证切口前缘的金属能够被迅速、连续地加热到燃点,则切割很难顺利进行。

(3) 常见金属的切割性。

a. 碳钢　在金属材料中,低碳钢的气割性能是比较好的,虽然低碳钢氧化物的熔点略高于金属熔点,但低碳钢的燃点(约1 350 ℃)低于熔点,而且低碳钢在氧中燃烧放热量大,熔渣的黏度低,流动性好,所以气割性良好。随着钢含碳量的增加,钢的熔点逐渐降低,钢的燃点逐渐接近熔点,淬硬倾向增大,气割难度也增加,因而高碳钢的气割性较低碳钢差。

b. 铸铁　铸铁的气割性能差的原因主要有以下几个:铸铁的含碳量和含硅量较高,它的燃点高于熔点;气割时生成的二氧化硅(SiO_2)熔点高、黏度大、流动性差;碳燃烧生成的气体会降低氧气流的纯度。因此铸铁不能用普通的气割方法切割,但可采用振动气割法切割。

c. 高铬钢和铬镍钢　高铬钢和铬镍钢燃烧生成的氧化物熔点很高,流动性差,易于覆盖在切口表面,阻碍气割的进行,因此高铬钢和铬镍钢的气割性差,难以用普通的气割方法切割,但可采用振动气割法切割。

d. 铜及铜合金　因为铜及铜合金的燃点高于熔点,材料的导热性好,燃烧生成的熔渣的熔点高,材料燃烧时放热量少,所以无法采用气割法切割铜及铜合金。

e. 铝及铝合金　虽然铝及铝合金燃烧时放热量大,但由于其燃点高于熔点,导热性好,熔渣的熔点高,所以也不能进行气割。

(4) 气割的应用范围。气割具有效率高、成本低、设备简单等优点,并且气割在各种位置均可进行,可以用气割切割各种外形复杂的零件。因此它广泛用于钢板下料、焊接坡口加工和铸件浇冒口的切割等方面。

气割技术的应用领域十分广阔,几乎覆盖了机械、造船、军工、石油化工、矿山冶金、交通、能源等多种工业领域。

目前,气割主要用于切割各种碳钢和普通低合金钢,也可以用来切割厚度较大的不锈钢和铸铁件的冒口。在气割淬火倾向大的高碳钢和强度等级高的低合金高强钢时,应采取适当措施,以避免切口处淬硬或产生裂纹。这些措施包括加大预热火焰功率;放慢切割速度;切割前先对工件进行预热等。厚度较大的不锈钢和铸铁件冒口无法用普通气割法切割,但可以采用振动气割法进行切割。

随着各种自动、半自动气割设备和新型割嘴的应用,特别是数控火焰切割技术的发展,使得气割可以代替部分机械加工。有些焊接坡口可一次直接用气割方法切割出来,切割后直接进行焊接。气体火焰切割的精度和效率大幅度提高,使气体火焰切割的应用领域更加广阔。

(5) 气割装备与材料。

a. 割炬　割炬又称割枪或割把,是气割设备的重要部分之一。割炬的作用是使可燃气体与氧气以一定的比例和方式混合,形成具有一定热能和形状的预热火焰,并能在预热火焰中心喷射切割氧气流(但也有切割氧与预热火焰分离的割炬,这种割炬所占比例较小)。割炬应能控制可燃气体、氧气、切割氧气的压力和流量,调节预热火焰的特性(主要指中性焰、氧化焰、碳化焰)等。除此之外,还要求割炬简单轻便、易于操作、使用安全可靠。

按可燃气体和氧气混合方式的不同可将割炬分为射吸式割炬和等压式割炬两种。射吸式割炬主要用于手工切割,等压式割炬则多用于机械切割。按用途可将割炬分为普通割炬、重型割炬、焊割两用割炬。

(a) 射吸式割炬。射吸式割炬是一种传统型手工割炬,原为使用低压乙炔而设计的(见 JB/T 6970—1993)。该割炬适用于中低压乙炔。由于乙炔压力很低,流速慢,不能适应混合气体的燃烧速度,因此在射吸式割炬中设有引射器和混合器,通过喷射器(即引射器喷嘴和射吸管)的射吸作用来调节氧气和乙炔的流量,保证乙炔与氧以一定的比例混合,使火焰稳定燃烧。其工作原理:工作时,依次打开可燃气体和氧气阀门,预热氧气压力高,经过引射器喷嘴喷入射吸管的混合室时,在引射器周围形成负压,从而将周围的低压可燃气体吸出,在混合室和混匀管混合后,以高速度从割嘴喷出,射吸式割炬的射吸装置结构如图 3-81 所示。

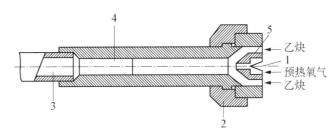

1—预热氧针阀;2—连接螺母;3—预热气体混匀管;4—混合室;5—引射器喷嘴。

图 3-81　吸射式割炬的射吸装置结构

氧-乙炔用射吸式割炬主要是指氧-乙炔气割用手工射吸式割炬,其结构如图 3-82 所示。

这种割炬的特点是使用的氧气压力高,可燃气体压力低。只适用于低压或中压可燃气体。由于这种割炬容易回火,因此在机械化切割和自动化切割中已很少使用。

氧-乙炔气割用手工射吸式割炬主要有三种类型:G01-30、G01-100、G01-300。以 G01-100 为例,其型号含义如下:字母 G 表示割炬;第一个数字 0 表示手工;第二个数字 1 表示射吸式。短横线后面的数字 100 表示切割低碳钢的最大厚度为 100 mm。

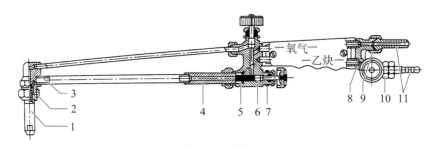

1—割嘴；2—割嘴螺母；3—割嘴接头；4—射吸管；5—喷嘴；6—氧气阀针；
7—中部主体；8—中部接体；9—氧气螺母；10—乙炔螺母；11—软管接头。

图 3-82　氧-乙炔用射吸式割炬结构图

表 3-19 给出了常用的氧-乙炔用射吸式割炬的主要参数，表 3-20 给出了常用的氧-乙炔用射吸式割炬的基本参数。

表 3-19　常用的割炬的主要参数

型号	G01-30	G01-100	G01-300
切割低碳钢厚度 mm	3～30	10～100	100～300

表 3-20　常用的割炬的基本参数

型号	割嘴号	切割氧气孔径/mm	氧气工作压力/MPa	乙炔工作压力/MPa	割炬总长度/mm
G01-30	1	0.7	0.2	0.001～0.1	550
	2	0.9	0.25	0.001～0.1	550
	3	1.1	0.3	0.001～0.1	550
G01-100	1	1.0	0.3	0.001～0.1	550
	2	1.3	0.4	0.001～0.1	550
	3	1.6	0.5	0.001～0.1	550
G01-300	1	1.8	0.5	0.001～0.1	650
	2	2.2	0.65	0.001～0.1	650
	3	2.6	0.8	0.001～0.1	650
	4	3.0	1.0	0.001～0.1	650

氧-乙炔用割嘴是割炬的一个重要部件，割嘴的中心是气割氧的通道，预热火焰均匀分布在它的周围。按割嘴的预热孔结构形式可将割嘴分为环形（组合式）、梅花形（整体式）、齿槽形和单孔形，如图 3-83 所示。

由于射吸式割炬和等压式割炬气体混合的方式是不同的，因此，不同的割炬需采用不同的割嘴。常用的用于射吸式割炬的割嘴预热孔形式有环形、梅花形，其结构简图如图 3-84 所示。

环形割嘴是由内嘴和外套两部分组成，制造比较容易，但火焰稳定性稍差，气体消耗

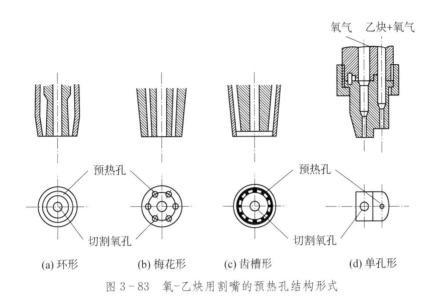

图 3-83　氧-乙炔用割嘴的预热孔结构形式

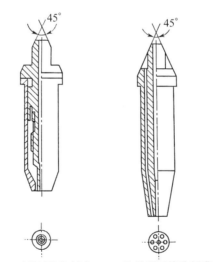

图 3-84　氧-乙炔射吸式割嘴的结构

量大,而且在安装外套和内嘴时,必须保证同心,否则预热火焰偏向一侧,使切割质量变差,这种割嘴比较适合于厚板的切割。梅花形割嘴没有环形割嘴的上述缺点,其火焰功率较大,能促进切口前缘的钢板表面较快地达到燃点,有利于提高切割速度,比较适合于中厚板的切割,但这种喷嘴制造比较困难。

　　除上述两种常用割嘴外,还有一种专用割嘴——阶梯形单预热孔割嘴,图 3-85 给出了它的结构示意图。阶梯形单预热孔割嘴只有一个预热孔,预热孔离工件表面的距离较切割氧孔离工件表面的距离远,因此,其加热区较小,热量比较集中,能够获得窄而光洁的

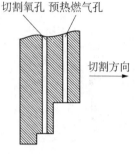

图 3-85 阶梯形单预
热孔割嘴

切口,比较适合于气割厚度为 0.5~2.0 mm 的薄板。

(b) 等压式割炬 等压式割炬结构如图 3-86 所示(见 JB/T 7947—1999)。它的基本工作原理:可燃气体与氧气以相同或近似的压力进入割嘴,在割嘴内混合后从割嘴喷出形成预热火焰。可燃气体、预热氧和切割氧分别由单独的管道进入割嘴。这种割炬只适用于中压或高压可燃气体。由于没有射吸式割炬喷射器的射吸作用,所以绝对不能用于低压可燃气体。它的优点是预热火焰燃烧稳定,不易发生回火现象,在生产中应用越来越广。

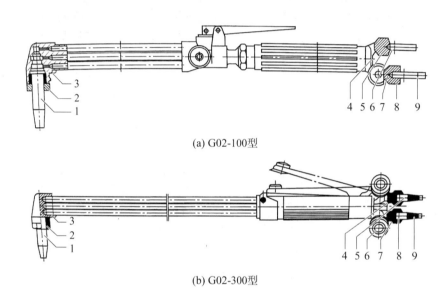

(a) G02-100型

(b) G02-300型

1—割嘴;2—割嘴螺母;3—割嘴接头;4—氧气接头螺纹;5—氧气螺母;
6—氧气软管接头;7—乙炔接头螺纹;8—乙炔螺母;9—乙炔软管接头。

图 3-86 G02-100 型和 G02-300 型等压式割炬结构

等压式割炬又分为割炬和焊割两用炬。割炬有 G02-100 和 G02-300 两种类型,焊割两用炬有 HG02-12/100 和 HG02-20/200 两种类型。其型号含义示例如图 3-87 和图 3-88 所示:

G　0　2　-　300

表示最大的切割低碳钢厚度为300 mm
表示等压式
表示手工
表示割(Ge)的第一个字母

图 3-87 等压式割炬型号字符的含义示例

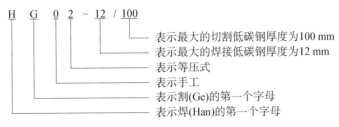

图 3-88　等压式焊割两用炬型号字符的含义示例

表 3-21 给出了等压式割炬和等压式焊割两用炬的主要参数,表 3-22 给出了常用等压式割炬的基本参数,表 3-23 给出了等压式焊割两用炬的基本参数。

表 3-21　等压式割炬和等压式焊割两用炬的主要参数

名称	型号	焊接低碳钢厚度/mm	切割低碳钢厚度/mm
割炬	G02-100	—	3～100
	G02-300		3～300
焊割两用炬	HG02-12/100	0.5～12	3～100
	HG02-20/200	0.5～20	3～200

表 3-22　常用等压式割炬的基本参数

型号	割嘴号	切割氧气孔径/mm	氧气工作压力/MPa	乙炔工作压力/MPa	可见切割氧流长度/mm	割炬总长度/mm
G02-100	1	0.7	0.2	0.04	≥60	550
	2	0.9	0.25	0.04	≥70	550
	3	1.1	0.3	0.05	≥80	550
	4	1.3	0.4	0.05	≥90	550
	5	1.6	0.5	0.06	≥100	550
G02-300	1	0.7	0.2	0.04	≥60	650
	2	0.9	0.25	0.04	≥70	650
	3	1.1	0.3	0.05	≥80	650
	4	1.3	0.4	0.05	≥90	650
	5	1.6	0.5	0.06	≥100	650
	6	1.8	0.5	0.06	≥110	650
	7	2.2	0.65	0.07	≥130	650
	8	2.6	0.8	0.08	≥150	650
	9	3.0	1.0	0.09	≥170	650

表 3-23   等压式焊割两用炬的基本参数

型号	割嘴号	切割氧气孔径/mm	氧气工作压力/MPa	乙炔工作压力/MPa	可见切割氧流长度/mm	割炬总长度/mm
HG02-12/100	1	0.7	0.2	0.04	≥60	550
	3	1.1	0.3	0.05	≥80	550
	5	1.6	0.5	0.06	≥100	550
HG02-20/200	1	0.7	0.2	0.04	≥60	600
	3	1.1	0.3	0.05	≥80	600
	5	1.6	0.5	0.06	≥100	600
	6	1.8	0.5	0.06	≥110	600
	7	2.2	0.65	0.07	≥130	600

等压式割炬必须配备专门的等压割嘴。氧-乙炔用等压式割嘴结构如图 3-89 所示。它一般为梅花形,有 6 个预热孔,既适合于手工切割也适合于机械切割。

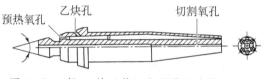

图 3-89   氧-乙炔用等压式割嘴的结构示意图

b. 减压器   减压器是一种调节气体压力的装置,用来将气体的压力从高压降低到所需的工作压力,而且能使输出的气体压力保持稳定,不随气源压力的降低而降低。

(a) 单级反作用减压器   单级反作用减压器的结构如图 3-90 所示。

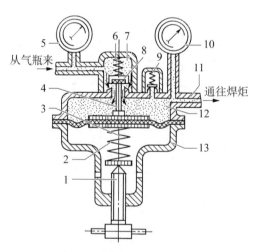

1—调压螺栓;2—调压弹簧;3—弹性薄膜;4—活门顶杆;5—高压表;6—副弹簧;
7—高压气室;8—减压活门;9—安全阀;10—低压表;11—出气管;12—低压气室;13—减压器本体。

图 3-90   单级反作用减压器的结构示意图

其工作原理:减压器不工作时,调节调压螺栓和调压弹簧使之处于松弛状态,此时减压活门在副弹簧的作用下关闭,高压气体不能输出。工作时,调节调压螺栓(按顺时针方向旋入),压缩调压弹簧,并通过弹性薄膜装置顶起减压活门,高压气体由高压气室进入低压气室,气体进入低压气室后,对弹性薄膜产生一定的压力,促使减压活门向下移动;同时,高压气体的压力作用于减压活门上面,也促使减压活门向下移动。这两方面的综合作用,使减压活门开启的间隙减小,限制高压气体的通过。由此可见,当低压气室的压力降低或者高压气室压力降低时,在调压弹簧和副弹簧的作用下,减压活门开启的间隙增大,进入低压气室的高压气体流量增大;反之,当低压气室的压力增大时,在调压弹簧和副弹簧的作用下,减压活门开启的间隙减小,进入低压气室的高压气体流量减小,从而可以使低压气室的压力始终保持一稳定的工作压力。低压气体压力和流量可通过调压螺栓来调节。

由于这种减压器能够保证输出压力的稳定,容易保持活门的气密性,并且瓶内气体可以得到更充分的利用,因而在生产中获得了广泛的应用。

(b)单级正作用减压器　单级正作用减压器的结构如图3-91所示。

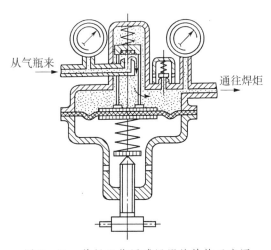

从气瓶来　　　通往焊炬

图3-91　单级正作用减压器的结构示意图

其工作原理与单级反作用减压器相同。不同的是,高压气体作用于活门下方,具有增大活门开启间隙的作用。与单级反作用减压器相反,这种减压器具有降压特性,即随着瓶中的气体压力的降低,工作压力也降低。图3-92给出了单级正作用式减压器和单级反作用式减压器的工作压力曲线。

(c)双级减压器　双级减压器是由两个单级减压器串联组合在一个装置内构成的。它有如下四种组合形式:

第一级为正作用式,第二级为反作用式;

第一级为正作用式,第二级为正作用式;

第一级为反作用式,第二级为正作用式;

第一级为反作用式,第二级为反作用式。

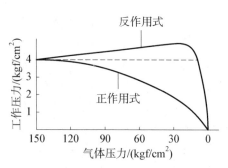

图 3-92　单级正作用式减压器和单级反作用式减压器的工作压力曲线

SJ7-10 型双级减压器是第一级为正作用式和第二级为反作用式结构,图 3-93 为该双级减压器工作原理示意图。

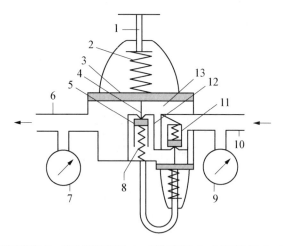

1—调压螺杆;2—调压弹簧;3—弹性薄膜装置;4—活门顶杆;5—减压活门;6—出气口;7—低压表;
8—承压弹簧;9—高压表;10—进气口;11—第一级减压系统;12—第二级减压系统;13—低压气室。

图 3-93　SJ7-10 型双级减压器工作原理示意图

其工作原理:减压器不工作时,调压螺杆向外旋出,调压弹簧处于松弛状态,在承压弹簧的作用下,减压活门关闭。高压气体不能输出。减压器工作时,高压气体从进气口进入第一级减压系统,由于弹簧的作用,气体压力自动降低,进入第二级减压系统。将调压螺栓旋入,通过调压弹簧、弹性薄膜装置及活门顶杆,克服承压弹簧的压力将减压活门顶开,使气体二次减压后,进入低压气室,并经出气口输出。

这种减压器输出气体压力更稳定,并且减压过程中气体温度的降低比较缓和,基本上可以消除过冷和冻结现象。

c. 回火防止器　回火是由于某种原因,使可燃混合气在割炬内发生燃烧,并向可燃气体管内扩散的一种现象。发生回火时,割嘴突然"唆"的一声火焰熄灭,同时在割炬内发出"吱吱"的声音,并在割炬导管处产生高温,有烫手的感觉。

在气割中割炬的割嘴被堵塞、割嘴过热、乙炔气工作压力过低、橡胶管堵塞、焊炬或割炬失修等使混合气流出速度降低,以及火焰燃烧速度大于混合气流出速度等均可导致回火。回火发生后若不及时阻止,一旦逆向燃烧的火焰进入乙炔瓶内就会发生燃烧爆炸事故。

回火防止器是用来阻止管道内的火焰蹿入气源设备或在设备与管道间蔓延而引起爆炸的安全装置。回火防止器的主要作用是在焊割过程中,当割炬发生回火时,能把回火的燃烧气体阻止在回火防止器内,并排入大气,有效地阻止回火火焰蹿入乙炔气瓶内,发生爆炸事故。对回火防止器的基本要求如下:

（a）回火防止器的各个零部件不允许用纯铜或含铜量大于70%的铜合金制造,以避免产生乙炔铜。

（b）能可靠地阻止回火和爆炸波的传播,并且能迅速地将回火的燃烧气体排入大气中。

（c）应具有泄压装置。

（d）能满足焊接工艺的要求,例如不影响火焰温度、气体流量等。

（e）容易控制、检查、清洗和维修。

（f）体积尽量要小。

回火防止器可以按照工作压力、阻火介质、供气能力及结构进行分类,如图3-94所示。

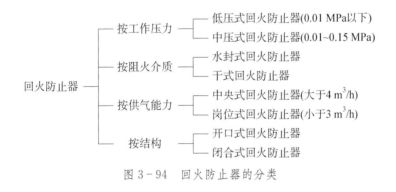

图 3-94　回火防止器的分类

回火防止器工作原理及特点如下:

（a）闭式水封回火防止器　闭式水封回火防止器的结构及工作原理如图3-95所示。

其工作原理:正常工作时,乙炔气体从进气管进入,在乙炔压力的作用下,逆止阀打开,乙炔气体进入桶体,经过分配盘、有效滤清器后,由乙炔出口输出。当发生回火时,燃烧气体产生的爆炸冲击波使桶内压力增加,使逆止阀向下移动,关闭乙炔进气口,防止燃烧气体进入乙炔发生器。同时,弹簧片被顶起,卸压阀打开,燃烧气体从卸压口排出。

闭式水封回火防止器适用于中压乙炔发生器。这种回火发生器结构复杂,制造比较困难,但安全性能较高,是应用较多的一种回火防止器。

这种回火防止器应垂直安放,每天检查,更换清水,确保水位不低于水位计标定的要求,但也不宜过高,以免乙炔带水过多,影响火焰温度。每次发生回火后应随时检查水位并补足。冬季使用时,工作结束后应把水全部放净,以免冻结。如果发生冻结现象,只能

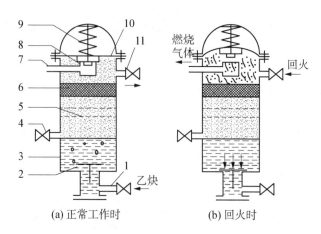

(a) 正常工作时　　　　(b) 回火时

1—进气管；2—逆止阀；3—桶体；4—水位阀；5—分配盘；6—滤清器；
7—卸压口；8—卸压阀；9—弹簧；10—弹簧片；11—乙炔出口。

图 3-95　闭式水封回火防止器结构及工作原理

用热水或蒸汽解冻，严禁用明火烘烤。

（b）中压冶金片干式回火防止器　图 3-96 是中压冶金片干式回火防止器的结构示意图。

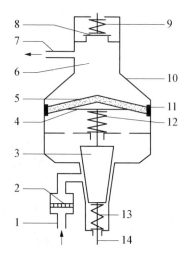

1—进气口；2—过滤件；3—锥形阀芯；4—承压片；5—粉末冶金片；6—爆炸室；7—出气口；
8—弹簧卸压阀；9—调压弹簧；10—主体内腔室；11—密封圈；12—托位弹簧；13—复位弹簧；14—复位杆。

图 3-96　中压冶金片干式回火防止器结构示意图

其工作原理：正常工作时，乙炔气体从进气口流经过滤件后，进入主体内腔室，由出气口输出。当发生回火时，燃烧气体由出气口进入主体内爆炸室，使爆炸室内压力急剧增高，瞬时将弹簧卸压阀打开，将燃烧气体排入大气中。爆炸气压通过粉末冶金片作用于承压片上，使锥形阀芯下移，关闭乙炔气体进气孔。同时，由于粉末冶金片的作用，制止了燃烧着的气体的传播。

这种回火防止器使用弹簧卸压装置代替了防爆膜装置,使回火爆炸声大为减小。回火后,用复位杆使锥形阀芯复位后就可以继续使用。这种回火防止器能有效阻止回火,并能切断气源,解决了水封式回火防止器所存在的缺点,特别是北方地区冬季使用存在的防结冰的问题,不受气候条件限制,且操作简单、体积小、质量轻。但结构复杂,制造困难。

d. 气割材料　气割过程常用的气体根据其特点可以分为可燃气体和助燃气体。本身不能燃烧,但能帮助其他可燃物质燃烧的气体为助燃气体,如氧气等。能够燃烧并能在燃烧过程中释放出大量能量的气体,称为可燃气体,如乙炔、液化石油气、氢气、天然气等。

(a) 氧气　氧气的分子式是 O_2,在常温常压下它是一种无色、无味、无毒的气体,比空气略重,微溶于水。在常压下,氧气的沸点为 $-183\,℃$,熔点为 $-218\,℃$,液体和固体均为淡蓝色。

氧气本身不能燃烧,但能助燃,是一种化学性质极为活泼的助燃气体。氧气能与很多元素发生氧化反应(通常情况下把激烈的氧化反应称为燃烧),生成氧化物,并释放出热量。

氧气与可燃气体混合燃烧可以得到高温火焰。如乙炔与氧气混合燃烧时的温度可达 $3\,200\,℃$ 以上。氧气越纯,则可燃混合气燃烧时火焰温度越高,因此,氧气在气焊、气割行业被广泛应用。

有机物(如矿物油、油脂、碳粉、有机物纤维等)在氧气里的氧化反应具有放热的性质,也就是说在反应进行时放出大量的热量,增高氧的压力和温度,促使燃烧显著加快。当压缩的气态氧与矿物油、油脂或细微分散的可燃物质(如碳粉、有机物纤维等)接触时,能够发生自燃,时常成为失火或爆炸的原因。因此,当使用氧气时,尤其是在压缩状态下,必须注意不要使它与易燃物质相接触。氧气几乎能与所有可燃气体和液体燃料的蒸气混合而形成爆炸性混合气,这种混合气具有很宽的爆炸极限范围,所以氧气减压表禁油。氧气在室内的体积分数超过 23% 时就有发生火灾的危险,因此在堆放氧气瓶的仓库必须设置通风装置。

气焊和气割用氧气纯度一般分为三级,一级纯度的含氧量不低于 99.5%,二级纯度的含氧量不低于 99.2%,三级纯度的含氧量不低于 98.5%。同样条件下,氧气纯度越高,气割的效率越高,气割质量越好,因此,对于质量要求较高的气割,应采用一级纯度的氧。

(b) 乙炔　乙炔的分子式是 C_2H_2,在常温常压下它是无色气体,比空气轻。在常压下,乙炔的沸点为 $-83.6\,℃$,熔点为 $-85\,℃$,自燃温度为 $305\,℃$。工业用的乙炔,因含有硫化氢和磷化氢等杂质,具有特殊的臭味。

乙炔与空气混合燃烧时所产生的火焰温度为 $2\,350\,℃$,而与氧气混合燃烧时所产生的火焰温度为 $3\,100\sim3\,300\,℃$,因此乙炔是理想的可燃气体。

乙炔能够溶于多种液态溶剂中(如水、丙酮等),表 3-24 是乙炔在液体溶剂中的溶解度。从表中可以看出,乙炔在丙酮中的溶解度很大,所以在乙炔气瓶中加入大量丙酮以储存乙炔。

表 3-24　乙炔在液体溶剂中的溶解度

溶剂	石灰乳	水	酒精	松节油	苯	汽油	丙酮
溶解度/%	0.75	1.15	6	2	4	5.7	23

注:溶解度指单位体积乙炔/单位体积溶剂×100%。

乙炔是一种危险的易燃、易爆气体。当压力为 0.15 MPa、温度为 580～600 ℃时,无须外部引火,纯乙炔气体也可能自行分解,发生爆炸。当温度 200～300 ℃时,乙炔会发生放热的聚合作用,而放出的热量又促使这种聚合作用的进行。如果释放出的热量不能排除,则随着聚合作用的增强和加快,会使乙炔气体的温度升高,进而导致乙炔爆炸。但若乙炔中含有水蒸气时,其自行分解爆炸的能力大大地降低,例如,含有 1 体积水蒸气和 1.15 体积乙炔气的混合气体不会发生分解爆炸。

乙炔与铜、银等金属长期接触时,能生成乙炔铜或乙炔银等爆炸物质。当它们受到剧烈震动或加热 110～120 ℃时就会发生爆炸。因此,凡是供乙炔用的器具,不能用银或者含铜量超过 70%(质量分数)的铜合金制造。

乙炔与氯气或次氯酸盐等化合时,就会发生燃烧和爆炸,因此,由乙炔引发的火灾,严禁用四氯化碳灭火。

表 3-25 给出了可燃气体与空气和氧气混合气的爆炸范围。从表中可以看出,乙炔气体与空气和氧气混合气的爆炸范围很宽,分别为 2.2%～81% 和 2.8%～93%(体积分数),也就是说乙炔含量在这些范围内的混合气体,遇到火花、明火或者灼热的物体表面时就可能发生爆炸。并且乙炔混合气压力越大,越容易发生爆炸。

表 3-25　可燃气体与空气和氧气混合气的爆炸范围

可燃气体	可燃气体在混合气中含量/%	
	空气中	氧气中
乙炔	2.2～81.0	2.8～93.0
氢气	3.3～81.5	4.65～93.9
丙烷	2.5～10	2.3～55
丁烷	1.1～8.4	—
丙烯	2.4～10.0	2.1～53
煤气	3.8～24.8	10.0～73.6

工业用的乙炔主要是用水分解工业用电石而得到的。通过净化和干燥处理,可以得到高纯度的乙炔,用于质量要求较高的气焊和气割。

(c) 液化石油气　液化石油气是石油加工过程中的副产品,主要成分为丙烷(C_3H_8)、丁烷(C_4H_{10})、丙烯(C_3H_6)、丁烯(C_4H_8)和少量的乙炔(C_2H_2)、乙烯(C_2H_4)、戊烷(C_5H_{12})等碳氢化合物的混合物。在普通温度和常压下,组成液化石油气的这些碳氢化合物是以气态存在的,但只要加上 0.8～1.5 MPa 的压力就会变为液体。正是由于这种特性,它经常被加压液化成液体,以便于瓶装储存和运输。

液化石油气是一种略带臭味的无色气体,在标准状态下,比空气略重。液化石油气的几种重要成分均能与空气或氧气构成具有爆炸性的混合气体,但爆炸混合比值范围较小。另外液化石油气在氧气中燃烧速度约为乙炔的一半,因此发生回火的可能性比较小。也就是说,液化石油气的安全性较乙炔好。

丙烷是液化石油气的主要组分,它在纯氧中燃烧的火焰温度可达 2 800 ℃。

液化石油气的供给方法,按气化方式可分为自然气化、强制气化和加添加剂气化。

自然气化 瓶内液体蒸发所需要的热量完全靠瓶子周围的空气供给。这种方法要求瓶内液化石油气的丙烷含量高,不能含有戊烷,环境温度不能太低,冬天必须放在有供暖设备的房子里使用。这种方式气化量较小,但切割一般厚度的钢板已够用。

强制气化 把瓶内液体导出,靠气化器使之气化。这种方法的优点如下:①瓶内组成始终不变,因此压力一直稳定,可不剩残液;②液化石油气的气化量仅取决于气化器的气化能力,与气瓶的大小无关;③可在环境温度较低的条件下使用,适于冬季室外作业;④对液化石油气组成没有十分严格的要求。

加添加剂气化 在液化石油气、丙烷气内加注添加剂,可起到助燃、阻聚、催化、裂化等特殊功效,显著改善气体的燃烧特性,大大提升火焰的燃烧温度。在气瓶内液量较少或在环境温度较低(如冬季)条件下,可能存在汽化量不足影响切割的问题。补充添加剂能有效改善这个问题。

(d) 天然气 天然气作为一种绿色环保能源,是目前最干净、环保、安全,且价格最为低廉的燃气。其主要成分为甲烷(CH_4)。甲烷是没有颜色、没有气味的气体,沸点为 -161.4 ℃,比空气轻,它是极难溶于水的可燃性气体和最简单的有机化合物。甲烷和空气成适当比例的混合物,遇火花会发生爆炸,甲烷在空气中的爆炸极限下限为 5%,上限为 15%,相对于乙炔、丙烷,安全性高。液化天然气密度是标准状态下甲烷的 625 倍,也就是说,$1 m^3$ 液化天然气可气化成 $625 m^3$ 天然气,便于储存和运输。

由于天然气固有热值比较低,火焰温度较低,燃烧速度偏慢,切割预热时间较长,不适合直接应用到工业火焰切割中。需要按一定比例添加助燃催化添加剂,以改善其燃烧效率、提高其火焰温度和改善其火焰稳定性。

目前国内有多个厂商生产天然气添加剂,并采用了不同的添加方式,主要有如下方式:

加药机形式 将添加剂按照设定的比例向天然气管线内自动加注。使用该种方式的添加剂必须具有良好的挥发性,否则将无法与天然气达到很好的混合,从而影响切割效果。

加药机+混合罐方式 本方式在加药机后配置一个混合罐,以达到天然气与添加剂充分均匀混合的效果。

加药柜方式 在天然气管线上加装一个加药柜,使天然气通过添加柜时,带走挥发性较强的添加剂。与前两种相比,该方式的添加精确度较差,但是设备投资相对较低。

2) 等离子弧切割

物质一般存在三种形态:固态、液态和气态。等离子体是物质的第四种存在形态,是由完全电离或部分电离的气体(电离度大于 1%,即电离的气体原子占所有气体原子的比例大于 1%)组成的。也就是说,等离子体是由带正电荷的离子、带负电荷的电子和部分未电离的中性原子等粒子组成的。

(1) 等离子弧的类型　根据电极连接方式,等离子弧分为非转移型、转移型和联合型三种。

a. 非转移型等离子弧　在钨极和喷嘴之间产生的等离子弧称为非转移型等离子弧。焊接和切割时,依靠从喷嘴喷出的等离子焰流来加热和熔化工件。

b. 转移型等离子弧　在钨极和工件之间产生的等离子弧称为转移型等离子弧。转移型等离子弧难以直接形成,需要先在钨极和喷嘴间引燃非转移型等离子弧,再过渡到转移型等离子弧。

c. 联合型等离子弧　在工件和钨极、喷嘴和钨极间同时存在等离子弧,即转移等离子弧和非转移等离子弧同时存在,这种电弧称为联合型等离子弧。

由于转移型等离子弧用于加热工件的热量很高且集中,所以在切割各种金属,尤其是中厚板时,均采用这种等离子弧。非转移型等离子弧主要用于非金属材料的切割。联合型等离子弧能够在很小的电流下形成稳定的等离子弧,主要用于微束等离子弧焊接和粉末堆焊,一般不用于切割加工。

(2) 等离子弧切割原理　等离子弧切割是一种常用的金属和非金属材料切割工艺方法,它与氧乙炔切割有着本质的区别。等离子弧切割主要是依靠高温、高速和高能量的等离子弧及其焰流来加热、熔化被切割材料,并借助内部或外部的高速气流或水流将熔化的被切割材料吹离基体,形成狭窄切口的过程。其弧柱的温度远远超过目前绝大部分金属及其氧化物的熔点,所以它可以切割的材料很多。而氧乙炔焰的切割主要是靠氧与部分金属的化合燃烧(而不是熔化)和氧的吹力,使部分金属脱离基体而形成切缝。因此氧乙炔焰不能切割熔点高、导热性好、氧化物熔点高和黏滞性大的金属。

等离子弧弧柱中心温度范围为 18 000～24 000 K(钨极氩弧焊弧柱中心的温度为 14 000～18 000 K),其能量密度范围为 105～106 W/cm^2(钨极氩弧焊电弧的能量密度一般小于 105 W/cm^2),此外,等离子弧具有很大的机械冲击力、电弧稳定性强,因此等离子弧切割具有以下优点:

a. 可以切割绝大多数金属和非金属。可以采用等离子弧切割的金属包括黑色金属、有色金属及各种高熔点金属,如不锈钢、耐热钢、铸铁、钨、钼、钛、铜、铝及其合金等;还可以采用等离子弧切割耐火砖、混凝土、花岗岩、碳化硅等非金属材料。

b. 切割厚度不大的金属时,切割速度快、生产效率高。如切割 10 mm 厚的铝板,切割速度为 3.3～5.0 m/min;切割 12 mm 厚的不锈钢板,切割速度为 1.6～2.2 m/min。在切割碳素钢薄板时,更能显示其切割速度的优越性,切割速度为气割法的 5～6 倍。

c. 切割质量高。切口狭窄,切割面光洁整齐,切口热变形和热影响区小,硬度和化学成分变化小,尤其适合加工各种成形零件。通常材料切后可以直接进行焊接,无须再对坡口进行加工清理等。

但等离子弧切割也存在以下缺点:

a. 切割厚板的能力不及气割。

b. 切口宽度和切割面斜角较大,但切割薄板时采用特种切割割炬或工艺可获得接近垂直的切割面。

c. 切割过程中产生弧光辐射、烟尘和噪声等。

d. 相对于氧-乙炔切割,等离子弧切割设备比较贵。

e. 切割用空载电压高(通常空载电压为 $150\sim400\,\mathrm{V}$,工作电压为 $100\sim200\,\mathrm{V}$),在割枪绝缘不好的情况下容易对操作人员造成电击。

思考题

3.1　焊接方法是如何分类的?

3.2　焊条的型号与牌号有何不同?

3.3　焊条电弧焊时如何防止和减小磁偏吹?

3.4　如何选择熔化极气体保护焊所使用的设备?

3.5　选择切割方法和切割设备时需要重点考虑哪些因素?

3.6　如何判断金属能否被气割?

3.7　回火防止器的主要原理和特点是什么?

3.8　气割的应用范围有哪些?

第4章　水下焊接技术

水下焊接是指在水的特殊环境中对水下结构物的焊接。水下焊接会受到水和压力的影响，这种影响会伴随水下焊接方法的不同而有所不同。本章具体介绍水下焊接技术的分类、基本原理及操作技术等内容。

4.1 水下焊接技术的分类及特点

对于水下焊接技术的分类，可以根据水下焊接所处的特殊环境，将水下焊接技术分为三大类：湿法水下焊接、干法水下焊接和局部干法水下焊接。湿法水下焊接技术包括手工电弧焊、重力焊、躺焊、药芯焊丝电弧焊等；干法水下焊接技术通过机械方式排开施工区域的水，因而在焊接过程中避免了水对焊接区域的直接影响，主要分为高压干法和常压干法；局部干法水下焊接又分为干点式和气罩式，包括排水罩式、高压水帘式、钢刷式、移动气箱式等。除此之外，随着水下焊接技术的不断发展，又出现了很多新的焊接操作技术，如水下螺柱焊、水下爆炸焊、水下电子束焊和水下铝热焊等。

4.1.1 湿法水下焊接

潜水焊工在水下对焊件和焊接电弧，不采取任何辅助屏蔽措施而进行焊接的方法，称为湿法水下焊接，水下焊条手工电弧焊和药芯焊丝电弧焊是典型的湿法水下焊接技术。

湿法水下焊接技术的基本原理：当水下焊条与水下焊件接触时，电阻热将接触点处周围的水汽化，形成一个气相区。当焊条稍离开焊件，电弧便在气体介质中引燃，继而由电弧热将周围的水大量汽化，加上焊条药皮放出的 CO_2 气体，在电弧周围形成一个一定大小的"气袋"，把电弧和在焊件上形成的熔池与水隔开。由此可见，电弧在水中燃烧与在空气中燃烧大致相同，都是气体放电，只是电弧周围气体成分和压力不同而已。图 4-1 是电弧在水中燃烧的示意图。

湿法水下焊接区周围是水，不是空气。而水与空气有着不同的物理化学性质，这就给这种水下焊接带来了一系列困难，主要有如下三点：

（1）可见度差　由于水对光的吸收和散射作用比空气强得多，光在水中传播时减弱得很快。如光在水中传播 1 m 距离的损失，相当于在空气中传播 1 km 距离时的损失。另外，焊接时电弧周围产生大量气泡和烟雾，使水变得混浊。潜水焊工难以看清电弧和熔池的情况。在充满淤泥的海底或夹带泥沙的海域中进行水下焊接，水中可见度就更差了。长期以来，这种水下焊接方法基本属于"盲焊"，严重影响力潜水焊工操作技术的发挥，这

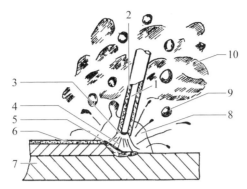

1—焊芯；2—药皮；3—药皮套筒；4—电弧；5—熔池；
6—熔渣；7—焊件；8—气袋；9—气泡；10—烟雾。

图 4-1　电弧在水中燃烧示意图

是造成水下焊接容易出现缺陷，焊接接头质量不高的重要原因之一。

（2）含氢量高　氢是焊接的大敌，如果焊缝中氢含量超过允许值，很容易引起裂纹，甚至导致结构的破坏。水下手工电弧焊时，电弧周围"气袋"中氢浓度很高，溶解到焊缝中的氢就很多。一般每 100 g 焊缝中扩散氢含量为 30～40 mL，最高可达 70 mL，为在陆上酸性焊条焊接时的几倍。所以，长期以来，水下手工电弧焊的焊接接头质量较差，这与含氢量高也是分不开的。

（3）冷却速度快　这种水下焊接方法，尽管电弧周围有一个"气袋"，但其尺寸是较小的。随着焊条的向前移动，刚刚凝固的熔池还处于红热状态便开始与水接触。而水的热导率比空气大 20 倍，也就是说，水对焊缝的冷却作用远远大于空气的冷却作用。所以，焊缝冷却得非常快，很容易被淬硬，在低碳钢的焊缝和热影响区中，也往往会出现马氏体等淬硬组织。

由于水下环境具有可见度差、含氢量高和冷却快三个特性，加上施焊作业的潜水焊工受水流、涌浪、低温等作业条件的制约，因此容易产生应力集中、焊接缺陷，焊接质量低于在干式状态下的焊接，目前，水下湿法水下手工电弧焊不用于焊接重要的水下工程构件。但是，湿法水下焊接技术具有灵活、简便、适应性广、成本低等优点，在生产中依然是一种不能淘汰的水下焊接技术。

4.1.2　干法水下焊接

为了排除水对焊接的影响，克服湿法水下焊接技术存在的三个方面的问题，提高水下焊接接头质量，1954 年美国首先提出干法水下焊接的概念，并于 1966 年正式用于生产。

所谓干法水下焊接技术，是指把包括焊接部位在内的一个较大范围里的水排开，使潜水焊工能在一个"干式"的气相环境中进行焊接的焊接技术。具体而言，就是潜水焊工在水下的一个大型干式气室中焊接。干法水下焊接分两种：一种是高压干法水下焊接，如图 4-2 所示；另一种是常压干法水下焊接，如图 4-3 所示。

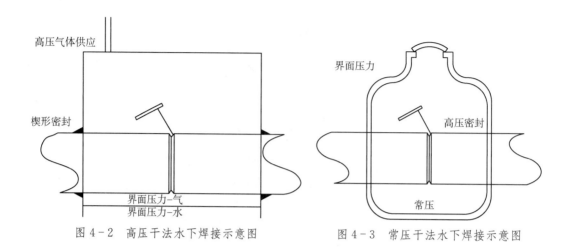

图 4-2　高压干法水下焊接示意图　　　　图 4-3　常压干法水下焊接示意图

　　因为绝大多数焊接技术是在空气压力环境下进行的,所以要在相应的水深位置进行水下焊接修复作业,需建立一个陆上焊接环境。建造一个压力容器作为焊接舱安装在工作现场,该焊接舱可以抵御相应水深的水压。水压增加的规律大致是,水深每增加 10 m,水压增加一个标准大气压。在焊接舱就位,并完成对结构物的密封后,排出舱中的海水,然后使舱内压力降至一个标准大气压。潜水焊工可以通过潜水钟进入焊接舱中进行焊接修复作业。

　　虽然常压焊接可以直接采用陆上焊接材料和工艺,拥有巨大的优势,但是常压焊接系统在实际中却很少使用,其主要原因是焊接舱在结构物或者管道上的密封性和焊接舱内的压力稳定性很难保证。常压水下焊接系统可以应用于管道对接作业,在实施焊接操作时,在管道端部采用一个特殊的连接器进行压力密封,焊接舱预先安装在平台结构上,从焊接舱到平台的立管也预先安装好,在焊接舱顶部装有潜水钟锁紧环,其作用是,在准备工作完成之后,运送潜水焊工进入常压焊接舱。

　　需要连接的管道端部是特殊设计的,包括一个缆绳连接点,通过拖动缆绳使管道就位。为达到符合压力要求的密封,在舱壁上有一个与球形密封件配合的承台。作业时,牵引缆绳拖动管道端部进入舱内,将球形密封件装在承台上。通过安装并紧固圆环上的螺栓,夹紧球形密封件,挤压聚合物进行密封。原来的设计是让潜水焊工来完成这些任务,现在发展为可以采用 ROV 来完成。当舱管密封好之后,对焊接舱排水、减压,潜水焊工进舱,切断管道牵引缆绳,使用一段管子进行管道与立管的连接。虽然该系统对于预先设计好的作业来看是合适的,但是将这样的技术应用于实际维修时,难以在防腐配重涂层被清除的表面上形成有效的压力密封。当然,正如下面将要介绍的,如果高压焊接操作不再那么有效,就很有可能要发展常压焊接技术。

　　常压焊接的一种特殊情况是在浅水区域使用围堰的方式。波浪、潮汐以及较大的水深变化,使得浅水区域工作环境很不稳定。有些公司通过采用配备梯子的桶型结构将焊接舱连接到水面,形成常压工作环境来解决这些问题,从而实施常压焊接,如图 4-4 所示。该施工环境的压差较小,可以找到有效的密封方法。虽然需要考虑通风和安全程序,但该技术在某些特殊应用中已经被证明是实用的,并且在检验、维修以及连接作业中得到了应用。

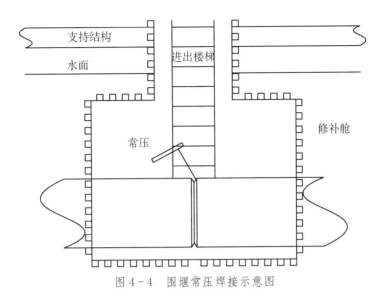

图 4-4 围堰常压焊接示意图

高压焊接是海洋工程中主要结构及管道修复中最为广泛使用的技术,它作为湿式焊接和常压焊接之间的工程折中方案,回避了湿法焊接的湿式环境和常压焊接的舱内、舱外压差问题。焊接修复在一个仅需要抵抗较小压差的、材料质量相对较轻的密封式焊接舱内进行,焊接舱内海水由高压气体排出。简单的流体静力学分析表明,气体和海水在交界面的压力相等,该交界面靠近舱的底部,最大的压差则位于舱的顶部,其内部压力超过外部压力相差很小。采用轻质钢结构、简单的柔性密封就很容易解决这个压差问题,从而使得舱的安装以及密封的操作成为可能。

高压焊接在技术上存在的问题是焊接过程必然承受与水深相应的环境压力。高压环境对所有焊接方法中的气体、熔渣、金属反应等一系列问题均会产生影响,高密度气体加剧了热量从焊接部位的散失。在深水下进行焊接时,随着电弧周围气体压力的增加,焊接电弧特性、冶金特性及焊接工艺特性都要受到不同程度的影响。例如,随着水深的增加,电弧稳定性变差,熔宽越来越窄,余高越来越大,焊缝成形变坏,容易产生焊接缺陷。

4.1.3 局部干法水下焊接

局部干法水下焊接,是潜水焊工处于水中,把焊接部位周围局部区域的水排开,形成一个较小的局部气相区,使电弧在其中得以稳定地燃烧。与湿法水下焊接相比,因为焊接部位局部区域排除了水的干扰,从而改善了焊接接头质量;与干法水下焊接相比,不需要那种大型而造价昂贵的焊接舱。所以说,局部干法水下焊接法,综合了湿法水下焊接和干法水下焊接两者的优点,是一种较先进的水下焊接方法。

局部干法水下焊接是 20 世纪 70 年代兴起的,是当前水下焊接技术研究的重要方向之一,美、英、日等国都取得了较大进展。目前,已有几种局部干法水下焊接方法在生产中得到应用。

(1)气罩式局部干法水下焊接 是在被焊焊件上安装一个透明罩,用气体将罩内的水排出。潜水焊工处于水中,将焊枪从罩的下方伸进罩内的气相区进行焊接。潜水焊工通过罩壁(或观察窗)观察焊接情况,如图4-5所示。这种水下焊接方法大多采用熔化极气体保护半自动电弧焊和手工电弧焊,也可采用非熔化极气体保护半自动电弧焊,实际应用的最大水深是40 m。

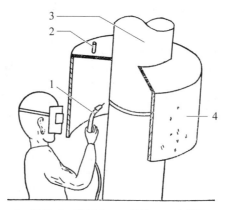

1—焊枪;2—进气孔;3—焊件;4—透明罩。

图4-5　气罩式局部干法水下焊接示意图

这种气罩式局部干法水下焊接属于较大范围局部干法,焊接接头质量较高,但灵活性和适应性稍差。另外,焊接时间一长,罩内烟雾变浓,影响潜水焊工视线。应注意排气,始终保持罩内气体清澈,这是此种水下焊接法必须解决的问题。

(2) 水帘式和钢刷式局部干法水下焊接　水帘式局部干法水下焊接属于较小范围的局部干法,也称为干点式水下焊接法。它是靠双层喇叭状喷嘴的外口喷射出的高压水,在喷嘴的四周形成一个水帘,阻挡外面的水入侵,由内层喷嘴喷出保护气体,形成一个气相区,使电弧在气相区中燃烧,如图4-6所示。保护气体多为氩气或混合气体,使电弧和熔池得到保护。喷射出的高压水还有把逸出的气泡破碎和稳定气相区内压力的作用,有助于保持电弧稳定燃烧。

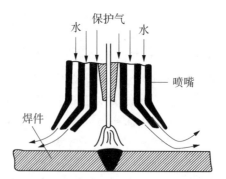

图4-6　水帘式局部干法水下焊接示意图

水帘式局部干法水下焊接的焊接接头强度不低于母材,焊接接头面弯和背弯都可达180°,焊枪轻便、较灵活,但是可见度差的问题没有解决。保护气体和烟尘将焊接区的水搅得混浊而紊乱,潜水焊工基本上处于盲焊状态。另外,喷嘴离焊件表面的距离和倾斜角度要求严格,潜水焊工要具有较高的操作技术,再加上钢板对高压水的反射作用,使这种方法在焊接搭接接头和角接接头时效果不好,因此,这种水下焊接方法很少应用于生产。

为获得稳定的屏蔽,日本用直径为 0.2 mm 的钢丝"裙"代替水帘,喷嘴部分像钢丝刷子一样,故将这种水下焊接法称为钢刷式水下焊接法,如图 4-7 所示。

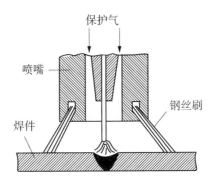

图 4-7　钢刷式局部干法水下焊接示意图

钢刷式局部干法水下焊接克服了水帘式局部干法焊接的缺点,可以进行搭接接头、角接接头的焊接。可采用自动焊,也可以采用半自动焊。但采用半自动焊时,可见度仍不好,还是无法直接看清电弧和熔池情况。这种方法曾用于焊接修复钢桩被海水腐蚀的焊缝,水深是 1~6 m。

(3) 可移动气室式局部干法水下焊接　这种方法是通过一个可移动的一端开口的气室压在焊接部位上,用气体将气室内的水排出,气室内呈气相,电弧在气相中燃烧,如图 4-8 所示。气室直径只有 100~130 mm,故属于干点式水下焊接法。

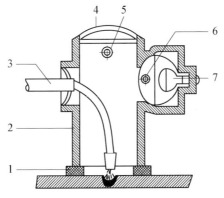

1—密封垫;2—气罩;3—焊枪;4—玻璃;
5—排气孔;6—进气孔;7—照明灯。

图 4-8　可移动气室式局部干法水下焊接示意图

焊接时,将气室开口端与被焊部位接烛,在开口端装有半透明密封垫与焊件柔性密封,半自动焊枪从侧面伸入气室中,在排水气体(国外多采用氩气或富氩混合气,故也是保护气体)将水排出后,便可借助气室中的照明灯看清坡口位置,而后引弧焊接。焊接完成一部分后,移动气室,直至焊完整条焊缝。

可移动气室式局部干法水下焊接技术由美国于 1968 年首次提出,1973 年,由美国 SSS 公司联合组成的跨国公司开始在生产中应用。由于气室内的气相区较稳定,电弧比较稳定,焊接接头质量较好,接头强度不低于母材,面弯和背弯均可达 180°。焊渣无夹渣、气孔、咬肉等缺陷,焊接区的硬度也较低。该种焊接技术在生产中应用的最大深度是 38 m。

但是,这种水下焊接技术也存在如下不足之处:

a. 未能很好地排除焊接烟雾的影响。

b. 气室与潜水面罩之间仍有一层水,在清水中对可见度影响不太大,但在浑浊水中,可见度问题仍未得到解决。

c. 焊枪与气室是柔性连接(软橡胶套连接),焊一段,停一次弧,移动一次气室。焊缝不连续,焊道接头处易产生缺陷。

综上所述,若合理地采用局部排水的工艺措施,可以有效地解决湿法水下焊接存在的三大技术问题,从而提高电弧稳定性,改善焊缝成形,减少焊接缺陷,获得良好的接头性能。

4.2 ▶ 水下手工电弧焊

水下手工电弧焊是典型的水下湿法焊接技术。虽然这种水下焊接技术的接头质量相对较低,但是由于水下手工电弧焊的成本低、使用灵活方便,因此仍广泛地应用于工程生产。目前,国内外还在不断对水下手工电弧焊的焊接材料和工艺进行大量的研究及改进工作,使其焊接质量有较大提高。一些较重要的海洋结构也可采用这种水下手工电弧焊进行补焊。

为了维修和建造海洋结构物而进行的研究开发,促使水下焊接技术取得了持续的进步。水下焊接应用范围在不断发展。例如,海底油气及其他矿物资源生产所需的平台的安装建造、船舶起吊维修、海上打捞营救、海底管道铺设、港口桥梁的定期服务维修,而且这些绝非是水下焊接应用的完整案例。与陆上结构物相比,当今重要海洋结构物的焊接接头的质量级别不能低,也不能存在显著差异,但是,水下焊接的物理化学和冶金过程却是发生在极端严酷环境中。水下焊接的典型特点:热量散发增强、熔池金属富含氢以及环境压力增加,这些需要进行全面的理论和实验研究,并且要考虑水下焊接特殊性。该领域的研究开发应包括冷却速度、氢饱和度、静压力以及其他影响焊接过程和接头质量的因素。应根据钢材的焊接性进行研究,研究特殊的焊接材料、焊接方法和焊接程序。

4.2.1 水下手工电弧焊电弧特性

(1)水下手工电弧焊中电弧气泡的动态特性。电弧气泡是水下手工电弧焊接区别于陆上焊接的特殊现象之一。电弧存在的必要条件是电弧周围电弧空腔也就是所谓气袋的存在。当焊条接触母材时,电流加热接触区域,此时形成气袋。焊条分解之后,电弧在气袋内部燃烧。由焊条涂层分解物、母材与焊条反应物以及电弧中水的分解物组成的气体，促使气袋增长。由于电弧燃烧，气袋体积增长到临界尺寸，然后 80%～90% 的气袋逸出水面，同时形成新的气袋。气袋半径从最小到临界状态的变化范围，淡水中为 0.7～1.65 cm，盐水中为 0.8～2.3 cm。气袋中的气体交换相当密集，其成分通常认为每秒更新 8～10 次。气袋中的氢气含量提高了静水压力，周围气流冷却作用增强，导致电弧收缩。因为电弧收缩，电流密度为 11 200～14 280 A/m^2，这是空气中相同半径焊条电流密度的 5～10 倍。熔滴温度范围建议为从 2 560 ℃ 到能使金属沸腾的温度。

气袋气体由 62%～92% 的 H_2，11%～24% 的 CO，4%～6% 的 CO_2、O_2、N_2 和微量气态金属构成。因为电弧气氛内氢的含量很大，所以氢脆敏感性成为关键的问题。

焊接区域的冷却速率比空气中 200～300 ℃/s 的速度快 2～3 倍。快速冷却导致 HAZ 硬度高，淬火、气孔和夹液导致 HAZ 冲击功低以及较差的焊缝外观。

周围水压对热力学、动力学以及电弧与熔池之间复杂反应的平衡都有明显的影响。水压导致熔融金属中气体溶解度增加，所以，随着水深增加，水下湿法焊接接头中的氢气和氧气含量增加，从而使深水焊接中气孔和非金属夹渣成为突出的问题。因为上述原因，所以水下湿法焊接要获得与在空气中同样的接头质量是相当困难的。

(2) 水下手工电弧焊电弧的物理特性。水下手工电弧焊电弧的基本结构如图 4-9 所示。焊条及工件作为两个电极，与电源正端或负端连接时，分别称为阳极或阴极。图 4-10 表示了正极性连接及反极性连接间的区别。焊条接于电源负端而为阴极时，是正极性连接。电流从阳极（＋）流向阴极（－），但电子的实际流向却正好与此相反。电子流对阳极（＋）的碰撞，使阳极吸收了总热量的 80%。由于阳极（＋）和阴极（－）吸收热量的差异，所以在焊接过程中，正极性连接和反极性连接的结果也会有很大的不同。

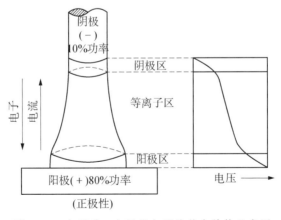

图 4-9 水下手工电弧焊电弧的基本结构示意图

通过图 4-9 可以进一步观察水下手工电弧焊电弧的结构。电弧柱可分为三个区域：①阳极区；②等离子区；③阴极区。在阳极区和阴极区中，电压降落非常明显。这说明了由于电极的熔化，两个电极中热量的损失相当大。同时，这两个区域中的温度也远较等离子区的温度低，而且热量也不平衡。相对于整个弧长（2～3 mm）来说，阳极区和阴极区是非常窄小的（$1 \times 10^{-1} \sim 1 \times 10^{-4}$ mm）。在等离子区中,绝大部分的水分子及气体分子被分解成原子状态,然后,原子又被分解为正离子和电子,从而形成一个高温等离子流。这些粒子杂乱无章地以极高的速度在等离子区内运动。但相对于热流速度（温度）来说,它们的漂移速度还是较低的。电子及正离子分别向阳极（＋）和阴极（－）移动,其速度与压缩电弧的电磁力有关,并与电流成正比。图 4-10 指示出了正极性及反极性连接时带电粒子移动的方向。

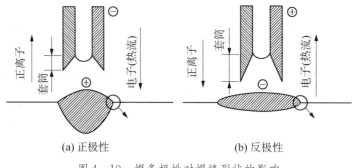

(a) 正极性   (b) 反极性

图 4-10   焊条极性对焊缝形状的影响

电弧形状将随最小电压降产生相应的变化。阳极斑点及阴极斑点是电极中热量损失最小的地方。而且,阴极斑点还会在阴极区内跳动,不断地转移到容易发射电子的某一区域中。

尽管水下电弧的具体条件不同,但是电弧发生的物理过程和空气中极度相似。采用高速摄影、X-射线摄影,同步结合电流-电压示波器,可以知道,尽管水蒸气气泡周期性变化,但是,只要电极与工件之间的距离不变,那么电弧电势恒定。这个事实证明,电弧的产生过程基本不依赖于弧柱与气泡壁之间的距离。高速摄影和 X-射线摄影的结果表明气泡比弧柱大。因此,如果水下手工电弧焊电弧在气泡中的发展不受电极尺寸限制,电弧不被喷射气体吹破,并且不被特殊结构喷嘴约束,那么可以把水下手工电弧焊电弧看作是自由电弧。据此,如果考虑一些附加特性,自由电弧模型方程可以用来估计水下手工电弧焊电弧的主要特征。计算数据和实验结果表明:在 0～100 m 水深范围内,水深每增加 10 m,电弧电压平均增加 1.5～2 V;在 100～300 m 水深范围内,水深每增加 100 m,电弧电压平均增加 4.5～5 V。采用电弧电压水深公式 $U_a = f(H)$ 获得的数据,与日本研究人员的实验数据表现出很好的一致性。

采用了专门的微机分析仪 ANP-2 来研究水下药芯焊丝的电弧燃烧和熔滴过渡特性,该仪器能测量电弧参数随时间的变化,并且把所获得的信息记录为图表和数字。研究结果表明,电弧持续时间、短路电流频率和熄弧频率随着水深增加而明显增加,焊接过程稳定性恶化。观察结果表明,焊接电流的增加与短路电流的增加密切相关。把稀有金属加入药芯焊丝,能够明显提高电弧的稳定性,短路和熄弧时间减少约一半。

电弧和电弧间隙等主要参数与水深之间的关系,可以借助于物理-数学模型进行理论研究。电弧参数与水深关系的计算结果如表 4-1 所示。弧柱温度、电弧长度、弧柱半径和熔滴半径与水深的关系如图 4-11 所示。数据表明,电弧参数的重大变化发生在水深 300~400 m 处。随着水深进一步增加,参数趋于稳定。

表 4-1　电弧参数与水深关系的计算结果

水深/m	0	20	100	280	820	2 440
弧柱温度/K	8 170	8 550	8 590	9 370	9 810	10 270
电弧长度/mm	2.5	2.08	1.73	1.45	1.2	1.0
弧柱半径/mm	1.1	0.92	0.76	0.63	0.53	0.44
熔滴半径/mm	1.98	1.89	1.79	1.67	1.55	1.38

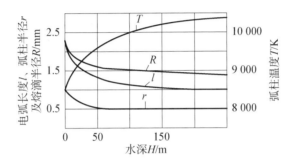

图 4-11　弧柱温度、电弧长度、弧柱半径及熔滴半径与水深的关系

电压-电流静态特性评价是焊接电弧研究的基本问题之一。巴顿焊接研究所采用直径为 4~6 mm 的水下焊条 MMA 焊和细实心焊丝湿法半自动焊,开展了该项研究。实验证明,水下燃烧电弧的电压-电流静态特性曲线呈凹形,如图 4-12 所示。在电流为 130~200 A 的范围内,电压 U_a 的最小值与电流相对应,具体数值取决于电极直径和电弧长度 l。因为电压-电流静态特性曲线呈凹形,水下燃烧电弧比常规条件下的电弧弱。水下燃烧电弧的电压-电流静态特性凹形曲线,可以用电弧压缩来解释:①氢气和水压导致冷却效应加剧;②电极端部几何尺寸制约导致阴极斑点集中和焊接电流增加。

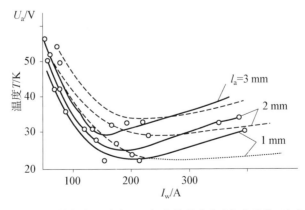

图 4-12　水下燃烧电弧的电压-电流特性曲线(直流反接,淡水环境)

对比淡水和海水焊接,示波器显示表明,随着盐度的增加,焊接过程的稳定性增加,引弧时间缩短。淡水引弧时间为 0.98 s,而含盐量为 3% 和 4% 的盐水,其相应的引弧时间分别为 0.56 s 和 0.36 s。数据说明,在淡水之中获得稳定的焊接过程和高质量的焊接接头要比在海水之中更加困难。海水的稳定作用可以用盐的分解来解释。已经证明,氯的消极影响并不是表现为低活性阴离子对电弧稳定性的影响,即低活性氯离子不能及时表现其对电弧的不利影响,或者说是氯离子不足以打乱电弧在海水中的燃烧。

由于水下焊接的电源安装在船上,电源不可能接近焊接区域,因此,特别是对于深水焊接,外部电线的长度意义突出。由于电弧电压的明显下降和电源的平特性,输出电压降低,因此,对于送丝速度不变的半自动焊而言,电弧的稳定性恶化。当采用这种连接方式进行机械化水下焊接时,通过自适应调节系统,着力于确定典型干扰与弧长之间关系的可行性分析研究得以开展。半自动焊接外部焊接电路总电阻的计算表明,随着水深增加,电源的电压-电流刚性显著降低,如图 4-13 所示。其结果是,"电源-电弧"系统的稳定系数 (k_s) 显著增加。由于与电弧长度变化 (τ_a) 相对应的持续时间随着水深增加而显著增加,所以,自调节能力降低。实际上,对于研究的水深范围而言,水下电弧自适应系统保持稳定(见表 4-2)。

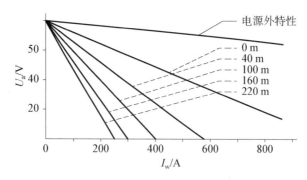

图 4-13　电源的电压-电流刚性与水深关系

表 4-2　不同水深弧长自调节计算数据

水深/m	外部电路电阻/C	空载电压/V	电源外特性斜率/(V/A)		稳定系数 k_s	持续时间 L/s
			电源	电弧		
0	0.049	39～41	−0.01	−0.059	0.059	0.292
40	0.108	62～65	−0.01	−0.118	0.118	0.429
100	0.167	80～84	−0.03	−0.197	0.207	0.619
160	0.226	100～104	−0.04	−0.266	0.306	0.811
220	0.285	118～120	−0.06	−0.345	0.435	1.013

研究表明,水下半自动焊接自调节系统的响应速度取决于电源电压-电流外特性曲线斜率、弧柱的电场强度以及焊接电流和电弧电压自调节系数。虽然,空气中焊接的这些规

律已经掌握,但是,水下焊接自调节过程的特殊性在于外部电阻非常之大,导致自调节系统刚性显著下降,以至与空气中的焊接相比,弧柱电场强度和电流自调节系数对自调节系统的影响显得微不足道。降低外部电路电阻对于提高电弧自调节能力、改善焊接质量是最有效的方法,深水焊接尤其如此。

4.2.2 水下手工电弧焊的设备及材料

水下手工电弧焊的焊接设备相对来说比较简单,主要是由焊接电源和水下焊钳组成。焊钳与焊接电源之间用焊接电缆连接。水下焊接时,焊接电源放在陆地上或工作船(或海洋平台)上,潜水焊工可将焊钳带到工作地点再实施焊接任务。水下手工电弧焊焊接回路如图4-14所示。

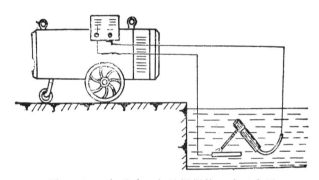

图 4-14 水下手工电弧焊焊接回路示意图

1) 焊接电源

到目前为止,水下手工电弧焊依然没有专业电源,所采用的焊接电源还是陆地上手工电弧焊的焊接电源。

水下手工电弧焊的焊接电源按输出电流的种类分为交流和直流两大类。按结构形式可分为直流弧焊发电机、交流弧焊变压器和弧焊整流器。

直流弧焊发电机具有电弧稳定、经久耐用和电网电压波动影响小等优点。但因其耗材量大、空载电能消耗过大、结构复杂、制造成本和维修费用高等缺点,电动机驱动直流弧焊发电机目前在国内外均已被淘汰,而内燃机驱动直流弧焊发电机在无电网的野外施工中的使用仍然较为普遍。交流弧焊变压器是将电网的交流电转变成适于弧焊的低压交流电。与直流弧焊电源相比,它具有结构简单、制造方便、工作可靠、维修容易、效率高和成本低的优点,在焊接生产中的实际应用较广。弧焊整流器,如晶闸管弧焊整流器和逆变式弧焊整流器具有引弧容易、电流稳定、焊接飞溅少、节电效果显著、耗材少、质量轻、噪声小、维修方便、价格低以及技术拓展余地广阔等优点,目前已得到了广泛的应用。

从弧焊电源控制系统的类型分析,各种弧焊变压器、直流弧焊发电机和硅二极管整流电源均属于电磁控制弧焊电源,而晶闸管整流电源、晶体管整流电源和各种逆变式整流电源则属于电子控制弧焊电源。无疑,后者的性能大大优于前者。最近,在逆变式整流电源的基础上成功开发了全数字控制智能型焊条电弧焊电源,不仅可使电源的输出特性满足焊条电弧焊的工艺要求,而且还赋予一定的人工智能,确保焊接质量持续稳定,并可降低对焊工操作技能熟练程度的要求。目前在国外,这种先进的弧焊电源已投入商品化生产。

水下手工电弧焊,从焊接工艺和安全考虑,宜用直流电源。直流电源的电弧稳定,焊接工艺性能比交流电更好。交流电比直流电危险,在同样电压下,交流电对人体的损伤比直流电严重,特别是水下焊接,电源一般设置在船上,不能接地,交流电就更加危险。

为安全起见,直流电焊机的空载电压在保证引弧的前提下,应尽可能低一些。但在目前我国尚未设计生产水下专用焊机前,一般选用陆上定型生产的直流电焊机,亦可选用硅整流电源。实践证明,采用陆上用的弧焊发电机及弧焊整流器基本能满足需要。常用的有 AX - 500 型弧焊发电机,ZX - 400、ZX - 500、ZX - 630 等弧焊整流器。从节能角度考虑,尽量不用弧焊发电机,也可采用高空载电压的逆变焊接电源。其他型号的电焊机可查阅相关产品目录。

2) 水下电焊自动开关

由于目前电焊机的空载电压一般在 70 V 左右,当电弧未引起之前,如果焊条末端触及人或装备的金属部分,会引起瞬间内电压升高,对于潜水焊工是很危险的。所以,从电焊机接到焊钳的线路内,应当安装一只闸刀开关。当更换焊条或中间停歇时,必须用闸刀开关切断电路,待一切准备工作做好后,方可将闸刀开关合上。闸刀开关应由专人管理,在潜水焊工的指挥下进行操作。

在电弧焊接电路上,也可另外安装一套自动开关,以代替人工操作的闸刀开关。这种自动开关应满足以下两项要求:第一是保证潜水焊工的安全,第二要保证焊接的质量。为此,自动开关应有以下的特性:既要在电焊条未触及工件前保证二极间只有一个很低的安全电压,如在 15 V 以下(在海水中应更低些),又要在引弧时,电焊机立即升到正常的空载电压,引弧后电焊机能保持在正常的工作电压;在焊接过程中为了保证焊接的质量,中途因故断弧时,电压不应立即降到安全电压 15 V 以下,而应该能够立即跳到空载电压以便续弧。为了满足上述安全和续弧的需要,自动开关应保证在焊接过程电弧中断时,能在延时 1~3 s 电压不但不降到安全低压,而且能立即跳到空载高电压。在过了这段延续时间后,再降到安全电压,此时潜水焊工就可以更换电焊条。

根据自动开关的以上特性,在水下焊接时,潜水焊工不可在断弧后,立即用手去换焊条,而应该在相隔几秒钟以后换焊条,以免受到电击。自动开关必需保证质量,在使用过程中要经常检查,以免失效而发生危险。

3) 水下焊钳

水下焊钳的作用与陆地上的焊钳相同,由于水是导体,将陆地上用的焊钳直接用于水下焊接作业非常容易引发触电事故,所以,水下焊钳是一种要求绝缘性较高的专用焊钳。水下焊钳的种类较多,但其基本结构仍是大同小异。图 4 - 15 是常用的圆筒形水下焊钳示意图。图 4 - 16 是水下电焊和水下电-氧切割两用钳,主要用于进行水下焊接和切割联合作业。如果单纯是水下焊接作业,采用专用焊钳即可,这样更轻便灵活。

水下焊接时,尤其是在海水中焊接,焊钳易被海水电解和腐蚀,使夹头部位损坏,从而导致夹紧力不足,使焊条松脱,或焊条和夹头间打弧而烧结。为了延长焊钳使用寿命,对

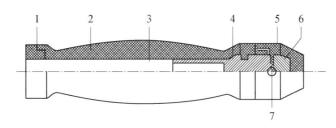

1—尾部绝缘外壳；2—本体绝缘外壳；3—导线孔；4—铜质本体焊条夹块；
5—夹头部绝缘外壳；6—铜质头部夹头；7—焊条插孔。

图 4-15　圆筒形水下焊钳示意图

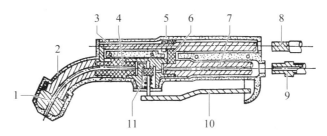

1—焊钳夹头；2—气密胶碗；3—导电铜排；4—绝缘接头；5—绝缘塑料外壳；
6—绝缘体；7—进气管道；8—电线；9—氧气管接头；10—阀门压柄；11—氧气阀。

图 4-16　水下焊接、电割两用钳示意图

焊钳经常进行保养是很必要的。潜水焊工对焊钳应注意如下维护工作：

（1）注意检查绝缘性能。水下焊钳多用橡胶套绝缘密封，长时间使用，橡胶会老化进而龟裂，从而降低了绝缘性能。因此，应经常检查，及时修补。如果绝缘电阻低于允许值，则不能使用。

（2）应经常检查夹头的夹紧力和接触状态，确保夹持焊条牢靠，导电良好。

（3）注意夹紧弹簧工作情况。如发现损坏，要及时更换。

4）水下焊条

（1）水下焊条的性能特性　由于在水下湿式的特殊环境下进行焊接，当电弧在水中直接燃烧时，确保焊缝金属与母材具有相同性能非常困难，所以，许多年来，禁止在重要结构的水下焊接修复时使用湿式焊接。半自动药芯焊丝电弧焊是这一领域的重要发明，但是，该方法并不能解决水下弧焊焊接的所有技术问题。到目前为止，水下手工电弧焊的工业要求仍然存在。即使是广泛使用的碳素钢和低合金钢，目前还没有一种特殊的焊条，能够保证焊缝外观满意，可以用于空间所有位置成形，以及使焊缝金属与母材具有相同性能。

在多数情形下，水下焊接必须采用水下专用焊条。这些焊条的唯一特点是具备防水涂层，能够阻止涂层矿物部分与水直接接触。这种方式，能够保证焊缝金属与母材强度相等，但是塑性差，延伸率不超过 9%。

在 20 世纪 60 年代的独联体国家中，水下手工电弧焊条发展到采用铁氧化物涂层的

阶段就停滞不前了。焊缝金属的机械性能,尤其是塑性,比广泛使用碳素钢和低合金钢的要求低很多。这种焊条不能形成质量满意的焊缝,在非平焊位置尤其如此。

为了提高焊接质量水平,使得焊条可以在不同位置进行焊接,需要对水下手工电弧焊的焊接冶金和工艺特性进行研究。

a. 焊缝外观　应该保证焊缝金属和母材的平稳过渡,因为去掉像焊瘤和严重咬边这样的缺陷是不可能的。不同涂层焊条的比较试验表明,金红石涂层焊条的焊缝外观工艺性能较好。试验结果表明:对于金红石熔渣而言,熔点较低、冷却区间较窄以及与母材之间优良的浸润性能。

为了研究上述焊条配方,选择了 5 种涂层组分进行研究,均由 3 种物质构成:TiO_2 - SiO_2 - CaF_2,TiO_2 - SiO_2 - $CaCO_3$,TiO_2 - CaF_2 - $CaCO_3$,TiO_2 - CaF_2 - Fe_2O_3,TiO_2 - CaF_2 - FeO - TiO_2。采用表 4 - 3 所示的标准,对实验焊条的焊接工艺性能进行了总体评价。

表4-3　在水下湿式焊接条件下试验焊条性能的经验评定标准

焊　缝　外　观	熔渣特点及其清除	总体评价
焊缝表面波纹幅度小,平滑过渡到母材	粗渣自行完整脱落	9~10
焊缝表面凹度较大,没有咬边	粗渣通过锤子轻敲脱落	7~8
焊缝表面凹度较大,且沿长度不一致,存在咬边	粗渣通过金属刷清除	5~6
焊缝表面不好,存在焊瘤和严重咬边	细渣部分覆盖焊缝表面,清除困难	3~4
焊缝不能形成	—	2

通过实验数据模型对焊条药皮成分特性对焊接工艺性能的影响进行了回归分析。

图 4 - 17 表明,可接受组分与图形的"金红石"角相邻。除 TiO_2 - $CaCO_3$ - SiO_2 以外的所有体系,添加的第三种成分扩展了区域,但是焊接工艺性水平没有提高。TiO_2 - SiO_2 - $CaCO_3$ 系统最佳,其性能研究评分达到 9~10。根据给定数据,其对应的成分 56%~80% TiO_2、15%~33% SiO_2 和 3%~20% $CaCO_3$ 可以认为是最适合涂层成分。

适应性测试是采用上述区域之内的涂层配方实验焊条来进行的。在实验室储水容器之内,对 St3 型低碳钢进行湿式焊接,焊接电流值在 120~200 A 时,获得了焊缝。其最大、最小电流之下的焊接接头断面典型照片如图 4 - 18 所示。该图表明,焊缝到母材的过渡平滑。此外,焊缝表面波纹幅度小,粗渣能够自行完整脱落。所以,可以认为红金石-长石-石灰石的涂层可以达到表 4 - 3 所示的最高级别评估标准的要求。

b. 电弧稳定性　电弧燃烧特性和熔融金属过渡的研究,是以 PC/AT386 计算机信息测量系统辅助完成的。该系统提供水下手工电弧焊过程中电参数与时间关系的自动分析以及过程信息的统计规律。

采用金红石+10%长石涂层的实验焊条进行水下焊接,其电压、电流波形如图 4 - 19 所示。该过程存在瞬时短路,但是稳定。典型的下行焊接电流与电弧燃烧电压柱状关系如图 4 - 20 所示。可以看出,参数分布为两种模式,一种分布较多,而另一种分布较少。

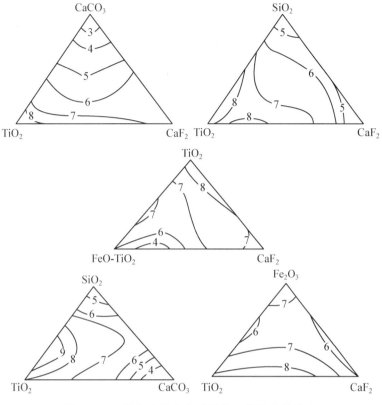

图 4-17　焊条涂层成分对焊接工艺性能的影响

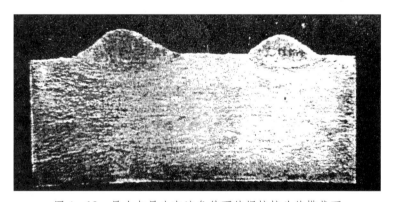

图 4-18　最大与最小电流条件下的焊接接头的横截面

分布较少的是短路瞬时电流和电压,从而不会导致电弧中断。

上述数据的条件是下行焊接、焊接电流 190 A。当电流减小到 150 A 并且过渡到仰焊位置时,焊接稳定性变差,与图 4-21 所示的统计图形状一致,表明产生了电弧中断现象。但是,短路电流的持续时间为 8 ms,明显小于空气中焊接的短路电流持续时间 12~14 ms 的极限值。

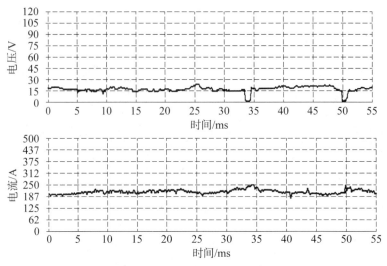

图 4-19 电压和电流波形片段

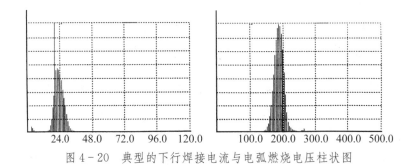

图 4-20 典型的下行焊接电流与电弧燃烧电压柱状图

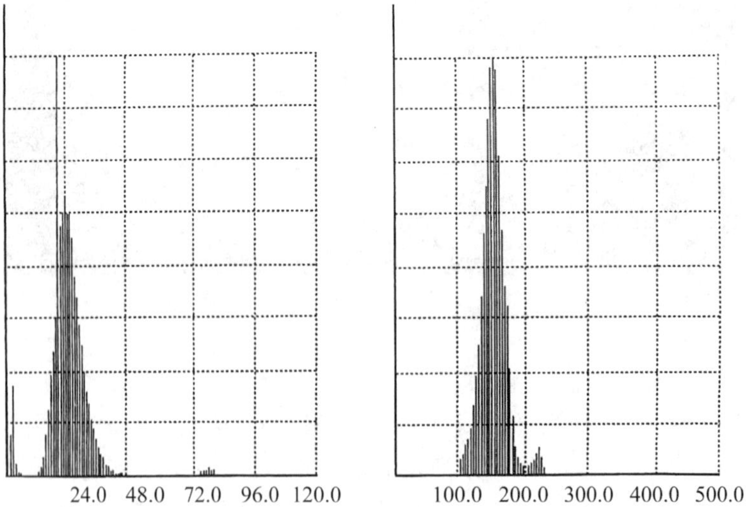

图 4-21 仰焊电流与电弧燃烧电压柱状图

综上所述,可以形成以下结论:采用金红石涂层焊条进行水下焊接,电弧稳定性可以满足在任何空间位置进行焊接的要求。添加石灰石,可以提高电弧稳定性。但是,短路电流持续时间缩短、短路数量减少。与空气中焊接相比,添加氟石可以有效地降低扩散含量,提高焊缝表面质量,同时不影响电弧燃烧过程。这种现象可以解释为:蒸气气泡含有大量的氢,在此条件下焊条氢的影响可以忽略不计。根据水下电弧稳定性的观点,如果有必要提高以金红石为基础成分的焊条的焊接工艺性能,那么在涂层中加入氟石是安全的。

　　c. 合金化焊接接头结构及其性能　对于水下焊接而言,在多大范围之内,为焊条添加合金成分,使之与碳、锰、硅共同控制焊缝金属的化学成分成为可能,以及这些成分对焊接接头结构及其机械性能有何影响,这些问题正在研究之中。

表 4-4　金红石涂层实验焊条的成分

序号	金红石/%	长石/%	氟石/%	大理石/%	赤快矿/%
1	69～86	9～12	—	—	—
2	58～73	—	20～25	—	—
3	58～73	—	—	20～25	—
4	58～73	—	—	—	20～25

　　注:上述所有焊条涂层都包括 0.5%～4% 的石墨、2%～16% 的铁矽、5%～20% 的锰和 2% 的碳酰基甲基纤维素。

　　巴顿焊接研究所试验了表 4-4 中所列的 4 种焊条。焊缝金属中碳、硅和锰的关系已经确定,并且其在涂层中的含量如图 4-22 所示。该关系与普通条件下焊接的关系相同,但是,从数量角度而言,上述元素过渡数量急剧减少,特性数据如下:碳 0.15%～0.20%,硅 0.3%～0.5%,锰 0.06%～0.15%。焊接金属化学成分控制的可能性证明了水下手工焊存在的可行性,并且这种可行性与形成气体或者熔渣的涂层成分密切相关。如果氟石和长石添加到金红石涂层中,那么存在焊缝金属合金化效果显著的可能性。

　　为了评估合金元素对焊接接头结构及其机械性能的影响,选用了表 4-4 中系列 1 的焊条涂层进行实验。加入石墨、铁矽、锰铁,减少涂层矿物比例,焊条的焊接工艺性能严重恶化,根焊时尤其如此,从而水下焊接焊缝金属合金化在某种程度上是受到限制的。因此,上述成分的总量以不超过 10% 为宜。

　　为了金相研究和机械性能测试,焊接成了 St3 型低碳钢的接头。焊缝焊接 6 层,硅和锰的范围:$0.09\% < Si < 0.34\%$,$0.06\% < Mn < 0.44\%$。

　　金相学研究表明,所有样品焊缝金属的微观结构实际上是相同的,即由一系列的铁、碳混合物组成,如图 4-23 所示。需要注意的是,其微观结构的主要特点是颗粒细化。当合金成分含量最大时,焊缝金属硬度不超过 201 HV。锰和硅对于多层接头抗拉强度、屈服强度和塑性的影响如图 4-24、图 4-25 所示。可以看出,在上述范围内,加入硅对于这些特性没有明显影响,但是加入锰的影响显著。锰含量达到 0.2% 时,只有塑性提高;锰含量超过 0.2% 时,抗拉强度和屈服强度都会提高,但是塑性降低。同时加入硅和锰,不会改变焊接接头机械性能。为了保证塑性不低于 14%,焊缝金属中锰含量必须达到

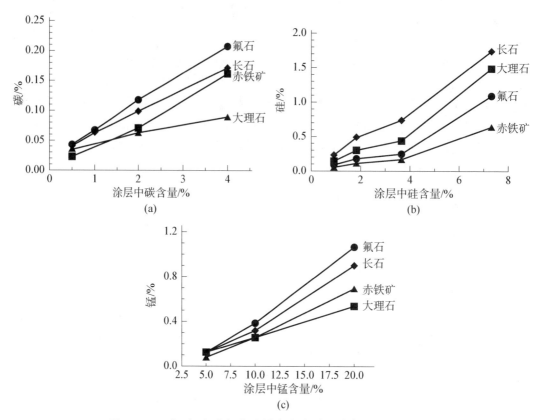

图 4-22　碳、硅、锰在焊缝金属中的关系及其在涂层中的含量

0.35％。此时,接头抗拉强度为 440~470 MPa,屈服强度超过 350 MPa,这个性能水平能够满足母材与焊缝金属性能相当的条件。

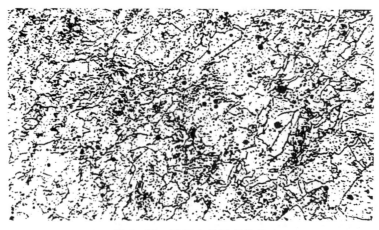

图 4-23　焊缝金属微观结构

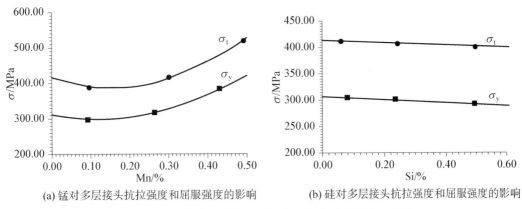

(a) 锰对多层接头抗拉强度和屈服强度的影响　　　　(b) 硅对多层接头抗拉强度和屈服强度的影响

图 4-24　锰和硅对多层接头抗拉强度和屈服强度的影响

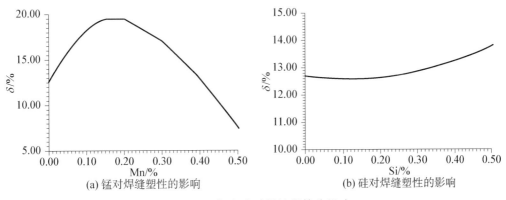

(a) 锰对焊缝塑性的影响　　　　(b) 硅对焊缝塑性的影响

图 4-25　锰和硅对焊缝塑性的影响

　　d. 防水涂层　焊条防水涂层对于焊缝形成以及便于潜水焊工作业有着重要作用。焊条涂层必须具备一系列性能,如亲和矿物涂层、疏水性、绝缘性和可制造性。已经证明,最合适的化合物是聚乙烯,如彩色防水涂层化合物主要成分是高压粉末聚乙烯。巴顿焊接研究所研发了厚度为 $50 \sim 125\,\mu m$ 涂层的测量技术,其基础是震动漩涡法,如图 4-26 所示。

　　实验装置由两个分室组成,彼此之间由多孔渗水隔离物分隔。上部分室用于充填散布原料,下部分室包括电磁振荡器和通道,该通道或者用于空气供应,或者是在压力作用下将惰性气体引入第一个室的通道上部分室。焊条防水涂层加热到某一温度时,上部分室形成假流体状聚乙烯粉末环境,完成防水涂层测量。

　　涂层完整的焊条批量实验,是在淡水及盐水环境进行的,结果表明焊条符合上述要求。可以保证消除涂层矿物部分浸润以及在 18% 盐水中电腐蚀等现象。疏水层均匀燃烧,不形成会导致潜水焊工作业困难的边或者毛刺。

　　水下焊条的使用贯穿整个金属结构厚度的裂缝、表面腐蚀的焊接以及补板焊接,所有

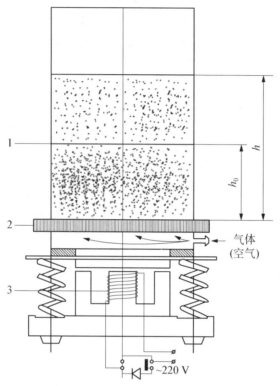

1—粉末的涡流室;2—孔状隔离物;3—电磁振荡器。

图4-26   焊条防水涂层测试实验装置

这些工作都是在水环境和薄层水下完成的,如图4-27所示潜水焊工正在实施水下手工电弧焊作业。

图4-27   水下手工电弧焊

巴顿焊接研究所研发的 EPS - AN1 级水下焊接涂层焊条,其形成的焊接接头屈服强度达到 350 MPa,符合大多应用情况的要求。焊条能够保证焊缝金属塑性不低于 14%,焊缝金属和母材强度相等。该焊条的重要特点是可以用于任何空间位置的水下焊接,满足 AWS D3.6 M 规范 B 级接头的要求。

　　(2) 水下焊条组成及选择　我国从 20 世纪 60 年代初,就开始生产水下焊条,但发展较慢,直到 70 年代末,随着开发海上石油事业的兴起,才开始对新型水下焊条的研究。到目前为止,无论在焊条的工艺性上,还是在接头性能等方面都已有较大改善。

　　水下焊条由焊芯、药皮、防水层三部分组成,如图 4 - 28 所示。

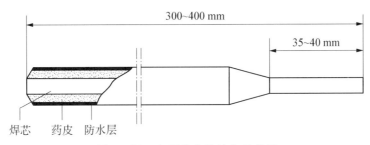

图 4 - 28　水下焊条的结构示意图

　　焊芯是焊条中的钢芯。焊芯在电弧高温作用下与母材一起熔化形成焊缝。焊芯的成分对焊缝成分及性能有很大的影响。目前国内生产的几种水下焊条所用的焊芯主要是低碳钢焊芯。所谓的焊条直径,就是指焊芯直径。我国生产的水下焊条直径主要有 3.2 mm、4.0 mm、5.0 mm。焊条长度,也是指焊芯长度,一般为 350~400 mm。

　　焊条药皮由各种矿物、铁合金、有机物、水玻璃等原料组成。按它起的作用通常可分为稳弧剂、造渣剂、造气剂、脱氧剂、合金剂、稀渣剂和黏结剂等。

　　防水层是水下焊条的特殊结构,涂在药皮外表面,以防止水浸入焊条药皮内部。防水层常用的材料有油漆、聚氯乙烯、酚醛树脂等。

　　由于水下焊接特殊的焊接环境,需要对水下焊条提出以下特殊要求:

　　应具有良好的引弧性能。采用水下手工电弧焊进行焊接作业时,水下环境的能见度比较差,潜水焊工很难看清焊接部位。此外,被焊件的表面一般是不光洁的,甚至有铁锈,再加上有水的存在,使引弧困难,因此要求水下焊条的引弧性能好。

　　电弧燃烧要稳定。由于水流的影响,水对电弧有强烈的冷却作用,加之焊件表面不清洁等原因,都会使电弧容易熄灭,故水下焊条应有较好的电弧稳定性。

　　焊条药皮防水性要好。焊条吸潮后,焊接过程中焊条受热,药皮内部水分急剧气化,将药皮涨裂而脱落,严重影响电弧稳定性,甚至无法进行焊接。

　　焊条熔化金属流动性要适中。水下焊接焊缝冷却快,如果熔化金属流动性不好,焊缝会变得高而窄,易造成未熔合和夹渣等缺陷。

　　采用手工电弧焊进行水下焊接时,尤其是在海水中进行焊接作业,焊钳很容易被海水电解和腐蚀。水下电焊条与陆上电焊条一样是由金属焊条芯及涂料(即药皮)两部分组成的。水下电焊条的药皮有钛铁矿型、钛猛型、氧化钙低氢型等,内含树脂或外涂防水剂,有良好塑性,密度均匀且不透水。涂料层的燃烧速度比焊条芯稍慢,从而能够在焊条头上形成一个长约 2～3 mm 的"套筒",起着保护水下电弧稳定的作用。涂料成分应当能使飞溅较少、容易脱渣,而且在燃烧后,不致影响焊缝质量。

如上海产的"特 202"水下电焊条,是一种水下焊接用低碳钢电焊条,它适用于直流电源。在水下施焊时,电弧稳定脱渣容易、焊缝成形美观和焊接工艺性能较好。焊条药皮有防水层,无论在淡水或海水中都可进行焊接。焊缝化学成分:碳≤0.12%,锰 0.3～0.6%,硅≤0.25%,硫≤0.035%,磷≤0.04%。机械性能:抗拉强度≥42 kg/mm²。焊条直径和焊接电流关系如表 4-5 所示。

表 4-5　焊条直径和焊接电流关系

焊条直径/mm	3.2	4	5
电流/A	110～150	160～200	180～320

又如天津产的"TSH-1"水下焊条,据厂家的产品说明用钛钙型涂料,在焊接工艺方面,电弧燃烧稳定,飞溅很少,脱渣、焊缝成形和抗水性能较好,在焊接过程中无浊雾产生,宜用直流电源,可进行全位置焊接。焊缝化学成分:碳<0.10%,锰 0.35～0.65%,硅<0.2%,硫<0.05%,磷<0.05%。机械性能:抗拉强度≥42 kg/mm²,延伸率≥10%,冲击值≥5 kg/cm²。焊条直径和焊接电流关系如表 4-6 所示。

表 4-6　焊条直径和焊接电流关系

焊条直径/mm	焊条长度/mm	电流/A
4	400	200～280
5	400	250～350
6	400	320～420
7	400	350～500
8	400	400～600

焊条的工艺性能主要取决于涂料。如果用赛璐珞和水玻璃作为涂料的防水剂和黏结剂,在保存较久后,通过电流尤其在海水中施焊时,多半有不同程度的电解、溶化和脱落现象,导致水中漏电,对潜水焊工带来很大危险,严重时甚至无法使用。根据经验,在海水中一般不宜用水玻璃作为药皮的黏结剂,而以用树脂类黏结剂为好。

水下涂药焊条手工焊一般采用直流反接法,即电焊条接电焊机的正极。这样焊条上的温度高、熔化快、焊缝成型美观,但在海水中易于受到电击。为安全起见,潜水焊工应戴上橡皮手套。

4.2.3　水下手工电弧焊焊接工艺

水下手工焊条电弧焊的焊接工艺主要包括焊前准备、焊接工艺参数的确定和焊接操作技术。

1）焊前准备

水下手工焊条电弧焊时，应在焊接前进行以下准备工作：焊前检查、焊接接头的表面清理和焊条的预处理。

（1）焊前检查应包括水下焊接施工场地的检查、焊接设备和焊接装配质量检查。

焊接施工场地的检查：应首先检查施工平台或船只甲板的安全设施是否完好，检查被焊件周围水下环境是否适合潜水焊工进行水下焊接，清除施工区域的障碍物。

焊接设备的检查：应仔细检查焊接设备及附属设备是否处于完好状态，必要时进行试焊，以检查电流表是否准确、焊接电缆接头是否压紧、导电是否良好等。如焊接设备出现任何故障，应及时报修处理，恢复正常后才能投入生产使用。

焊件装配质量的检查：焊接前应对焊件的装配质量进行认真检查，接头的装配间隙、内外错边应符合相关制造技术条件和焊接工艺规程的规定。如发现超差，则应退回上道工序重新装配，合格后才能施焊。

（2）焊接接头的表面清理。水下焊接前应派潜水焊工先行入水，将被焊件接头内外表面所有油污、锈斑、氧化皮等清理干净。这些表面污染物都会对焊缝质量产生不良的影响，严重时将引起气孔、裂纹等缺陷。

无论对碳钢和低合金钢，还是不锈钢和镍及合金等金属材料，焊前清理是保证水下焊接质量不可缺少的工序。

（3）焊条的预处理。为了使普通药皮焊条在水下焊接时保持原有的优良操作性、抗气孔性能以及保持低氢型焊条焊缝金属达到要求的低氢含量，待使用的焊条应进行适当的预处理。由于国产焊条大多数采用简易塑料袋包装，在搬运和运输过程中很容易受损，从而使焊条从大气中吸收水分。药皮中过量的水分会降低电弧的稳定性，加剧飞溅，严重时还会引起气孔。因此，焊条应尽量采用密封包装或真空包装。

2）焊接工艺参数的确定

焊接工艺参数对焊接质量和生产效率影响很大。因此，如何选择合适的焊接工艺参数是很重要的。水下手工电弧焊常涉及的工艺参数有焊条直径、焊接电流、电弧电压、焊接速度、焊道层次等。但是，由于实际情况不同（如焊接结构材质、焊件装配质量、施工现场水文情况、潜水焊工操作技巧水平及习惯等），同样的焊件可以选择不同的工艺参数。因此，对工艺参数不能做统一规定，只能从原则上做简要介绍。

（1）焊条直径的选择　焊条直径一般应根据焊件厚度、接头形式、焊缝位置、焊接层次等条件来选择。表 4 - 7 所示为根据焊件厚度而选择的焊条直径的参考值。

表 4 - 7　焊条直径的选择

焊件厚度/mm	≤5	5～10	≤10
焊条直径/mm	3.2	3.2 或 4	4 或 5

厚板多层焊时，底层焊缝最好选用直径为 3.2 mm 的焊条，其他各层可选用大直径焊条。

立焊、横焊、仰焊时，焊条直径一般不超过 4 mm。只有在角接和搭接时，可适当选用大直径焊条。

（2）焊接电流的选择　焊接电流主要取决于焊条直径、焊件厚度、焊接位置、现场条件等因素。

焊件较厚、平焊缝或角焊缝焊接时，焊接电流可以选得大一些；薄板、立焊、横焊和仰焊时，电流应该小一些。如果焊接电流选得过大，容易出现烧穿，这时要适当提高焊接速度，以减少烧穿的倾向。

实际上焊接电流的选择，在很大程度上是凭潜水焊工的经验。下面介绍几个判断焊接电流是否合适的经验方法。

看飞溅。电流过大时，电弧吹力很大，气泡也很大，有较大的爆裂声，有向上推焊条的感觉，飞溅较大；电流小时，电弧吹力小，飞溅也小，但不易引弧，易断弧和易粘焊条。

看焊缝成形。焊接电流大时，焊缝表面粗糙、焊缝高度小、熔深大、弧坑深、两侧有咬肉；焊接电流小时，焊缝高度大，表面不平整，两侧常常出现未熔合。

（3）焊道层次的选择　水下手工电弧焊时，由于操作上的困难，靠运条方法较难控制焊道宽度，其宽度在很大程度上取决于焊条直径。因此，为焊满较大坡口的焊缝，多采用多道多层焊。而焊道厚度，又与焊接速度有关。由经验得知：每层焊道的厚度为焊条直径的 0.8～1.2 倍时较为适宜。故焊接层次可用下式近似计算：

$$层数\ n \approx \frac{\delta}{d}$$

式中，δ——焊件厚度，mm；

　　　d——焊条直径，mm。

（4）电弧电压的选择　电弧电压主要取决于弧长。水下手工电弧焊时，焊条多靠在焊件上运行，故弧长取决于焊条药皮套筒的长度。所以，电弧电压不在于选择，而在于掌握。焊接时，要尽量压低电弧，让焊条始终贴在焊件上运行，使电弧电压低而稳定。

（5）焊接速度的选择　水下手工电弧焊时，焊接速度是指焊条沿着接缝轴线移动的速度。焊接速度选择适当可以获得成形良好的焊道。合适的焊接速度取决于以下因素：①焊接电流的种类、电流强度和极性；②焊接位置；③焊条的融化速度；④焊件接头的壁厚；⑤接头和坡口形式；⑥接缝的装配质量；⑦焊条的运条方式。

通常，焊接速度应调整到使电弧略微超前于焊接熔池。在一定范围内，提高焊接速度，焊道将变窄而熔深增大。当深度超过某一极限值时，提高焊接速度可能减小熔深，并使焊道成形恶化，在焊缝边缘产生咬边，除渣困难。

焊接速度是决定焊接热输入的主要因素之一。提高焊接速度将降低焊接热输入，反之则增加热输入，并由此影响到焊缝金属和热影响区的金相组织与力学性能。高的焊接热输入将增大热影响区的宽度，降低接头的冷却速度。当其他焊接参数（焊接电流、电弧电压）已被选定或已接近极限值时，可以通过增、减焊接速度来调整焊接热输入。因此，要求潜水焊工在水下焊接时要根据具体情况灵活掌握焊接速度。例如，不锈钢厚壁接头在焊接时，要求采用窄焊道技术，提高焊接速度，降低焊接热输入，以加快接头的冷却速度，保持其耐腐蚀性。在焊接易淬硬的合金钢时，则可采用焊条横摆技术降低焊接速度，增加焊接热输入，以减慢焊接接头的冷却速度，防止产生淬火裂纹和冲击韧度下降。因此焊接速度是调控接头性能的重要焊接参数,应加以正确应用。

3) 水下手工电弧焊基本操作技术

水下手工电弧焊的操作技术主要包括引弧、运条、接头和收弧。只有掌握好这四项基本操作技术,才能保证焊接质量。

水下手工电弧焊时,引弧、运条及收弧是最基本的操作。这些基本操作方法很多,每一名潜水焊工也各不相同,很大程度上取决于自己的经验,不宜做强制性规定。但是,在采用手工电弧焊进行水下焊接时,最大的困难是可见度的问题。在可见度较好的水域,潜水焊工还可以确定坡口位置,选择合适的引弧点,引弧后开始运条就要一定程度上依靠潜水焊工的水下施工经验来进行焊接作业。如果是在浑浊水域进行水下焊接作业,那么潜水焊工几乎是采用盲焊,如果依旧采用陆上焊接的操作技术则很难完成焊接作业。为了确保水下焊接的质量,必须采取一些辅助工艺措施。水下手工电弧焊的基本操作方法如下:

(1) 引弧 焊接开始时,引燃焊接电弧的过程称为引弧。引弧是手工电弧焊最基本的操作技术之一。如果引弧不当,会产生气孔和夹渣等缺陷。手工电弧焊是采用接触法引弧,主要分为碰击引弧法和划擦引弧法两种。

碰击引弧法是一种常用的引弧法,其优点是可用于难焊位置的焊接,焊件表面不会受损伤。它要求焊条端部处于导电良好的状态,即焊条芯略微露出药皮,又不致影响药皮的保护作用。如果操作不当,焊条端部容易与焊件表面持续短路,并产生粘连。

碰击引弧法的操作步骤如图 4-29(a)所示。在始焊位置,将焊条端垂直于焊件表面下移,接触工件短路后迅速将焊条提起 2~4 mm,电弧即行引燃。在焊道接头处引弧时,应按图 4-29(b)所示,在弧坑的前侧点击引弧。

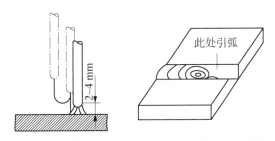

(a) 碰击引弧操作示意图　　(b) 接头处引弧的正确部位

图 4-29 碰击引弧法操作示意图

实践证明,碰击引弧法是一种难以掌握的操作技术,特别是在使用纤维素型焊条和低氢碱性药皮焊条引弧时,更容易产生粘连。为帮助焊工解决这一难题,目前已从焊接电源设计和焊条制造工艺两方面采取改进措施,提高碰击引弧的成功率,并能可靠防止粘连。

划擦引弧法是将焊条端部在焊件表面做划擦动作引燃电弧。这种方法的优点是容易掌握,且不受焊条端部状态的影响。其缺点是,如果操作不当则可能在焊件表面造成电弧擦伤。正确的划擦引弧法操作如图 4-30(a)所示。如果在坡口内焊接,则应在靠近始焊点的坡口侧面上划擦引弧,如图 4-30(b)所示。划擦长度应控制在 20~25 mm 范围内,电弧引燃后应将焊条提起,使弧长约为所用焊条芯直径的1.5倍,并迅速移至始焊点,略作停留后将电弧长度压至正常值进行焊接。焊道接头时,引弧点应在弧坑前10～15 mm的坡口面上。

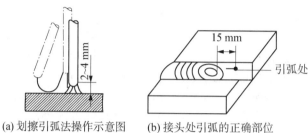

(a) 划擦引弧法操作示意图　　(b) 接头处引弧的正确部位

图4-30　划擦法引弧示意图

　　水下手工电弧焊一般采用定位触动引弧,即引弧前焊接回路处于开路(断电状态),焊接时先将焊条端部放到选定的引弧点上,然后通知水面辅助人员接通焊接回路,再用力触动焊条,或稍微抬起焊条,并碰击焊件便可引弧。如果焊条引弧性能好,焊接回路一接通,就可自动引弧。也可采用陆地上焊接时使用的划擦法引弧。

　　(2) 运条　焊条电弧焊时,焊条相对于焊缝所做的各种动作,总称为运条。其中包括三个基本动作:焊条向熔池垂直送进;焊条沿焊接方向移动;焊条相对于焊道轴线横向摆动,如图4-31所示。

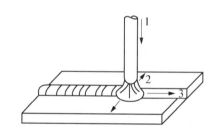

1—焊条垂直送进;2—焊条横向摆动;3—沿焊接方向的移动。

图4-31　运条的基本动作

　　焊条向熔池的送进:焊条电弧焊时,应始终保持电弧长度基本不变,即使焊条向熔池的送进速度等于焊条的熔化速度。如果焊条的送进速度小于焊条的熔化速度,则电弧将逐渐被拉长,最终导致断弧;如果焊条送进速度太快,则电弧长度缩短,焊条端部可能与焊件接触发生短路,致使电弧熄灭。因此应按焊条实际化速度掌握好送进速度,使弧长基本保持不变。

　　焊条沿焊接方向的移动:焊条沿焊接方向的移动速度即为焊接速度,其单位为mm/min。焊条的移动速度对焊道的成形、焊缝质量和焊接效率都有很大影响。通常,潜水焊工按熔池的形状掌握焊条的移动速度。如果焊条移动速度太快,则电弧熔化焊条和母材金属量不足,焊接熔池未达到所要求的尺寸和形状,将会形成过窄的焊道和未焊透;如果焊条移动速度过慢,则会造成焊道过高,熔宽增大,成形恶化,在焊接薄焊件时还容易烧穿。

　　焊条的横向摆动：焊条横向摆动的作用是为获得一定宽度的焊道，并使焊道两侧与母材熔合良好。摆动的幅度应按接缝坡口的宽度和焊条直径而定。横向摆动的速度应均匀一致，以形成外形匀整美观的焊道，如图4-32所示。

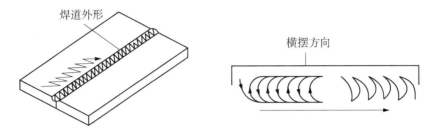

图4-32　均匀的横向摆动形成的均整焊道

　　在实际操作中，应按所形成的熔池形状、大小和与坡口侧壁的相对位置掌握好焊条横摆幅度和速度。焊条电弧焊常用的运条方式有多种，可根据焊接接头的坡口形式、壁厚、装配间缝的空间位置、焊条直径及其操作性能以及所选定的焊接电流等综合因素合理地选择。

　　常用的运条方式及适用范围如表4-8所示。运条方式属于焊工的操作技能，在焊接工艺规程中一般没有规定，由焊工自行选定。

表4-8　常用的运条方式及适用范围

运条方式名称		运条示意图	适用范围
直线形运条		→	(1) 板厚2~5mm的I形直边对接平焊 (2) 多层焊第一层焊道 (3) 多层多道窄焊道焊接
直线形往返运条		＿ノＺノＺノＺノＺノＺノＺノＺノ→	(1) 薄板接头 (2) 间隙较大的对接头平焊
锯齿形运条		WWWWWWW	(1) V形坡口对接头平焊、立焊、仰焊 (2) 角接接头立焊
月牙形运条		(((((((	同锯齿形运条
三角形运条	斜三角形	⋙⋙⋙	(1) 角接接头仰焊 (2) V形坡口对接接头横焊
	正三角形	＞＞＞＞＞	(1) 角接接头立焊 (2) V形坡口对接接头立焊
圆圈形运条	斜圆圈形	◯◯◯◯◯	(1) 角接接头平焊、仰焊 (2) V形坡口对接接头横焊
	正圆圈形	◯◯◯◯◯◯	厚板对接接头平焊
八字形运条		∾∾∾	厚板对接接头平焊

在水下手工电弧焊时,多采用拖拉运条法,即将焊条端部靠在焊件上,使焊条与焊件的角度为 $60°\sim80°$。引弧后,焊条始终不要抬起来,让药皮套筒一直靠在焊件上,边往下压,边往前拖着运行。在拖拉过程中,焊条可以摆动,也可不摆动。为使运条均匀,可用左手扶持焊条,或用绝缘物体(木材或塑料)做靠尺,使焊条能准确地沿坡口运行。这样就成了依焊,如图 4-33 所示。对于操作技术比较熟练的潜水焊工,也可以采用陆上手工电弧焊时的运条方法。

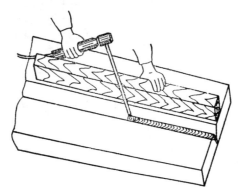

图 4-33　水下手工电弧焊时采用的拖拉运条法

(3) 收弧　收弧是焊接操作中的关键动作,直接影响到焊缝的质量。焊接结束时,如将电弧快速拉断,则会形成很深的弧坑,在很多情况下会产生弧坑裂纹和气孔等缺陷。为避免这些缺陷的形成,应采取以下收弧方法。

a. 反复断弧法。当焊接快结束时,应在收弧处熄弧再引弧,反复多次,直到填满弧坑。此方法适用于厚壁接头的大电流焊接,但不适用于碱性药皮焊条的焊接。

b. 画圈收弧法。焊条移至焊缝终点时,沿弧坑做圆圈运动,直到填满弧坑后再拉断电弧。此法适用于厚壁接头的收弧。

c. 转移收弧法。焊条转至焊缝终点时,在弧坑上稍微停留,将电弧慢慢提起,并引到焊缝边缘的母材坡口表面。此时,焊接熔池已大大缩小,凝固后不会产生各种焊接缺陷,此法适用于更换焊条收弧和厚壁接头多层多道焊。

d. 回焊法。焊条移到焊缝终点时,在弧坑上稍微停留,并向相反于焊接方向回烧一小段,然后再拉断电弧。由于熔池中液态金属较多,冷却后不会形成弧坑。此法适用于碱性药皮焊条的焊接。

水下焊接收弧可以采用陆地上焊接时的收弧方法,即画圈收弧法和转移收弧法。但在水下焊接中,焊缝增高量较大,如果采用转移收弧法,则会使收弧处的焊缝更加增高,尤其在多层焊时,会给下层焊接带来困难,故一般采用画圈收弧法较好。

在水下手工电弧焊中,不宜使用反复断弧法收弧。因为电弧一断,熔池很快被水淬冷,再引弧时,如同在冷钢板上引弧,非常容易产生气孔,收弧质量不好。

(4) 焊道接头技术　后焊焊道与已焊焊道相接称为焊道的接头。水下手工电弧焊时,由于焊条长度有限,或者受到焊接位置的限制,焊道接头是不可避免的。接头处的焊道形状要求匀称,不应产生焊道凸起、相互脱接或焊道宽窄不均等现象。

焊道的接头通常有以下四种方式,如图 4 - 34 所示。

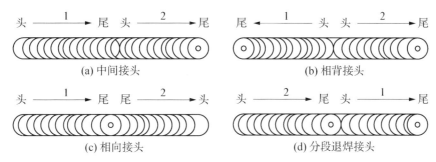

1—先焊焊道;2—后焊焊道。

图 4 - 34　焊道接头的四种方式

中间接头。中间接头是后续焊道从已焊焊道的收弧处接头,如图 4 - 34(a)所示。这种接头方式容易操作,最为常用。接头时,在已焊焊道的弧坑前 10 mm 附近引弧,并快速移至弧坑处,稍微停顿以填充满弧坑后,再以正常速度向前移动。操作恰当时,接头处的焊道形状几乎与相接焊道的形状一致。单道焊和多层多道焊大都采用这种接头方式。

相背接头。相背接头是相接焊道的起始端与已焊焊道起始端相接,如图 4 - 34(b)所示。在这种情况下,要求先焊焊道的起始端焊成斜坡形,后续焊道应在先焊焊道的起始端前约 10 mm 处引弧,并将电弧快速移向接头处,将先焊焊道的起始端部分再熔,当新形成的熔池宽度达到先焊焊道宽度时,再以正常速度焊接。这种接头方式要求焊工熟练操作,否则接头处的焊道高度将高于已焊焊道,严重时需要用砂轮打磨修正。

相向接头。相向接头是在已焊焊道的收弧区与后续焊道的收弧区相接,如图 4 - 34(c)所示。在这种情况下,先焊焊道的弧坑不必填满,并使其成斜坡形,后续焊道焊到先焊焊道的弧坑区时,应稍微停顿,填满弧坑,使其与已焊焊道高度平齐。

分段退焊接头。分段退焊接头是已焊焊道的起始端与后续焊道的收弧区相接,如图 4 - 34(d)所示。这与相背接头相似,要求先焊焊道的起始端以较快的速度焊成斜坡形,后续焊道焊至先焊焊道的起始端时,应稍微拉长电弧并略摆动,使熔池与其完全熔合,并形成与已焊焊道高、宽基本相同的接头。

按照焊道接头处的冷热状态,可以分为冷接头和热接头。图 4 - 34(b)～图 4 - 34(d)的接头形式均为冷接头,因已焊焊道和后续焊道相接时,已焊焊道已完全冷却。而图 4 - 34(a)所示的中间接头则为热接头。因接头时,该处尚处于红热状态。与冷接头相比,热接头更易保证接头质量。热接头操作法分快速接头法和正常接头法两种。快速接头法是在金属熔池和熔渣尚未完全凝固的状态下,将焊条端部与熔渣接触引弧。这种接头方法要求更换焊条动作迅速,并找准击弧点。正常接头法是在熔池前方约 10 mm 处引弧,并将电弧迅速拉回熔池,按熔池的形状将焊条稍微摆动,再以正常速度向前焊接。

4) 不同焊接位置的操作技术

水下手工电弧焊时,焊缝的质量除了正确选定焊条型号和焊接参数外,主要取决于焊工的操作技能。

水下手工电弧焊操作最根本的目的是控制住焊接熔池,使其达到所要求的形状和大小。水下手工电弧焊操作技术要素可归纳为以下几点:

(1) 焊条倾角   焊条倾角是指焊条与焊接平面及焊缝轴线之间的夹角。合适的焊条倾角可控制住熔池金属和熔渣的流动,并使其相互分离,防止熔渣超前于熔池金属。同时,焊条倾角也可控制焊道的熔深。在立焊、横焊和仰焊时,正确的焊条倾角可防止熔池金属的过度下坠。

(2) 焊条横摆   焊条横摆是焊条相对于焊缝纵轴的横向摆动。焊条横摆可保证焊道与坡口侧壁之间的良好熔合,并使焊道的宽度和厚度达到规定的要求。

(3) 焊条停顿   焊条摆动时,在坡口两侧或接缝中间稍微停顿,以保证焊道与坡口侧壁的良好熔合或根部焊道的熔透。

(4) 焊条移动   焊条沿焊缝轴线正、反方向的移动,其速度的平均值即为焊接速度,可用以控制每道焊缝的横截面积。

(5) 焊条送进   焊条垂直于接缝轴线的移动以保证恒定的弧长。焊条送进速度也可在一定范围内调节电弧电压,以获得满意的焊道成形。

对上述的五个操作技术要素掌握恰当,即可形成所要求的半圆形或椭圆形焊接熔池,最终焊成符合技术要求的焊缝。

以上介绍的仅是水下手工电弧焊的最基本的操作技术,焊接不同位置的焊缝时,其难易程度是不同的,操作技术和焊缝参数也各不相同。

(1) 焊接位置划分   焊接时,焊件接缝所处的空间位置称为焊接位置。焊接位置可用焊缝倾角和焊缝转角来表示,有平焊、立焊、横焊和仰焊等。

焊缝倾角,是指焊缝轴线与水平面之间的夹角,如图 4-35(a)所示。

焊缝转角,是指通过焊缝轴线的垂直面与坡口的二等分平面之间的夹角,如图 4-35(b)所示。

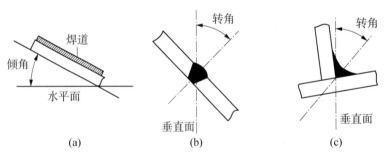

图 4-35   焊缝倾角与焊缝转角的示意图

a. 平焊位置   焊缝倾角为 0°~5°、焊缝转角为 0°~10° 的焊接位置,称为平焊位置。如图 4-36(a)所示。在平焊位置进行的焊接,称为平焊。

b. 横焊位置　焊缝倾角为 0°~5°、焊缝转角为 70°~90°(对接焊缝)和焊缝倾角为 0°~5°、焊缝转角为 30°~55°(角焊缝)的焊接位置称为横焊位置,如图 4-36(b)所示。在横焊位置进行的焊接,称为横焊。

c. 立焊位置　焊缝倾角为 80°~90°、焊缝转角为 0°~180°的焊接位置,称为立焊位置,如图 4-36(c)所示。在立焊位置进行的焊接,称为立焊。

d. 仰焊位置　焊缝倾角为 0°~15°、焊缝转角为 165°~180°(对接焊缝)和焊缝倾角为 0°~15°、焊缝转角为 115°~180°(角焊缝)的焊接位置称为仰焊位置,如图 4-36(d)所示。在仰焊位置进行的焊接,称为仰焊。

另外,把 T 形、十字形和角接的接头处于平焊位置进行的焊接,称为船形焊,如图 4-36(e)和图 4-36(f)所示。

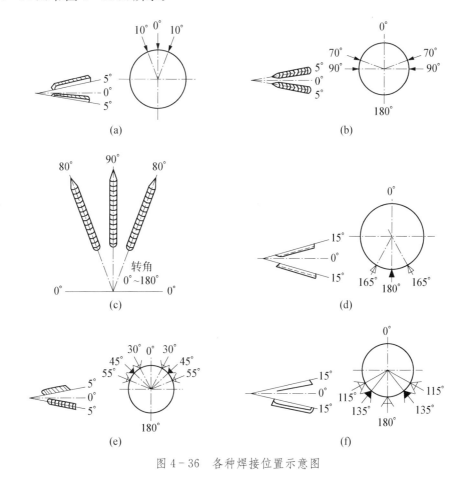

图 4-36　各种焊接位置示意图

(2) 平焊技术　平焊时,焊缝处于水平位置,焊缝倾角不大于 5°,金属熔滴可靠本身重力自然落入熔池。熔渣和熔池金属不易流散,容易控制焊缝成形和保证焊缝质量,操作容易,潜水焊工也不容易疲劳。

a. 对接焊缝的平焊　焊接对接焊缝,焊条应对准焊缝间隙,并掌握好焊条前倾角,利用电弧吹力将熔渣吹到熔池后方,避免熔渣超前造成夹渣缺陷。在湿法水下焊接中,潜水焊工是看不清熔池状态的,只好靠增大焊条前倾角(即焊条与钢板平面垂线的夹角)来预防这种现象的产生。一般将焊条前倾角增至20°~30°时即可,如图4-37所示。

如果不开口的对接焊缝或焊缝根部钝边较厚、间隙又较小,为了加深熔深,还可将焊条的前倾角再增大些,但不要大于50°,否则将会恶化焊缝成形。

钢板较薄(如小于4mm)时,可不开坡口,采用单面焊,一道焊成。钢板较厚时,开坡口采用多道多层焊接。水下焊接中尽量不采用X形坡口。因为X形坡口的焊接过程中必须进行清根,否则难以保证焊接质量。然而,水下焊接清根一般采用水下风铲削或用水下砂轮磨,工作效率极低,是一项十分困难的工作。因此,为确保焊接质量,提高工作效率,在厚板对接焊中一般采用加垫板的V形坡口,如图4-38所示。

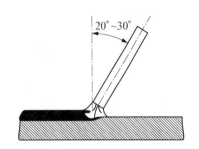

图4-37　对接平焊焊条前倾角示意图

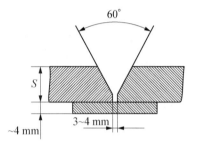

图4-38　带垫板的对接V形坡口

多道多层焊时,应注意以下几个问题:①封底焊道要选用直径较小的焊条(如直径为3.2mm),运条时焊条尽量不摆动,或小幅度摆动。②要注意选择层次数,每层不要过厚。焊条摆动时,在坡口两边要稍微停留,以防止产生融合不良和夹渣等缺陷。③各层焊道之间要有一定的重叠。每条焊道上的熔渣和飞溅要清除干净。④每层焊缝的接头处要互相错开。

b.角焊缝的平焊　在平焊位置的角焊缝,可进行平角焊(又叫填角焊)或船形焊。

平角焊时,焊条与两板间成45°夹角,并向焊接方向倾斜。倾斜角度一般以20°~30°为宜,如图4-39(a)所示。若两板厚度不等时,应将焊条稍向薄板侧倾斜,使电弧偏向厚板一侧,以保持两板得到相同的焊脚尺寸,如图4-39(b)(c)所示。

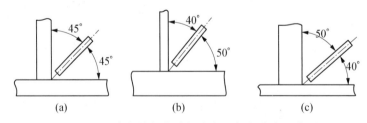

(a)　　　　　　　(b)　　　　　　　(c)

图4-39　角焊缝焊接时焊条与两板间夹角示意图

焊脚尺寸不大于6mm时,可采用单道单层焊。焊脚尺寸大于6mm时,可采用单道多层焊或多道多层焊,如图4-40所示。

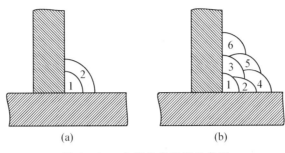

图4-40 角焊缝多层焊示意图

多层平角焊时,由于立板熔化金属有往下流的倾向,容易形成咬肉和焊缝分布不均匀的情况。操作时,从第二层开始,将焊条向水平板适当地倾斜一点,用电弧吹力来阻止熔化金属的下流。

有些水下结构,其角焊缝处于"船形"位置,如图4-41所示。这种位置的焊接操作,基本上与平缝 V 形坡口的焊接相同。

搭接焊缝也属于角焊缝的一种。平焊位置的搭接焊缝,可采用平角焊的方法。

潜水焊工在清水中进行焊接时,还可以看到熔池和焊缝的大致位置。为减轻盲焊程度,平焊时,潜水焊工不要将眼睛处于电弧的正上方,以防气泡影响视线,应尽量从斜侧方向观察电弧和熔池情况。

(3)立焊技术 立焊是在垂直面上焊接垂直方向的焊缝。立焊时主要问题是熔化金属在重力作用下容易下流,使焊缝成形变差,容易造成熔合不良和焊瘤等缺陷,因而要采取下列措施:

a. 一般要采用小直径焊条(4 mm 以下),并使用小电流(一般要比平焊时小 10%～15%)焊接。

b. 适当加大焊条向下的倾角,如图4-42所示。利用电弧吹力托住熔化金属。

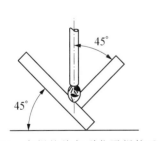

图4-41 角焊缝的船形位置焊接示意图

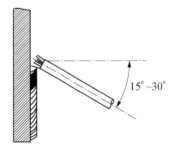

图4-42 立焊(向上)焊接示意图

对于钢板厚度较小或要求焊脚小的焊件,采用由上向下焊接的操作方法。焊接速度要适当,不宜过慢,以防熔化金属下流。

对于厚板或大焊脚的焊件,可采用由上向下的多道焊或由下向上焊的操作方法,但是，由下向上焊时，由于可见度不好，要注意焊缝边缘情况，防止未熔合和夹渣。电弧移到两边时要稍微停留一会，使边缘熔合，以利于将熔渣排除。

（4）横焊技术　横焊是指在垂直面上焊接水平方向或近于水平方向的焊缝。横焊时，熔化金属在重力作用下也容易下流，使焊缝上边出现咬肉，边缘出现焊痕或未熔合等缺陷，如图4－43(a)所示。横焊时，要用小直径焊条和较小的焊接电流。

横焊时，焊条要向下倾斜一定角度，如图4－43(b)(c)所示。无论是薄板还是厚板，是小焊脚还是大焊脚，焊接时尽量不要摆动焊条，但要注意焊道排列次序。对于坡口较大的焊缝，不同焊道要适当地调整焊条前倾角。图4－44给出了厚板对接多道横焊时焊条前倾角及焊道排列次序。至于需要排几层，应根据具体板厚和潜水焊工操作技术而定。

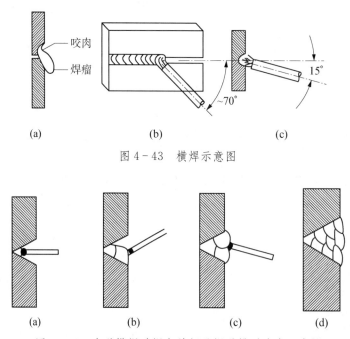

图4－43　横焊示意图

图4－44　多道横焊时焊条前倾及焊道排列次序示意图

（5）仰焊技术　仰焊是焊条位于焊件下方，潜水焊工仰视焊件进行焊接的方法。这种位置的焊接，焊条金属熔滴是靠电弧吹力和金属表面张力过渡到熔池中去。因此，熔滴过渡和焊缝的形成都比较困难，劳动强度也大。仰焊是最难操作的一种焊接位置，在施工中应尽量避免采用仰焊位置焊接。

仰焊时，不仅要采用较细的焊条，较小的焊接电流，而且要尽量压低电弧。一般都要将焊条压到焊件上进行运条。运条时一般不摆动焊条或只有微小的直锯齿形摆动。焊接对接接头时，焊条与两边钢板的夹角应相等，而焊条沿焊接方向的倾角应根据需要来定。如接缝间隙大，要使熔深小些，焊条应向焊接的反方向倾斜10°左右，如图4－45所示。T形接头仰焊时的焊条倾角如图4－46所示。

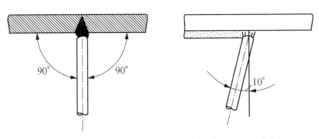

图 4-45　对接接头仰焊时的焊条倾角示意图

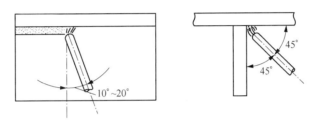

图 4-46　T 形接头仰焊时焊条倾角示意图

5) 水下手工电弧焊操作的注意事项

水下手工电弧焊焊接时,应依据焊件的厚度选择焊条直径及电流的大小。电流的大小不合适,则出现下列几种情况:①如电流小,熔池熔化深度不足,焊条的熔滴堆积于熔池外面,则使焊波具有比焊件基面有较突出的断面。②如电流合适熔池有足够的深度,敷设金属有良好的融合,则从焊件基面到焊波也较为平滑。③如电流大,传到焊件的热量过多,熔池过深,虽然敷设金属与熔池金属熔化很好,但是焊波两边造成切凹,则焊接质量变坏。从以上三种情况看,正确地选择电流大小,是十分重要的。电焊条根据金属丝的直径、成分和涂药情况分成许多型号。焊接时采用何种型号的电焊条可根据焊条的化学成分和厚度确定,使得焊缝的机械强度符合技术要求。水下电焊常用直径为 4～6 mm 的厚涂药焊条。电焊机必须符合要求,各处接头必须牢固,并且导电良好。

潜水焊工要进行好水下手工电弧焊,既要有较高的焊接技术,掌握水下焊接的特点,又要有较高的潜水技术,在各种情况下,力求保持在水中的平稳。

引弧:引燃电弧以后,应使电弧长度为 3～4 mm,在正常情况下,只是在更换焊接地点或焊条时才需要引弧。能否使电弧保持稳定,这与焊接经验、焊条质量、电流强度、焊条运动等情况有密切关系。

电弧在燃烧时产生如下情形:

a. 弧柱　是电弧中心,温度最高。

b. 熔池　是电弧的高温把焊件熔化成的小池。

c. 套管　是焊条熔化过程中形成的小管。

d. 磁吹　是焊接中强大电流的作用力。

水下引弧和保持电弧都比陆上困难,同时散热较快,因此所用电流一般比陆上高

20％左右。在立焊和仰焊时，可适当减小电流。下列公式可供选择电流时参考：

$$I = Kd$$

式中，I——工作电流，A；

　　d——焊条直径，mm；

　　K——系数，平焊取 50～60，立焊取 40～50。

根据经验，4 mm 直径、400 mm 长度的焊条，施焊中在 50～60 s 时间内焊完，这样的电流是合适的。如果用焊缝来判断，则电流过大时，焊缝很低，外形不规则，沿缝两侧有咬边现象。当运条速度不变时，电流越大，咬边越深，熄弧时形成大而深的熔池。电流太小时，焊缝窄而高，焊缝两侧和焊件金属接合得很不平整，不能充分熔合。电流正常时，焊缝深度适中，两侧和焊件金属接合得好。此外，电流过大时，施焊过程中有强烈爆裂声，熔滴容易飞溅，电流过小时，焊条容易粘在焊件上。电流正常时，没有很大飞溅，焊渣与熔化金属容易分开。焊接速度以 300～350 mm/min 较为适当。

当采用电源自动开关进行水下支承焊接时，须将焊条接触焊件并停留约 1 s 左右，然后将焊条倾侧一定角度，此时焊接主电路闭合，产生电弧。引弧后，按上述方法施焊，并使焊条中心线与焊缝成 40°～60°倾角，角度大小视焊件厚度、电流强弱及焊缝位置而定。

续弧：施焊时断弧，如需再引弧继续施焊，则应将焊条直接顶在断弧时形成的弧坑处，然后立即引弧，并迅速使焊条倾斜一定角度。这种再引弧的方法与陆上不同。掌握适当的续弧时机和停留时间是使焊缝接合处得到美观成型的关键。如在边缘引弧或拉弧后续弧，由于水中金属的凝固很快，会形成很大的焊瘤、麻斑等缺陷，如不返回断弧处，则会使焊缝脱节。

焊条运动速度和倾角：焊条的运动速度和倾角，对焊缝质量有很大关系。运条太快时，熔化金属和基本金属不能充分熔合，往往形成不连续焊缝或焊缝薄而窄，熔化的金属冷却快，气体来不及从熔化的金属中逸出，形成气孔。运条太慢，焊件易烧穿，产生焊瘤、咬边等焊接缺陷。焊条的倾角（指焊条和焊件平面的夹角）一般比陆上焊稍小，以利于电弧的保持和稳定。在同一焊接速度下，倾角越大，焊得越深。倾角小时，电弧的喷吹可帮助熔化金属和将熔渣推向后面，尤其是有利于立焊时防止熔化金属垂落。要掌握正确的倾角，还须根据焊件厚薄、工作电流、焊缝位置等做适当调整。

熄弧：在焊缝的尾端或更换焊条时，必须熄弧。由于熄弧不当，往往形成很深的弧坑，这是产生一系列焊缝缺陷的根源之一，使这部位经常发现裂纹、气孔、夹渣等。正确的熄弧方法是，当焊条运行到需要熄弧位置时，宜将焊条稍稍提起后再向下滴几滴，使弧坑填满，而后稍稍退回，拔起焊条。这种在焊道上熄弧或在焊道外侧熄弧的方法可得到完好、饱满的焊缝。

4.2.4　水下手工电弧焊应用实例

水下手工电弧焊在我国还尚未应用到重要结构的焊接上。但在救助打捞作业中，却广泛地用来进行水下补焊作业。

1）船体漏洞的焊接修复

对于船体和闸门产生的漏洞，多采用外敷补板的方法堵漏，补板的厚度根据需要而定。

焊补板时，较重要的工作是补板焊前的装配固定。一般补板要大于漏洞的边缘 20～30 mm。补板和壳体间的间隙不得大于 2 mm。如超过 2 mm，必须在间隙内塞入薄铁板，并清除坡口附近的油污、泥沙及铁锈等。

补板有以下几种固定方法：

（1）直接点焊法　将补板扶持在补焊位置上，先压紧一边，将该部位点焊上。定位焊缝长度不得小于 20 mm，以防开裂滑落。然后分两侧按顺序轮换点焊。焊缝间距以150～250 mm 为宜。

（2）螺钉加压法　在漏洞边缘适当的地方先焊两个马蹄形铁，用带有螺钉的杠杆压在补板上，如图 4－47 所示。

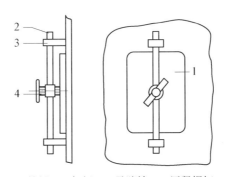

1—补板；2—杠杆；3—马蹄铁；4—压紧螺钉。

图 4－47　螺钉加压法固定补板示意图

（3）铆接法　在补板和壳体重叠处钻孔，用铆钉或螺栓固定住。待补板焊好后，再将铆钉或螺栓焊牢，如图 4－48 所示。

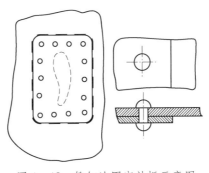

图 4－48　铆钉法固定补板示意图

焊接补板的搭接焊缝时，要分段对称施焊，以防焊接应力过大将焊缝拉开，焊接程序如图 4－49 所示。

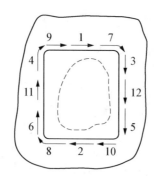

图 4-49　补板焊接程序示意图

2）裂纹的焊接修复

裂纹的焊接修复一般分下列几个程序：

（1）止裂补焊前　先在裂纹两端钻直径 6～8 mm 的止裂孔，如图 4-50 所示。止裂孔的位置要离裂纹可见端有一定距离，一般要求沿裂纹的延伸方向超出 20 mm 为宜。

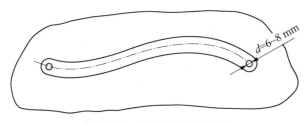

图 4-50　裂纹补焊示意图

（2）开坡口及清除裂纹　用水下砂轮或风铲将裂纹清除，并修成 V 形或 U 形坡口。如果不采用水下砂轮或风铲开破口的话，可以采用水下焊条直接清除，即采用较大的焊接电流、较大的焊接倾角，利用电弧吹力将熔化金属吹掉，形成 U 形坡口。

对于较短的裂纹，清除前也可以不钻裂孔。但用焊条清除时，要从裂纹端部沿裂纹方向超前 20～30 mm 处开始清除，以防裂纹扩展。

（3）补焊　采用分段反焊法（断裂纹除外），多道焊时，每段焊道的接头要错开。

3）海洋管道的焊接修复

在进行水下焊接作业时，会经常接触到很多管道结构的焊接修复。海洋管道的焊接修复可以采用两种形式：一是利用补板进行焊接修复，即在破损处敷一个曲率与管径相符的弧形补板，采用与船体漏洞补焊焊接修复时同样的方法进行修复；二是将破损段切除，更换一段新的管道，采用对接焊接修复。

焊接修复管道结构时，一条焊缝往往处在几种焊接位置上，潜水焊工必须掌握全位置焊接技术。

（1）水平固定管的对接　这种焊缝处于平焊、立焊、仰焊三种位置，在焊接过程中焊条必须不断地变换位置，而又不便于调节焊接参数，这就要求潜水焊工的操作技术必须熟练。

焊接前将接缝开成 V 形坡口(薄壁管也可不开坡口)。组装时,管道轴线应对正。定位焊缝要均匀而对称布置,焊缝长度不小于 20 mm。

焊接时,一般是采用先上部后下部的施焊程序。组装时,下部装配间隙稍大一点,以补偿焊缝收缩而造成的下部间隙减小。

在一般情况下,将管口圆周沿铅垂线分成两部分进行焊接。起焊时,从 12 点位置超前 10～15 mm 处引弧,在超过最低点(即 6 点钟位置)10～15 mm 处收弧。焊接时,焊条倾角如图 4-51 所示。后半周焊接时,应注意接头质量。

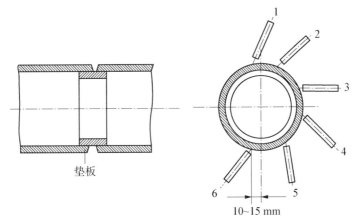

图 4-51　水平固定管焊接时焊条倾角示意图

注:数字 1 至 6 为焊接顺序。

焊接层数由壁厚决定,每层之间各焊缝接头处均要错开。为了确保焊缝根部熔透,可在管内加环形垫板。垫板和管道焊在一起,留在管内。

(2)竖直固定管道的对接　这种管结构的对接,是单一的横向环焊缝,与平板横焊的操作技术基本相同。

4.3　药芯焊丝水下焊接

由于开发深海资源的需求,水下焊接的施工深度不断加深,因而对提高深水焊接质量和生产效率提出了迫切的要求。药芯焊丝水下焊接技术的出现和发展顺应了水下焊接向高效率、低成本、高质量、自动化和智能化方向发展的趋势。如果电弧焊接直接在水中燃烧,环境将对电弧燃烧稳定性,耗材熔化和熔融金属过渡特征,焊缝金属化学成分、结构及其性能等产生重要影响。上述每个因素都在某种程度上影响焊接接头质量。本节主要介绍药芯焊丝水下焊接的相关技术特性。

4.3.1　药芯焊丝水下焊接的技术特性

药芯焊丝也称管状焊丝或粉芯焊丝,它是一种高效焊接材料,于 20 世纪 50 年代在美国已经商品化,我国从 20 世纪 60 年代也开始药芯焊丝的研发工作。

1) 药芯焊丝水下焊接的基本原理

药芯焊丝的焊接热量由药芯焊丝和工件之间的电弧产生,通过药粉熔化、燃烧和分解产生的气体和渣对电弧和焊接区进行保护,或者通过药粉产生的气体和渣与外加气体共同进行保护。因此主要有两种药芯焊丝焊接过程:仅仅依赖药粉燃烧分解产生的气体实现保护的自保护焊和有外加保护气体(主要是二氧化碳)的气保护焊。

自保护药芯焊丝焊接是由电焊条手工焊接方法衍生出来的。由于人们不满足于焊条电弧焊的手工作业方式而追求自动焊的目标,所以才研制了自保护药芯焊丝。自保护药芯焊丝既保留了手工电焊条的自保护特点,又实现了连续的自动焊接过程。

自保护药芯焊丝焊的焊接原理如图 4-52 所示。焊丝粉芯中含有造渣剂、脱氧剂及蒸气和气体形成物质,在焊接电弧中燃烧时形成电弧保护,对熔滴和熔池提供了保护,可见自保护效果与电弧稳定燃烧并存。这时焊丝伸长度较大,为 19~95 mm。增大焊丝伸出长度就增大了焊丝的电阻热,预热了焊丝和降低了电弧两端的电压降和降低了电流,也就是减少了对母材的加热,从而得到窄而浅的焊道。

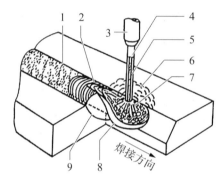

1—凝固渣;2—熔渣;3—导电嘴;4—药芯焊丝;5—药芯;
6—药芯材料形成的保护气体;7—电弧和熔滴;8—熔池;9—凝固焊缝金属。

图 4-52　自保护药芯焊丝焊的焊接原理示意图

药芯焊丝气体保护焊方法可以看成是介于自保护药芯焊丝焊和熔化极气体保护电弧焊之间的一种方法,其原理如图 4-53 所示。它用的焊接材料也是药芯焊丝,但粉芯的组成有所不同,其粉芯由造渣剂、脱氧剂、稳弧剂和添加合金元素组成,不含有形成蒸气或气体的物质。用送丝机将焊丝自动送入焊枪中,通过导电嘴给电,在焊丝与母材之间产生电弧,形成熔池和焊缝。另外,在导电嘴的外侧配有气体喷嘴,从其中喷出气体,保护电弧及熔池,与周围空气隔离。这种保护气体,一般用二氧化碳,也可用氩气与二氧化碳的混合气体。

药芯焊丝气体保护焊的熔滴过渡特点与实芯焊丝不同。药芯焊丝的外皮为金属,而内部为药芯。固态金属是导电的,而固体药芯却是绝缘的。所以电弧只能在焊丝外皮上燃烧,而固体药芯却不能参与导电。当焊丝外皮在电弧直接作用下加热熔化时,药芯呈柱状伸向熔池,甚至接触熔池,同时在电弧的间接作用下药芯柱发生熔化或者落入熔池中,如图 4-54 所示。

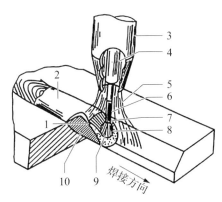

1—熔渣；2—凝固渣；3—气体喷嘴；4—导电嘴；5—保护气体；
6—药芯焊丝；7—药芯；8—电弧和熔滴；9—熔池金属；10—凝固焊缝金属。

图 4-53 药芯焊丝气体保护电弧焊接原理

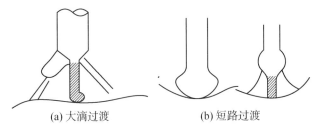

(a) 大滴过渡   (b) 短路过渡

图 4-54 药芯焊丝气体保护焊的熔滴过渡

由图 4-54 可见，药芯焊丝二氧化碳焊主要有两种过渡形式，在较高电压时为大滴过渡，而在较低电压时为短路过渡。当应用（氩气和二氧化碳）混合气体保护焊时，除了大滴过渡和短路过渡外，还存在喷射过渡形式。因为短路过渡时飞溅较大，所以药芯焊丝二氧化碳焊主要应用大滴过渡或喷射过渡两种形式。这时熔滴可能沿药芯柱所形成的渣壁过渡，还可能通过电弧空间自由飞落进入熔池。

2）熔滴形成

研究表明，工程结构在动态载荷之下的失效，总是规律性地发生在焊缝与母材的结合部位。金属过渡越平稳，焊接接头疲劳强度越高。在空气中焊接时，为了提高接头疲劳强度，通常推荐进行焊缝边界的局部性机械化或者氩弧处理。在水下环境时，这类处理作业困难或者根本不可能。此时，在水下获得外观良好的焊缝是重要的，分析耗材质量及影响焊接技术参数的可能性，是解决该问题的唯一途径。

在不同盐度和静水压力之下，焊接系统参数变化对熔滴形态和焊缝外观影响效果的研究数据列示如下。

钢板焊接采用的耗材是直径为 1.6 mm 的药芯焊丝，在空气、淡水和 3％盐水之中进行实验。焊接在电流 I_w 为 120～260 A、焊接电压 U_a 为 25～37 V、焊接速度 V_w 为 5～25 m/h 的范围内进行变化，电源反极性连接。

通过巴顿焊接研究所的实验证明,空气中电弧焊接的某些规律,在某种程度上也与水下环境焊接的特点相同。随着焊接电流增加,熔池熔深 H、熔宽 B 和增高 a 增加。焊接电压增加,熔宽和熔深增加,但是增高减少。焊接速度越高,熔滴沉积越少。水下焊接接头总体较窄,熔深和增高小于空气中焊接,其他因素相同,如图 4-55 所示。

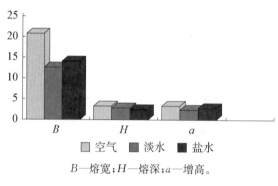

B—熔宽;H—熔深;a—增高。

图 4-55　环境对熔滴形状的影响

观察到的熔滴尺寸减小,确认为是水导致的冷却速度过快的结果。

对于盐度的影响,可以这样解释。盐中的钠、钾、钙和锰,进入蒸气气泡,促使弧柱宽度增加。结果造成焊接熔池电弧压力增加,熔宽增加,但是熔深变小。

为了研究静水压力对焊接参数的影响,在模拟 60 m 水深的条件之下进行了实验。已经发现,水深影响可以忽略。实验结果是熔宽略微减小,同时,熔深和增高略微增加。

3) 电弧稳定性

应用专门的计算机分析仪器,研究了水下药芯焊丝焊接的电弧燃烧和熔滴过渡特征。

采用自动化设备,在装有淡水的特殊高压试验舱进行了商用金红石药芯焊丝 PPS-AN1 焊接实验。通过改变舱内压力,模拟了 0.5 m、10 m、20 m 和 50 m 水深。同时进行了空气中焊接,作为水下焊接的比较。熔滴过渡特征是以短路电流时间 τ_{sc} 和频率 f_{sc} 来评估的。电弧燃烧特征是对多峰分布进行阶梯化处理形成的柱状图来分析的。

图 4-56 显示水深 h 对短路电流时间和频率的影响。数据表明,水深对于这些参数有一定影响。短路电流随着水深急剧增加,$h=10$ m 时达到最大值,短路电流频率也急剧增加,如短路电流时过渡到熔池的金属增加,短路电流时间比例达到 24%。

对图 4-57 所示的焊接电压和电流波形图的分析,可以得到水下焊接过程的更多信息。在空气中焊接时,电弧电压和电流分布的分散程度低,如图 4-57(a)(b)所示。这表明焊接过程稳定性好。但是,即使水深仅仅增加到 0.5 m,情况就有所改变。随着水深增加,电弧出现扰动和熄灭,表现为电弧燃烧电压柱状图上清楚分布的 2 个新区域。如图 4-57(c)所示,左边区域表示短路电流时刻的电压,右边区域表示熄弧时刻电源和焊接电流感应导致的尖峰,而中间区域则是电弧燃烧电压。如图 4-57(d)(f)等也表明,熄弧是因为电流波形图上存在零电流分布区域而发生的。

定量估计熄弧时间的所占比例非常困难,但是比较电弧燃烧电压柱状图的不同区域,可以发现,与空气中焊接相比,随着水深增加,与电弧燃烧电压对应的区域减小。尤其是

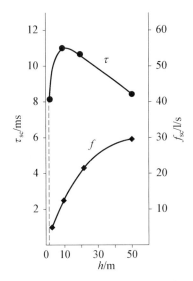

图 4-56　水深对短路电流时间 τ_{sc} 和频率 f_{sc} 的影响

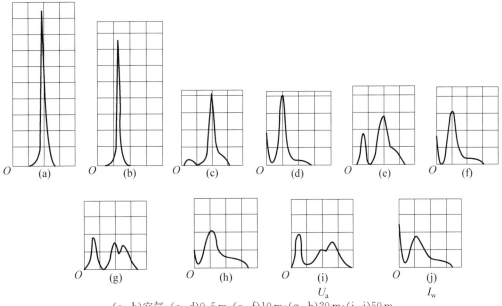

(a, b)空气;(c, d)0.5 m;(e, f)10 m;(g, h)20 m;(i, j)50 m

图 4-57　不同水深焊接电压和焊接电流的柱状图

水深达到 50 m 时,电弧燃烧电压区域减小 4 倍。50 m 水深时,短路电流和熄弧时间为焊接总时间的 25%～30%,所以电弧燃烧的净时间显著缩短,这不可避免地影响焊接成形和生产效率。

所以,焊接电弧行为和焊条熔化特征,在水下焊接与在空气中焊接差异显著。

燃烧电弧内部气泡主要是水蒸气,高温分解成为氧气和氢气。它们在电弧缝隙之间燃烧,极大地影响电弧稳定性和熔滴过渡特征,实际上这些元素的影响是不同的。氧是表面活性元素,减小熔滴表面张力系数,从而促使熔滴精细。氢的热传导率和电离度高,导致弧柱收缩,电磁动压力增加,影响电弧边缘熔滴,使之保留在焊丝端部,最终导致正在过渡的熔滴粗糙。此外,随着水深增加,铁的氧化显著加快,这成为电弧区域氧凝固,从而氢分压增加的标志。

气泡形成动力学是影响湿法水下焊接过程稳定性的重要因素。对于平板仰焊,如果气泡持续不断,过程就会足够稳定。在其他空间位置,气泡周期性破裂分离,在长时间短路电流的电弧熄灭或者电弧燃烧阶段,都可能发生。气泡破裂,熔池和电弧缝隙被周围的水迅速冷却,需要焊丝与熔池接触重新引弧。

当水较深时可以发现两种短路电流:一种是焊丝熔滴生长导致的短路电流;另一种是与母材接触之前,焊丝端部熄弧。所以,焊丝端部熔滴尺寸要小。另两种类型的短路电流则随着水深增加而增加。

随着水深增加,短路电流和电弧熄灭次数增加的主要原因是气泡尺寸减小。此时,电弧越收缩,弧柱电压梯度越大。因为电源恒压为 $29\sim30\,V$,所以梯度越大,电弧长度越短。当水深超过某个临界值之后,会导致短路电流周期缩短。

4)药芯焊丝

用于水下焊接的合适的商用药芯焊丝型号是 PPS-AN1(金红石焊丝)。该焊丝全位置焊时,可以获得满意的焊接质量。不过,即使对于技巧熟练的潜水焊工,在仰焊位置进行对焊也确实困难。这就是为什么通常进行搭接焊而不是在仰焊位置进行严格焊接的原因。所以,有必要考虑这个特殊性,从而提出技术建议。

药芯焊丝直径较小,有利于潜水焊工获得外观良好的焊缝,如图 4-58 所示。根据经验,焊丝的优化直径是 1.6 mm。药芯焊丝是自保护焊丝,当液态熔渣流淌并不难以控制时,该直径焊丝可以形成小尺寸熔池,从而减少焊缝气孔。此外,小直径焊丝容易适应柔性软管焊接,操作性好。

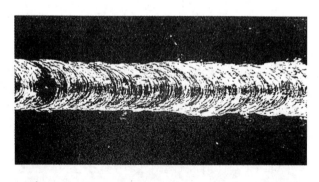

图 4-58 商用药芯焊丝 PPS-AN1 形成的焊缝外观

截至目前,商用药芯焊丝 PPS-AN1 已经焊接成了拉伸强度达到 450 MPa 的焊缝。只要焊缝金属不是合金、不包含碳元素,可以认为这个数值已经足够高。该焊缝金属强度,主要是通过加速冷却条件之下的结构成型特殊性来达到的。焊缝的典型微观结构是细微的多边形铁素体颗粒,非金属物则主要是均匀分散的铁氧化物。铁氧化物大尺寸的很少,不超过 23 μm 药芯焊丝 PPS-AN1 形成的焊接金属主要成分如表 4-9 所示,微观结构如图 4-59 所示。

表 4-9 药芯焊丝 PPS-AN1 形成的焊接金属的化学成分

钢	各成分的质量分数/%					
	C	Si	Mn	Ni	S	P
09G2	0.05	0.03	0.27	0.06	0.02	0.022

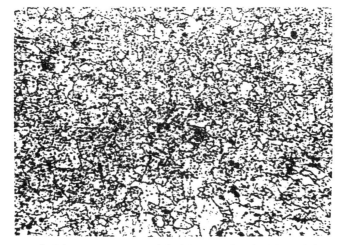

图 4-59 药芯焊丝 PPS-AN1 形成的焊缝金属的典型微观结构(320 倍)

5) 海水腐蚀率

对于浮动船舶水下部分修复,评估焊缝抵抗腐蚀的能力是必要的。测试在合成海水之中进行,试件是锰含量为 1.7% 的低碳结构钢焊缝,试件轮廓如图 4-60 所示。非常明显,焊缝和热影响区(heat affected zone,HAZ)的抗腐蚀能力都较高。如果添加铜、镍合金元素,那么焊缝抗腐蚀能力还可以进一步提高。

6) 机械性能

商用药芯焊丝 PPS-AN1 长时间应用表明,可以为屈服强度为 350 MPa 的低碳钢提供足够强度的焊接接头。但是,接头塑性不能满足 AWS D3.6M 标准对于 B 级接头的要求。不存在进一步提高焊缝金属机械性能尤其是塑性的潜力,显然,这个问题要采用添加合金的方式解决。

镍被认为是对金属强度和塑性有显著影响的元素之一。镍的影响,在水下焊接之中,被认为也是如此。相应研究表明,焊缝金属添加镍,形成针状铁素体,同时促使多边形铁素体晶粒细化。镍含量超过 2.5%,将形成板条马氏体结构,在焊缝根部尤其如此。这种

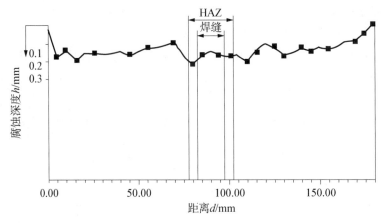

图 4 - 60 药芯焊丝焊接试样轮廓图

结构改变导致机械性能的相应改变。

根据 AWS D3.6M 标准进行了拉伸和弯曲试验。试验结果表明,镍对于水下焊接接头塑性和强度增加有显著影响,当镍含量达到 1.5% 时,弯曲角度增加尤其明显,如图 4 - 61 所示。镍含量高于 2.5% 时,因为生成低碳板条马氏体,弯曲角度 α 减小。

研究表明,当根据 AWS D3.6M 标准对于 A 级接头的要求进行测试时,可以获得 180° 弯曲角度,如图 4 - 62 所示。

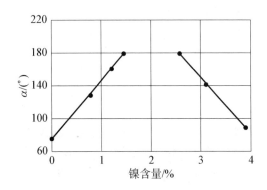

图 4 - 61 焊缝金属镍含量对弯曲角度的影响

图 4 - 62 根据 AWS D3.6M 标准 A 级接头弯曲试样

至于强度特性,当镍含量达到 3% 时,强度达到最大值。应该注意的是,强度和塑性不可能同时达到最大值。对于水下环境而言,由于塑性比强度更加重要,所以镍含量限制在 2.5%。

所以,可以确认对于目前工作于水下、强度不超过 500 MPa 的中低碳钢,得到的焊接接头强度是足够满意的。至于采用药芯丝焊接强度级别更高的钢材,接头质量的评定直接取决于业主需求,因为焊缝不如母材强度高。此外,这类钢材对于热影响区裂纹形成是敏感的,焊接接头服役适应性,一方面是属于焊接性的问题,另一方面是属于寻找提高焊接接头可靠性的合适建造方法的问题。

4.3.2 药芯焊丝水下焊接的设备及材料

1) 药芯焊丝送丝系统

由于药芯焊丝较软,刚性较差,因此对送丝机构要求较高。送丝轮对焊丝的压力不能太大,以防焊丝变形;此外,要保证送丝稳定,通常采用两对主动轮驱动、上下轮均开 V/U 形槽、槽内压花等。

巴顿焊接研究所在自保护药芯焊丝的基础之上,特别研制的药芯焊丝可以与水接触作业,药芯焊丝送丝系统可以完全潜入水中。与手工电弧焊必需频繁更换焊条相比,药芯焊丝采用送丝机连续送丝,生产效率高。通过焊剂配方和焊丝成分的结合,可以形成期望的渣-气反应,从而不仅改善焊缝外观,而且可以减少焊缝金属中氢和氧的形成。

巴顿焊接研究所设计的这套药芯焊丝送丝系统灵活方便,该装置可以完全浸没在水中,采用仅将必须与电源连接的控制面板放置在容器之外的方式,如图 4-63 所示。送丝系统壳体内部充水,用于平衡 40 m 水深以内的外部水压。驱动电机和减速齿轮安装在密封单元之中,在密封单元之中充填绝缘液体,与水绝缘。焊丝缠绕在质量为 3.5 kg 的小丝盘上。如果需要,则潜水焊工可以更换丝盘。

010, 066/4

图 4-63 药芯焊丝水下焊接送丝系统

药芯焊丝水下焊接,通常使用传统的平外特性电源,但是对于水下作业,其空载电压必须达到 60 V。当 60% 额定负载循环时,最大电流一般限制在 400 A。

由于安全原因,采用远离潜水焊工的方式进行系统控制。图 4-64 所示的控制箱包括送丝电机控制、电流测试、参数测量和指示。水下焊接时,焊工在储水容器外面操作设备,包括开、关电源和送丝,以及调节电源电压和送丝速度。药芯焊丝水下焊接的布局设计:控制箱放置于甲板之上,潜水箱位于水下,如图 4-65 所示。焊接电源也放置于甲板之上,控制箱与潜水箱之间通过焊接电缆和控制电缆连接。

控制箱由控制设备、测试测量设备和显示设备组成。

控制单元是可控硅电驱动。该单元允许逐步调节送丝电机转速,过载时将电机电流

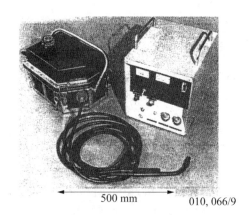

500 mm   010, 066/9

图 4-64 药芯焊丝送丝系统、焊枪和控制箱

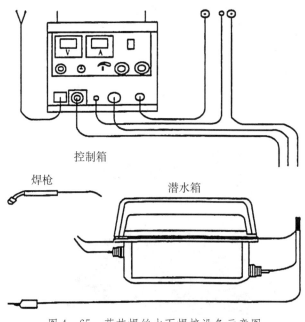

控制箱

焊枪   潜水箱

图 4-65 药芯焊丝水下焊接设备示意图

自动限制在安全值,以及当电机电路和激励电路中形成短路电流时切断电源。

控制箱前面板由焊接过程控制器、自动开关按钮、焊丝送进调节器以及显示灯组成。

焊接设备的潜水箱是容器充满绝缘介质,内部安装送丝装置、张紧机构和丝盘转轴的箱体。

送丝装置通过张紧机构,将药芯焊丝穿过导引软管和焊枪到达焊接区域。减速齿轮和电机安装在充满绝缘介质的密封盒内。容器其余自由空间则充满淡水。容器内部介质包裹带电部件,使得焊接期间虽然存在电压但是与海水绝缘。这种方法使得电流耗散最低,维护了作业部件。

因为配备了压力补偿装置,静水压力可以自由地传递到容器内部的淡水,使得内外压力保持平衡。任何柔性元件,如膜片都可以作为压力补偿装置。潜水箱内任意部件内外等压,避免了部件变形以及安装楔形件。这种设计,使得药芯焊丝水下焊接能够在更宽水深范围、更长时间内进行可靠操作,甚至超过了潜水焊工可能的作业能力范围。表 4 - 10 为 A1660 商用药芯焊丝送丝系统的技术参数。

表 4 - 10　A1660 商用药芯焊丝送丝系统的技术参数

设 计 参 数	标准值
以 60%额定负载循环时焊接电流最大值/A	400
焊丝直径/mm	1.6～2.0
焊接电流类型	直流
焊接电流极性	直流反接
送丝速度/(m/h)	100～600
送丝速度调节	恒速
50 Hz 电源电压/V	230
丝盘质量不小于/kg	3.5
消耗功率不大于/(kV·A)	0.6
潜水箱外形尺寸	
长/mm	500±5
宽/mm	330±3
高/mm	350±3
控制箱外形尺寸	
长/mm	400±5
宽/mm	320±3
高/mm	425±4
潜水箱质量/kg	45
控制箱质量/kg	35

作为药芯焊丝水下焊接电源,焊接变压器应该具有电压-电流平外特性以及较大的空载电压。药芯焊丝水下焊接设备由两人操作:甲板之上的操作员负责控制箱操作;水下的潜水焊工进行焊接。操作员负责焊接电参数的调节,包括焊接开始阶段和结束阶段等的技术参数。潜水焊工负责焊接,如果必要,则可以现场打开潜水箱更换焊丝,继续工作。

2) 药芯焊丝

自保护药芯焊丝与水下焊条相似,是把造渣、造气、脱氧、脱氮作用的药粉和金属粉放入成形的钢带之内,焊接时药粉在电弧的高温作用下变成气体和熔渣,起到造渣和造气的保护作用,而不用另外加气体保护。自保护药芯焊丝可以实现半自动或自动焊接。自保护药芯焊丝与焊条相比,也有不利之处:一是药粉的加入量受到限制,一般占焊丝总质量的 15%～30%,而焊条药皮则占总质量的 30% 以上。药粉越少,造渣量和造气量越少,保护效果和冶金反应会受到影响。二是采用自保护药芯焊丝焊接时,外层的钢皮先熔化,内层的药粉后熔化,保护作用滞后。三是熔化的先期是钢水在外,熔渣在内,保护效果下降。基于以上原因,焊缝的力学性能下降。为了提高保护效果,一是调整药芯成分,二是选用合适的药芯焊丝截面。一般来讲,截面形状越复杂,越对称,电弧就越稳定,药芯的冶金反应和保护作用就越充分。但随着焊丝直径的减小,这种差别逐渐减小,当直径小于 2 mm 时,截面形状的影响就不明显了。目前细丝(直径小于 2.0 mm)一般采用形状简单的"O"形截面,粗丝(直径为 2.4 mm)多采用"E"形或双层复杂截面。

自保护药芯焊丝焊接时,熔滴的形成与过渡也有其特点。根据焊丝不同的截面形状,熔滴的大小在焊丝直径的 0.1～2 倍范围内变化。焊接时,外面的钢皮先熔化,在表面张力的作用下聚集涨大到一定的程度时形成熔滴,并在重力的作用下下落向熔池过渡。在这个过程中影响熔滴过渡的因素有以下几个:

(1) 大量由芯部产生的气体对熔滴具有排斥作用,它把熔滴推离焊丝,因此阻碍熔滴在焊丝轴向方向上的形成和长大。同时在熔滴的下面形成了一个气垫,这个气垫支持住熔滴,并阻止它过早分离。

(2) 如果电弧在熔滴的重心下面燃烧,它会加强气体压力的提升效果,易于形成粗大的熔滴。这与二氧化碳气体保护焊时粗滴的形成相似。

(3) 小的表面张力和小的电磁力对于细小的熔滴形成是有利的。

(4) 复杂的焊丝截面(如双层结构)比"O"形结构焊丝更加有利于轴向过渡。

4.3.3 药芯焊丝水下焊接工艺

药芯焊丝水下焊接的工艺参数主要有焊丝直径、焊接电流、电弧电压、焊丝伸出长度、焊接速度等。

(1) 焊丝直径   药芯焊丝的焊丝直径通常有 1.2 mm、1.4 mm、1.6 mm、2.0 mm、2.4 mm、2.8 mm 和 3.2 mm 等几种。焊丝直径根据板厚来选择,焊丝直径应随着板厚的增大而适当增大。

(2) 焊接电流   当其他条件不变时,焊接电流与送丝速度成正比。电流增大,焊丝的熔敷速度提高,熔深加大;若电流过大,则产生凸形焊道,焊缝外观变坏;若电流过小,则产生颗粒熔滴过渡,且飞溅严重。

(3) 电弧电压   电弧电压与焊接电流的关系和实芯焊丝一样。两者之间应适当匹配。随着焊接电流的增加,电弧电压应成比例地提高;而在某一电流时,电弧电压可以在 5～6 V 范围内调整。以直径为 1.2 mm 的焊丝为例,焊接电流调节范围为 130～320 A,要求电弧电压为 20～33 V。

(4) 焊丝伸出长度   焊丝伸出长度对加热焊丝的电阻热影响较大,其电阻热与焊丝伸出长度成正比。当伸出长度太长时,会产生不稳定的电弧和飞溅过大;若伸出长度太短,飞溅物易堆积在喷嘴上,影响气体流动或堵塞,使保护不良而引起气孔等。通常焊丝伸出长度应根据焊接电流的大小来选择:焊接电流在 250 A 以下时,其长度为 15 mm;焊接电流大于 250 A 时,其长度为 20～25 mm。

（5）焊接速度　焊接速度影响焊道的熔深和形状。其他因素保持不变时,低焊速下的熔深要比高焊速下的熔深大。大电流时焊接速度太慢可能引起焊缝金属过热。焊接速度过快将形成不规则焊道。一般焊速为 0.3～1 m/min。

（6）坡口设计与加工　焊接接头开坡口的目的是保证接头根部焊透或调节焊缝金属的熔合比,或改善焊缝成形。坡口设计可参考《气焊、焊条电弧焊、气体保护焊和高能束焊的推荐坡口》GB/T 985.1—2008 等标准和文件。接头设计主要根据工件厚度、工件材料、焊接位置和熔滴过渡形式等因素来确定坡口形式、底层间隙、钝边高度和有无垫板等。工件厚度小于 6 mm 时一般采用 I 形坡口,带垫板或者采用 V 形坡口。工件更厚还可以采用双面焊。

坡口形式随着板材厚度的增加,有 I 形坡口、半 V 形坡口、V 形坡口、U 形坡口和 X 形坡口形式可以依次选择。在同样坡口形式下,有、无垫板的主要区别在于前者坡口角度略小,根部间隙略大,钝边略小。

坡口加工方法有机械加工、火焰加工和等离子弧切割等方法,坡口加工质量应符合上述标准。

（7）清理　为防止产生气孔,应对焊接坡口及其两侧 20 mm 范围内的氧化膜、油污及其他脏物进行清理。

对钢材、铜及铜合金接头,可采用砂布、角向磨光机及不锈钢钢丝刷等机械方法进行清理直至露出金属光泽为止;也可以采用酸洗的化学方法清理。清理好的焊件与焊丝应在 24 h 内焊接,否则应重新清理。

对铝及铝合金接头,先用洁净的布蘸丙酮或四氯化碳等有机溶剂擦拭清除油污,然后采用锉削、刮削、铣削或直径为 0.2 mm 左右的不锈钢刷清理氧化膜。也可以采用化学方法清理氧化膜,如用 70 ℃、5%～10% 的氢氧化钠(NaOH)溶液浸泡 0.5～1 min,水洗后用 15% 的硝酸(HNO_3)在常温下浸泡 1～3 min 中和光化,然后用清水清洗并干燥。必要时应对焊丝采用相同方法,清除油污,然后再用相同的化学方法除去氧化膜。酸洗时间不宜过长,否则工件表面将变黑。清洗好的工件表面应呈现无光泽的银白色。清理好的工件与焊丝应在 8 h 内焊接,否则应重新清理。

（8）焊接装配　装配的目的是控制零件间的几何及尺寸精度,并维持坡口尺寸及防止焊接变形。装配质量对焊接质量影响很大,一般采用工装及定位焊来控制装配质量。复杂的构件还可采用合理的装配顺序来控制焊接应力与变形。

通常定位焊缝都比较短小,焊接过程中大都保留在正式焊缝中,因此定位焊缝质量好坏直接影响焊接质量。

4.3.4　药芯焊丝水下焊接应用实例

湿法水下药芯焊丝焊接的研究成果,使得巴顿焊接研究所从 1970 年开始即把新技术用于工程实际之中。从那时起,所积累的经验使得该研究所能够确认药芯焊丝电弧焊(FCAW)技术的可靠性和前景。

苏联 25 年的应用经验表明该方法至少在码头、平台、管道、轮船和其他相关领域进行应用是可行的。湿法药芯焊丝焊接技术在苛刻条件下证明是成功的。

　　湿法药芯焊接系统的高质量、多功能、灵活性和低成本,结合其他优点,如潜水焊工培训方便等,给予用户在工程设计及其他更加宽广的应用领域以更大的灵活性。焊接接头的优良质量,能够确保药芯焊丝技术用于屈服强度为 350 MPa、对应拉伸强度为 500 MPa和碳当量值为 0.35 的中低碳合金结构钢焊接。这种钢材和焊缝金属化学成分如表 4-11所示,焊接接头机械性能如表 4-12 所示。数据分析表明,即使只是添加少量合金,焊缝金属强度和塑性将足够高,夏比冲击功较高值出现在 0 ℃ 以上。母材与焊缝之间的某些差异,并不妨碍 FCAW 技术用于修复的目的,因为已证明修复结构具备足够的作业可靠性。

　　使用药芯焊丝在全位置进行焊接是可能的。在仰脸位置,要优先采用搭接焊。

表 4-11　母材和焊缝金属化学成分

钢板型号	取样位置	各成分的质量分数/%							
		C	Si	Mn	Ni	Cu	Cr	S	P
St3	母材	0.23	0.21	0.81	0.04	—	0.01	0.036	0.021
	焊缝	0.03	0.03	0.12	1.40		0.02	0.026	0.015
09G2	母材	0.11	0.40	1.40	0.03	0.05	0.12	0.014	0.026
	焊缝	0.03	0.03	0.15	1.40	0.03	0.08	0.019	0.025
09G2C	母材	0.10	0.70	1.50	0.05	0.04	0.06	0.018	0.024
	焊缝	0.03	0.04	0.17	1.40	0.03	0.05	0.020	0.023
14G	母材	0.15	0.25	0.83	0.07	0.05	0.03	0.032	0.024
	焊缝	0.02	0.02	0.10	1.45	0.03	0.08	0.021	0.017
19G	母材	0.20	0.23	0.86	0.04	0.03	0.03	0.028	0.027
	焊缝	0.02	0.04	0.11	1.43	0.03	0.02	0.026	0.025
14G2	母材	0.16	0.21	1.29	0.03	0.03	0.04	0.027	0.029
	焊缝	0.02	0.02	0.12	1.48	0.04	0.03	0.025	0.027
A36(USA)	母材	0.23	0.22	0.97	0.05	—	—	0.012	0.014
	焊缝	0.03	0.03	0.11	1.50	—	—	0.023	0.013

表 4-12　焊接接头机械性能

钢板	拉伸强度/MPa	弯曲强度/MPa	冲击功(−20 ℃)/J
St3	420～450	320～340	35～45
09G2	430～460	330～350	40～50
09G2S	430～460	320～350	40～50
14G	430～460	320～350	35～45
19G	430～470	330～360	35～45
14G2	430～470	330～370	35～50
A36(USA)	420～460	320～350	40～50

为了成功地进行水下焊接,水下条件非常重要。在淡水和海水之中进行焊接,要求能见度不小于 0.15 m、水流速度不高于 0.4 m/s。否则,要采用保护性措施。

积累的经验表明,FCAW 相对于手工电弧焊而言,潜水焊工工作更加容易、快速。

1)油气输送管线的水下修复

油气输送管线裂纹修复技术,首先采用磨削工具进行裂纹清理、焊口准备等工作,然后采用下述的多道焊技术进行焊接。

对于凹坑,需要切除损伤区域,如采用磨削工具处理管道表面和边缘。通过一种新颖的安装工具,将补板导入待修孔洞,然后用多道对焊把补板焊接到管道之上,如图 4-66 所示。对于小尺寸腐蚀损伤,在损伤区域叠加补板是可行的,补板与管道表面的连接是角焊。至于完全失效管道的维修技术,通常还包括内外轴套的安装等工作。在 5 MPa 压力下进行测试的管道典型缺陷模拟维修样品如图 4-67 所示。

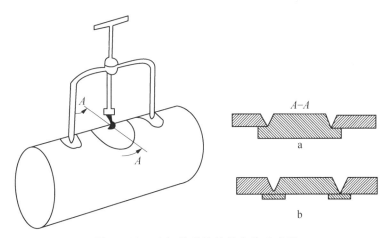

图 4-66　油气管道的补板安装示意图

图 4-67　在 5 MPa 压力下进行测试的管道典型缺陷模拟修复样品

水下管道维修技术与上述油气输送管道维修技术相同。但是,经验表明还存在一种可行的简化技术,即采用 2 个焊接在水下管道之上的半圆耦合件,该耦合件通过捆绑钢带与管道之间的焊接来完成连接。

从 20 世纪 70 年代以来,超过 70 条跨越水下障碍的油气水输送管道,是采用 FCAW系统修复的。

下面的案例介绍途经某条河流的燃气输送管道的水下修复。

材料为 09G2S 钢、直径 325 mm 的虹吸管焊接接头失效,虹吸管的位置是距离右边河岸 100 m 深水区域,水深 12 m。失效的管线接头裂纹如图 4-68 所示。焊接接头热影响区裂纹围绕管道表面扩展超过 270°,发现了沿着母材管道轴线长达 150 mm 的撕裂,非常明显是水流冲刷管道引发局部翻转所致。管道上部环状裂纹开口 20 mm,撕裂位置距离该开口为 40~60 mm。虹吸管埋设区域的河床地貌特点是撕裂裂口附近的河流与堤岸形成特殊的复杂空间弯曲。管道相对于垂直面和水平面的角度分别是 10° 和 7°,为了保证同轴度要求,需要进行彻底的更换安装。维修方案如图 4-69 所示,需要切除虹吸管损伤部分,加工内部轴套并以 2 条多道斜焊缝的方式将其与管道连接,焊接试验工作压力为3 MPa,外部轴套耦合件与内部轴套同心安装。外部轴套耦合件同样采用水下焊接斜焊缝进行连接,需要排出该耦合件与内部轴套之间的水,然后根据燃气输送工作压力进行安装件试压。外部轴套上部布置有线状孔,其目的是利于焊缝金属沉积。因为焊接时剧烈集中热源导致内外轴套之间的空间,形成的强烈气泡和增加压力,会阻碍焊缝金属沉积。也可以考虑另一种维修方式,即将内部轴套设计成为端部带坡口的法兰接头,安装之后,轴套沿着轴向旋转 180°。因为河流与堤岸之间存在弯曲角度,安装设备就位困难以及接头使用寿命短等问题,而限制了技术可行性,所以该方案被否定了。

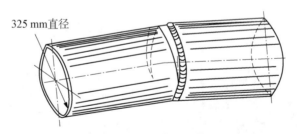

图 4-68　管线接头裂纹示意图

用于该修复工程的技术装备包括一条重 290 t 的驳船、功率 100 kW 的发电站、铺管机、绞盘、潜水焊工船舶、拖轮和位于岸上的气流调节装置等。

根据修复计划,作业顺序如下:

设备安装之后,加深河床,现场调试焊接设备,切除管道破损部分。为了简化内部轴套安装和焊接,采用模板进行坡口加工。水下半自动切割,采用的机器是 A-1660,药芯焊丝是 PPR-AN2,保证了切割表面质量和效率,总计耗时 11 min。

起重机将管道端部垂直抬升至距离河床约管道直径 3/4 的位置,外部轴套套装在管道之上,内部轴套则通过支架安装在管道之内。管道端部校准之后,按照维修方案,采用

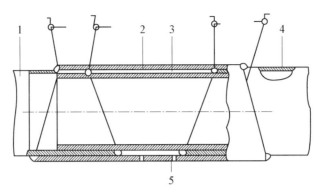

1—航道一侧的管道端部；2—外部轴套；3—内部轴套；
4—河岸一侧的管道端部；5—清除内外轴套之间气、水的孔洞。

图 4-69　安装维修方案

2 条周向焊缝完成内部轴套与管道连接，焊接参数如表 4-13 所示。根焊完毕，仔细清除熔渣。

表 4-13　半自动焊接和切割参数

条件	主要参数						
作业类型	钢管级别 钢管厚度/mm	电弧电压 /V	电流 /A	焊割速度 /(m/h)	电源极性	焊丝等级 焊丝直径/mm	空间 位置
半自动焊接	09G2S 10~12	32~34 30~32 27~28	240~260 200~220 160~180	12 8 4~8	PSG-500 反接	PPS-AN1 1.6	平焊 立向 仰脸
半自动切割	09G2S 10~12	38-39 37~38 37~38	400 380 380	20 16 12	PSG-500 正接	PPR-AN2 2.0	平焊 立向 仰脸

应该注意的是，与陆地上焊接一样，水下进行仰脸位置焊接同样要求潜水焊工有一定的培训经历和技巧。仰脸位置焊接在管道下部进行，作业不方便。因为河床由岩石和泥沙组成，不可能开挖作业深度所要求的沟槽。虽然焊接位置的不方便以及因为气流所导致的能见度的定期性恶化，但是仍然获得了高质量的焊缝，第一次试压即表明焊接接头质量合格。水下半自动焊接效率是手工电弧焊的 3~4 倍，平均焊接速度为 6~8 m/h。

内部轴套焊接完毕，由位于岸上的简单的气流调节装置形成管道内部轴向工作压力进行焊接试验，然后外部轴套移动到达修复方案设计的预定位置。设计的外部轴套布置方式是，大的母板位于下方，焊接参数同样如表 4-13 所示。斜缝焊接完毕，上部的线状孔口填入并焊接堵塞，下部孔口用于排除外部轴套与内部轴套之间的水。

冬天，水下管道内部输送燃气的温度达到 -40 ℃ 甚至更低。这不仅提高了对焊接接头自身的强度和塑性要求，而且提高了对于维修装配总体设计的要求。一层相当厚的冰覆盖住管道表面。轴套之间的环形空间内的气垫，能够防止构件可能发生的解冻和减压。气垫的形成原理：通过外部轴套大的母板下方的孔口，内外轴套之间的水排除 60%~70%，空气以 0.5 MPa 的压力由水面通过孔口充入内外轴套之间，形成气垫。在水排除后,孔口堵塞填封。

根据巴顿焊接研究所以及采用药芯焊丝焊接切割技术的 CIS 公司的经验,包括修复 20 m 水深河底管道,最大管道直径为 1 020 mm,管道输送压力为 4 MPa。

通常,修复工作的开展区域往往船舶航行密集,所以,多数修复工作在冬天进行。所有辅助设备直接放置在管道损坏区域附近的冰面上,如图 4-70 所示。一般而言,包括去除损伤部分、机械加工处理、补板安装、焊接以及质量检验等,修复周期为 4~10 d。

图 4-70　冬天管线维修技术方案

2) 船体腐蚀、裂纹、孔洞修复

船体损伤通常分成两种:一种是表面损伤,包括腐蚀、轻微撕裂、凹坑等;另一种是深度损伤,如裂纹、孔洞等。第一种情况,清理损伤表面周围、暴露金属,然后焊接即可,部分清理方案如图 4-71 所示。对于深度损伤,孔洞金属边界切割加工成为平面,裂纹边缘加工成为 V 形槽、两端钻孔,如图 4-72 所示。对于孔洞,用预先备好的补板进行维修,如果孔口较大,补板通常是由几个部分对焊连接而成。

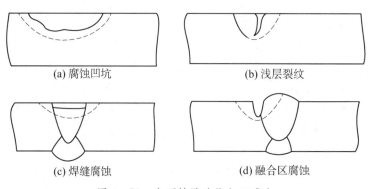

(a) 腐蚀凹坑　　　　　　　　　　(b) 浅层裂纹

(c) 焊缝腐蚀　　　　　　　　　　(d) 融合区腐蚀

图 4-71　表面缺陷边缘加工准备

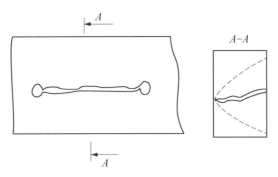

图 4-72　深度裂纹边缘加工准备

为了减少船体变形,补板焊接通常分段进行,对于每个分段,则从相对方向交替焊接。如果可以进入补板里面,那么也可以进行背面焊接。

半自动药芯焊丝电弧焊的第一次应用是打捞沉没在 Odessa 港口的船舶 Mozdok 号。该船舶因为碰撞形成 7 m×14 m 的裂口而沉没,对该区域过往船舶航行造成威胁。

船舶打捞采用举升浮筒以及往货舱泵入聚苯乙烯的方法使得船体产生浮力。为了防止注入货舱的聚苯乙烯泄漏,保证补板与船舶货舱的完全密封是必要的。短期之内,采用水下半自动焊进行了大量焊接工作。在 12～30 m 水深完成了立向搭接焊,如图 4-73 所示,12 m 水深焊缝位置分为立向和水平两种,接头采用 2 道焊接而成,焊缝总长 100 m。经过仔细的焊接密封,没有发生聚苯乙烯泄漏,船舶在既定时间之内举升出水面。

图 4-73　船舶结构药芯焊丝 PPS-AN1 立向角焊缝

从 2005 年起,采用药芯焊丝电弧焊技术,总计完成了 200 起船舶维修和举升工作。

目前,有两个公司广泛采用了巴顿焊接研究所的技术在俄罗斯领域开展了船舶维修工作,一个是位于圣彼得堡的 Baltic Sea Steam-ship Line 下属的 EO ASPTR,另一个是位于摩尔曼斯克北部的科技企业 Shelf。这些公司都有高水平的潜水焊工和必要的设备,其主要工作是修复船体、螺旋推进器和方向舵。在最近 10 年,EO ASPTR 采用药芯焊丝电弧焊完成了 76 个大型维修项目。

Shelf 公司完成的工作与其所处的摩尔曼斯克地区特点有关。该公司的主要工作包括船体水下部分密封,为因碰撞水下石头或者冰山而受损的船体做需要的整体性修复,以及实施螺旋推进器和方向舵等的修复。该公司所完成的修复工作如下:巡洋舰 Nevskii 船体密封时,补板尺寸达到 3 600 mm×1 800 mm,焊缝长度总计超过 300 m;商船 V·Arsenjev 由于撞到石头而遭到严重损坏,修复时采用了 8 块补板,尺寸从 880 mm×780 mm 到 1 800 mm×760 mm,整个圆周焊缝长度超过 42 m。修复完毕,经检查之后,该船舶得以从摩尔曼斯克出发,穿过 North Sea Way 到达 Vladivostok。除了轮船修复外,Shelf 公司在修复泊位和船坞方面也有经验。

药芯焊丝电弧焊技术应用积累的经验表明,该技术可以用于以下场合:

(1) 腐蚀船体修复。

(2) 轮船运输到达清算地点之前的船体密封。

(3) 轴的密封修复和密封装置替换。

(4) 螺旋推进器保护套筒安装。

(5) 保护装置替换。

(6) 雷达修复。

(7) 浮动船坞和泊位修复。

(8) 船舶举升。

在不少案例之中,应用半自动水下焊接可以减少维修的劳动力成本,缩短工期。不过,因为这些作业通常是在野外水库之中进行的,所以开始并未称之为水下焊接。

在综合性化学工程之中,完成了一项紧急维修任务,其对象是主要生产装置的循环供水系统的虹吸管。因为阴极保护不够充分以及包含硬质沙砾的水流冲击,直径 800 mm 的低合金 09G2S 管道产生了一个直径 60 mm 的孔洞。按常规进行缺陷的准确定位及修复需要搬运大量土壤,缺陷修复采用半自动水下焊接。为了提高效率和方便作业,在裂纹预期位置开设了进出工艺孔洞。但是,当潜水焊工通过该进出工艺孔洞进入装满水的管道之中,却发现了长达 20 m 的缺陷。为此,在管道内部安装了一台小型轻便的水下焊接半自动机器,焊接安装了一块椭圆形补板。因为极大地减少了前期作业工作量以及土壤搬运量,取得了显著的效果。采用该技术的短期工作效果特别显著,整个工作仅仅花费几个小时。

药芯焊丝水下焊接用于紧急情况以及偏远地区的抢修,其主要优点表现在设备快速移动的可行性、焊接方法的高效率取得的作业高效率,以及焊接的低耗费和很高的经济效益。

4.4 LD‑CO_2 焊接法

水下局部排水二氧化碳气体保护半自动焊接法(简称 LD‑CO_2 焊接法),是我国在 1977 年研究成功的一种新的水下焊接方法,这种水下焊接技术于 1979 年开始生产应用。所研制的设备——NBS‑500 型水下局部排水半自动焊机已定型生产,目前,LD‑CO_2 焊接法在救捞、大桥修建行业及海军防救部队中得到了广泛应用。这一新的水下焊接方法的诞生,使我国局部干法水下焊接技术步入世界先进行列。

4.4.1 LD‑CO_2 焊接法的技术特性

1) LD‑CO_2 焊接法原理

LD‑CO_2 焊接法是一种可移动气室式局部干法水下焊接技术,该技术的原理是用一个特制的小型排水罩(也称为可移动气室),其上端与潜水面罩(或头盔)相连接并水密,下端带有弹性泡沫塑料垫。半自动焊枪从侧面插入罩内,焊枪的手把与罩体水密、铰接。焊接时将排水罩压在坡口上,向罩内通入二氧化碳气体。由于气室上端被潜水面罩密封住,二氧化碳气体迫使罩内的水向下移动,从泡沫塑料垫与焊件的接触面处排出罩外,直至罩内全部充满二氧化碳气体,形成一个二氧化碳气室。这时引弧焊接,电弧便在二氧化碳气体介质中燃烧,从而实现了局部干法水下焊接。LD‑CO_2 焊接原理,如图 4‑74 所示。

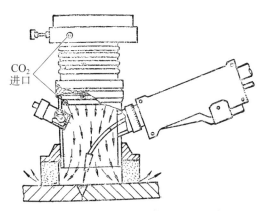

CO_2 进口

图 4‑74 LD‑CO_2 焊接法原理示意图

采用 LD‑CO_2 焊接法焊接时,半自动焊枪和送丝箱都随潜水焊工带入水中。其余设备都放在作业船(或工作平台)上,由水面的辅助人员操作,如图 4‑75 所示。

实现局部干法水下焊接的首要条件,是利用气体局部排水,使之形成气室,使电弧在干的气相环境中燃烧。为了更有效地解决湿法水下焊接中存在的三大技术问题,在排水的同时,还要解决如下几个问题:

(1)排水所产生的气泡可能影响可见度。

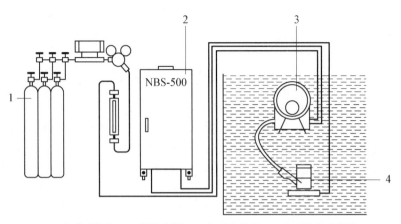

1—二氧化碳气瓶;2—焊接电源;3—水下送丝箱;4—水下半自动焊枪。

图 4-75　LD-CO_2 焊接设备示意图

（2）在排水的同时,要将焊接烟雾及时从气室内排出,以免影响可见度。

（3）尽量使气泡变得细小而且均匀地从罩内逸出,如果以较大气泡形式逸出,则气泡刚逸出的瞬间,罩内压力突然降低,罩外的水可能乘虚而入。只有待压力增加到一定程度时,才能将水再次排出,压力再增加,气体又以大气泡的形式逸出,压力又降低。如此循环,罩内压力波动较大,罩内的气相区不够稳定,也会直接影响电弧的稳定性。

（4）防止由于排水而加剧焊接区的冷却速度,造成热影响区的硬度过分增高。

LD-CO_2 焊接法全面地考虑了上述问题。因此,比较有效地解决了湿法水下焊接存在的关键技术问题,提高了水下焊接质量。

2）LD-CO_2 焊接法的特点

LD-CO_2 焊接法具有如下特点:

（1）可见度好　由于 SQ-Ⅲ型水下半自动焊枪,通过焊接法兰与潜水焊工的潜水面罩或头盔连接,使潜水焊工的视线不经过水而直接从气室内看到电弧和熔池。因此,可在较浑浊的水中使用。由于焊枪设有两个进气口,一个在焊枪上部,一个环形进气口在焊枪中部,这样焊接烟雾被压在焊枪的下部,而且及时地被排出焊枪体外面,使气室内焊接处始终保持清晰,这种方法成功地解决了可见度问题。

（2）焊缝金属含氢最低　由于枪体端部有弹性泡沫塑料垫,排水气体是以小气泡形式较均匀地从气室内逸出,枪体内压力波动较小,枪体外的水不易反压回枪内。另外,采用二氧化碳气体作为排水气体和保护气体,可使电弧在一个稳定的、氧化性较强的气相中燃烧,从而较大幅度地降低了焊缝金属的含氢量。每 100 g 焊缝金属中扩散氢含量一般为2～4 mL,达到了陆地上低氢型焊条焊接的焊缝中含氢量的水平。

（3）降低了淬硬倾向　由于焊枪在焊件表面形成的排水区直径为 80～100 mm,熔池基本上处于圆心位置,在一般的焊接速度(小于 300 mm/min)下,焊缝金属移出排水罩与水接触的温度已降至 500 ℃以下,有效地消除了焊接接头的淬硬倾向。硬度试验表明,低碳钢焊接接头最高硬度不超过 300 HV,而强度极限为 500 N/mm^2 的 16 Mn、SM53B 等低合金高强钢接头的最高硬度不超过 350 HV。

（4）焊接接头质量好　LD-CO$_2$焊接法有效地解决了可见度低、含氢量高、冷却速度快等关键技术问题。采用LD-CO$_2$焊接法，能消除气孔、夹渣、裂纹等焊接缺陷，获得成形美观的焊缝。接头强度不低于母材，冷弯试验可达180°，达到了美国API1104规程的有关要求。

（5）方便灵活、适应性强　焊枪结构简单、轻巧实用，可配合轻潜装具和重潜装具进行水下焊接施工。施焊时不必更换焊枪头便可适应平、立、横、仰等焊接位置及平板或弧形板（$R \geqslant 150\,mm$）的对接、搭接及钝角角接的焊接。

焊枪手把与排水罩是铰连接，用"O"形密封圈密封，可在90°左右的范围内自由转动，但轴向不能移动，这样向前移动手把，就可带着排水罩向前移动。焊接时泡沫塑料垫靠在焊件表面上，起支撑作用，容易控制焊丝的伸出长度，确保焊接参数稳定。该焊枪所需的辅助作业面较小，一般结构（管道、架等）都能适用。

（6）焊接效率高　LD-CO$_2$焊接法采用直径为$1\,mm$的焊丝，电流密度较大，一般都大于$75\,A/mm^2$，手工电弧的电流密度仅为$10\sim20\,A/mm^2$，所以焊丝的熔化速度快，焊接效率很高，并可连续焊接，不需要经常清渣。因此，辅助时间较少，效率高。

（7）施工成本低　用这种水下焊接法水下焊接施工，无须大型而昂贵的辅助装置，采用的二氧化碳气体价格便宜。由于焊接速度快，可以缩短施工周期，从而降低施工成本。

相比于手工电弧焊等其他湿法水下焊接技术，虽然LD-CO$_2$焊接法具有很多优点，但是也存在一些缺点和不足，如潜水焊工可能发生水下操作不当和潜水规范选择不合理，飞溅依然较大，焊缝成形不够好；当水深超过$30\,m$后，成形系数变差；排水罩不能适应复杂结构的焊接等问题。

3）LD-CO$_2$焊接法的电弧特性

LD-CO$_2$焊接法，是二氧化碳保护焊在水下这个特殊环境的应用，其电弧是在二氧化碳气体介质中燃烧的。电弧静特性与陆地上用二氧化碳电弧静特性有共同之处，即都是上升的。然而，水下这个特殊环境又给水下焊接电弧带来新的特点。随着水深的增加，压力随之增加，所用保护气体的压力也要相应提高。电弧周围，气体密度加大，对电弧的冷却作用也就更强，电弧被压缩而变细，弧柱的电位梯度随之增大。因此，随着水深增加，电弧静特性曲线逐渐向上移，上升的斜率也逐渐变大，如图4-76所示。

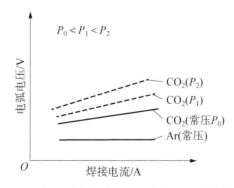

图4-76　在不同条件下同一弧长的电弧静特性曲线

由于电弧静特性曲线上升斜率随着水深增加而增加,对同一台外特性的焊接电源而言,电弧的自调性能也发生变化,如图 4 - 77 所示。在相同弧长变化条件下,即 $\Delta L_{p_0} = \Delta L_{p_1}$,由于高压下电弧静特性曲线斜率大于常压下的曲线斜率,则电流偏离值 $\Delta L_{p_0} > \Delta L_{p_1}$,也就是说,随着压力的增加,电弧自调作用逐渐减弱,这将影响电弧的稳定性。

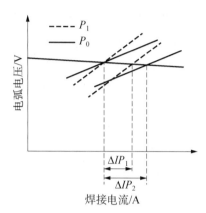

图 4 - 77　电弧静特性曲线斜率对电弧自调作用的影响

因此,LD - CO_2 焊接法所采用的电源外特性,更应当是平硬甚至有所上升才可以。ZDS - 500 型直流电源基本上满足了 LD - CO_2 焊接法的要求。

4）LD - CO_2 焊接法的电弧形式与熔滴过渡

LD - CO_2 焊接法作为一种熔化极保护气电焊方法,焊接时所采用的电弧形式以及熔滴向熔池中的过渡过程,将直接关系到电弧焊过程和焊接工艺参数的稳定性、合金元素的烧损、焊接过程的飞溅、焊缝成形等一系列工艺技术问题,同时在一定程度上也决定了焊接工艺性质,并最终影响到焊缝的质量。

LD - CO_2 焊接法一般采用短弧焊,这种电弧有如下优点:

（1）短弧焊时,电弧燃烧比较稳定,熔滴呈细颗粒高频率过渡,因此,焊接过程十分稳定。

（2）由于使用的焊丝直径小,电流密度高,电弧的能量集中,加热面小,热影响区窄,焊件焊后变形小。

（3）可全位置焊接。短弧焊时,其熔滴过渡形式为短路过渡。短路过渡时电流和电弧电压的波形图及熔滴过渡的示意图如图 4 - 78 所示。

电弧引燃后,由电弧析出的热量,强烈地熔化焊丝,并在焊丝端部形成熔滴,如图 4 - 78(e)所示。由于焊丝迅速熔化而形成电弧空间,其长度取决于电弧电压。随后,熔滴体积逐渐增加,而弧长没有多大变化,如图 4 - 78(f)所示。随着熔滴的不断增大,电弧向未熔化的焊丝部分传入的热量减小,同时焊丝熔化的速度也降低,如图 4 - 78(g)所示。由于焊丝仍以一定的送丝速度送进,势必导致熔滴逐渐接近于熔池,弧长变短,最后使电弧空间短路,如图 4 - 78(h)所示。熔滴与熔池接触,电弧熄灭,电压急剧下降,短路电流逐渐增大,形成短路液柱,如图 4 - 78(b)所示,这种状态的液柱不能自行破断。随着短路电流的不断增大，由于短路电流的电磁收缩作用，熔滴形成缩颈，如图 4-78(d)所示，这种缩颈称为"小桥"，这个小桥连接着焊丝与熔池，逐渐变细，当短路电流强度达到一定值后，"小桥"迅速断开。这时，电弧电压很快恢复到空载电压，电弧又重新引燃，再重复上述过程。

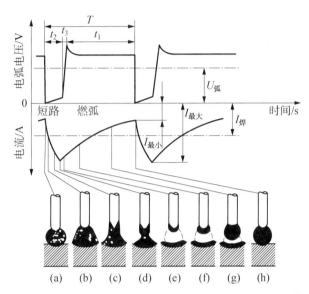

t_1—电弧燃烧时间；t_2—短路时间；t_3—拉断熔滴后电压恢复时间；T—焊接循环周期，$T = t_1 + t_2 + t_3$；$I_{最大}$—最大电流(又称短路峰值电流力)；$I_{最小}$—最小电流；$I_{焊}$—焊接电流(又称平均电流)；$U_{弧}$—平均电弧电压。

图 4-78 短路过渡过程与电流、电弧电压波形的关系及熔滴过渡示意图

在 t_1 时间内，熔滴处在高温电弧区内，t_1 对焊接工艺有重要意义。二氧化碳是一种氧化性气体，熔滴被强烈地氧化，烧损合金元素，可见 t_1 对焊缝的化学成分有很大影响。t_2、t_3、$I_{最大}$ 是由电源特性和焊接材料决定的，同时它们又决定了焊接过程的稳定性。

短路过渡时，为了稳定焊接过程，要求熔滴越小、过渡越快越好，也就是说，在稳定的短路过渡情况下，要求尽量高的短路频率。

影响短路频率的因素主要有电弧电压和焊接回路中的电感。

电弧电压高时，熔滴过渡频率降低，电弧电压和电流波形比较平缓，即熔滴过渡对焊接参数的影响较小。熔滴体积大，全位置焊接困难。若电弧电压低时，则弧长很短，熔滴就很快与熔池接触，燃弧时间 t_1 很短，短路频率很大。但是，如果电弧电压过低，就可能在熔滴尚未脱离焊丝时，焊丝未熔化部分就插入熔池，造成焊丝固体短路，焊丝被成段地烧断，造成严重的飞溅，使焊接过程无法进行。

电感对短路电流上升速度与短路峰值电流的关系：当回路电感过小时，短路电流上升速度过大，短路峰值电流亦过大，造成短路过程不稳定，引起大量飞溅；相反，若回路电感过大时，短路"小桥"的缩颈难以形成，同时由于短路峰值电流太小，则"小桥"不易断开，甚至造成固体短路。

焊接回路的电感值直接影响了短路电流的大小，因此，也影响短路频率的大小。电感

值越大,则短路电流上升速度越低,短路周期加长,短路频率就低。

5) 水深对电弧形态及焊缝成形的影响

(1) 对电弧稳定性的影响　通过加压模拟舱焊接试验得到的数据证实,随着气体介质压力的增加(相当于水深的增加),电弧稳定性逐渐变差,断弧时间的百分率增大。当二氧化碳气体压力增加到 $0.3 MPa$ 时,断弧时间百分率达到 21.1%;当二氧化碳气体压力增加至 $0.5 MPa$ 时,断弧时间百分率达到 40%,几乎短路一次,断一次弧,达到了难以控制的程度,如表 4-14 和图 4-79 所示。

表4-14　不同二氧化碳气体压力下焊接电弧稳定性试验值

试件号	压力/MPa	短路过渡频率/(次/分)	短路时间/ms	最大短路电流/A	短路时间比率/%	燃弧时间比率/%	断弧时间比率/%	电弧稳定性
808-1	0	52	4.4	330	23.1	76.9	0	良
808-4	1	48	4.7	360	21.3	78.7	0	良
808-7	3	42	7.1	440	26.8	52.1	21.1	较差
808-11	5	38	7.9	450	30.3	29.5	40.2	差

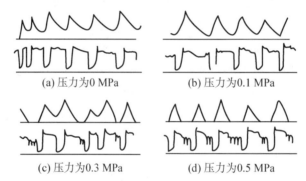

(a) 压力为0 MPa　　　(b) 压力为0.1 MPa

(c) 压力为0.3 MPa　　　(d) 压力为0.5 MPa

图 4-79　不同二氧化碳气体压力下焊接时电流、电弧电压波形图

(2) 对电弧形态的影响　据有关参考文献介绍,电弧在高压气体介质中,随着气体压力的增加,不仅电弧稳定性降低,而且弧柱逐渐变细,即弧柱由钟状向柱状过渡,如图 4-80 所示。

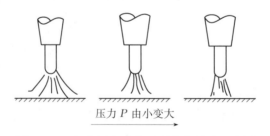

压力 P 由小变大

图 4-80　气体压力对电弧形状的影响示意图

水下焊接时,随着水深的增加,弧柱越来越细。这是水下焊接电弧的明显特点。

(3) 对焊缝成形的影响　由于水压增加,使电弧形状发生变化,给焊缝成形带来直接影响。通过模拟深水焊接试验表明,随着气体压力增加(即随着水深增加),焊缝成形逐渐发生变化。当压力达到 0.3 MPa 时,熔宽明显变窄,焊缝高度增加(见表 4 - 14)。当压力增至 0.5 MPa 时,焊缝的成形系数(熔宽与熔深之比)由常压的 3.0 降至 0.9,而且整个焊道弯曲不直,表面粗糙不平,焊缝成形很坏。图 4 - 81 为不同压力下焊缝外观及断面的照片。

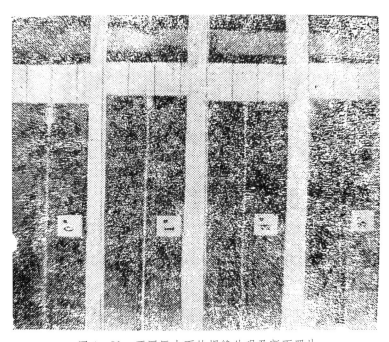

图 4 - 81　不同压力下的焊缝外观及断面照片

随着压力增加,不仅焊缝成形变坏,而且出现焊缝"满溢"现象,如图 4 - 82 所示。这种现象的出现对多道多层焊是极为不利的,在"满溢"处很容易造成未焊透和夹渣等缺陷。

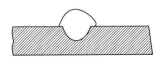

图 4 - 82　"满溢"现象示意图

焊缝出现弯曲和"满溢"现象的原因,是由于气体压力增加导致熔宽下降。当焊丝熔化速度不变时,焊缝高度就要相应增加。但是焊缝高度的增加是有限的,当高度增加过大时,液态金属就会发生溢流,造成焊缝"满溢"。

4.4.2　LD - CO$_2$ 焊接法的设备及材料

LD - CO$_2$ 焊接法目前使用的焊接设备是 NBS - 500 型水下局部排水半自动焊机。该焊机是近年研究成功的新型水下焊接设备,由哈尔滨电焊机厂生产。

NBS - 500 型水下局部排水半自动焊机由 ZDS - 500 型晶闸管弧焊整流机、SX - Ⅲ型水下送丝箱、SQ-Ⅲ型水下半自动焊枪及供气系统四个部分组成。图 4-83 为该焊机的外观照片。生产实践证明，这种 NBS-500 水下焊机性能稳定、结构合理、便于搬运，适合船上使用，可用于水深不大于 30 m 的水下焊接作业。

图 4-83　NBS-500 型水下局部排水半自动焊机

1) ZDS-500 型晶闸管弧焊整流机

该弧焊整流机具有平、陡两种静外特性，可随时选用，是一种多用途的弧焊整流机，它有下列几个特点：

（1）平特性电压调节是有级加无级的混合调节，调节范围较宽（18～50 V），特性曲线平直，有利于进行 LD-CO$_2$ 半自动焊。

（2）具有陡降外特性，特性曲线斜率也较大，对网路电压波动不太敏感。

（3）输入电源电压采用三相三线制（无地线），适合船台和平台上的供电特点。

（4）水下操作控制线路电压低（6.3 V），且装有故障警报系统，若潜水焊工停止焊接，松开起动按钮、送丝停止，但主回路由于继电器故障，仍输出高的空载电压，此时便自动发出警报，使水上监控人员可及时切断主回路，防止潜水焊工触电。

（5）具有延时装置，适合 LD-CO$_2$ 半自动焊工艺要求。

（6）结构紧凑，质量大的部件（如主变压器）装在机体下部，机体重心较低，稳定性较好。

（7）壳体为封闭式，进出线均用胶皮筒密封，防水性能较好，内部各电器元件和连线焊接点均涂有三防漆（继电器触点除外），以提高防潮性能。

（8）采用直通式强制通风系统，在壳体上盖开一个进风窗，在前后门处设有出风窗，风机强迫冷空气通过整流器进行冷却。这种通风形式弥补了封闭壳体给整流器冷却带来的不利。

（9）送丝电源和控制系统、气体加热器电源均装在主机体内，操作方便、便于搬运。

ZDS-500 型晶闸管弧焊整流机的基本参数如下：

（1）输入电压：380 V、50 Hz、三相三线。

(2) 空载电压:75 V。

(3) 额定电流:500 A。

(4) 额定负载持续率:80%。

(5) 外特性:平、陡。

(6) 电压调节范围(平):18~50 V(混合调节)。

(7) 电流调节范围(陡):50~600 A。

(8) 外形尺寸(长×宽×高):1 150 mm×720 mm×1 120 mm。

(9) 质量:600 kg。

(10) 电缆长度:50 m。

该整流机具有平、陡两种外特性,其外特性曲线如图 4 - 84 所示。图 4 - 84(a)所示为陡降特性曲线,工作段下降斜率较大。图 4 - 84(b)所示为平外特性曲线,曲线较平直。这种特性对水下二氧化碳半自动焊是较适合的,对焊接电缆的压降具有一定的补偿作用。因此,对网路电压波动不是很敏感。

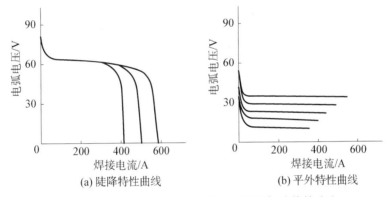

图 4 - 84 ZDS - 500 型晶闸管弧焊整流机外特性曲线

从图 4 - 84(b)中可看出,这种 ZDS - 500 型晶闸管弧焊整流机引弧电压较高,而且高压段有一定的宽度范围(10~20 A)。这一高电压对引弧和稳定焊接电弧是有利的。因此,该整流机的引弧特性是较好的,一般在 0.2~0.5 s 之内可进入稳定焊接阶段。

2) SX - Ⅲ型水下送丝箱

SX - Ⅲ型水下送丝箱,是水下局部排水二氧化碳半自动焊的送丝装置。

在半自动焊中,送丝装置对焊接过程稳定性及焊接质量影响很大,尤其是水下焊接,对送丝稳定性要求很高。因此,对送丝装置的制造质量要求较严。目前我国长距离送丝技术还没解决,送丝装置必须随潜水焊工进入水中,对水下送丝装置既要求有良好的密封绝缘性能,又要求送丝速度稳定。尽可能地避免出故障,因为即使是很小的故障,在水下也是难以排除的,只得将送丝装置提出水面排除。这样会浪费很多潜水作业时间。

水下送丝机构应整体密封在一个箱体内,因此把这种送丝装置称为水下送丝箱。该箱可送直径为 0.8~1.2 mm 的焊丝。每次可装焊丝 2 kg,最大送丝速度为 600 m/h。箱体可承受的内压为 0.5 MPa。进出电缆均采用可拆卸接头,拆卸方便,密封良好。体积为

21 L 左右,空气中的质量为 25 kg 左右,水中质量为 5 kg 左右。送丝软管长度为 2 m 左右。

SX-Ⅲ型水下送丝箱主要结构由如图 4-85 所示。

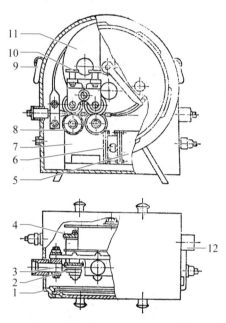

1—箱体;2—送丝滚轮;3—导位管;4—变速齿轮;5—送丝电动机;6—联轴节;
7—变速箱;8—送丝齿轮;9—手把;10—压紧螺母;11—焊丝盘;12—电缆接头。

图 4-85　SX-Ⅲ型水下送丝箱示意图

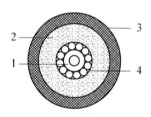

1—不锈钢弹簧管;2—铜导管;3—橡胶套;4—紧固钢丝。

图 4-86　送丝软管横断面示意图

3) SQ-Ⅲ型水下半自动焊枪

SQ-Ⅲ水下半自动焊枪,是 NBS-500 型水下局部排水半自动焊机的关键组成部分。LD-CO_2 焊的特点主要是通过这种焊枪体现的。该焊枪的有效排水面直径为 80～100 mm,焊枪头上、下调节范围为 25 mm,可焊接厚度为 3～20 mm 的钢板或钢管(直径不小于 300 mm),枪体最大直径为 130 mm,高为 280 mm,空气中质量为 2.5 kg。

焊枪由可移动气室(排水罩)、导电部分和焊枪手把组成,如图 4-87 所示。

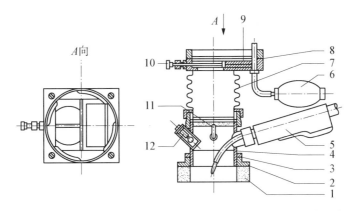

1—密封垫；2—密封垫法兰；3—锁紧螺母；4—罩体；5—焊枪手把；6—橡胶单向泵；
7—波纹管；8—连接法兰；9—护目玻璃；10—拉杆；11—进气环；12—照明灯。

图 4-87　SQ-Ⅲ水下半自动焊枪结构示意图

（1）可移动气室　可移动气室也叫焊枪排水罩，是一个两端敞口的圆筒形结构。主要由连接法兰、波纹管、枪体、焊枪头、进气环和照明灯等部件组成。

连接法兰是焊枪与潜水面罩（或头盔）相连接的连接件。连接法兰采用分段梯形螺纹结构，类似重潜头盔和肩盘间的连接形式，装卸方便，密封良好。为防止弧光刺伤潜水焊工的眼睛，在连接法兰内装有电焊护目玻璃。

波纹管是用黄铜制造的标准件（H80A80/100），其一端与法兰盘固定，另一端通过螺母与枪体活动连接，并用环形密封圈密封。波纹管的作用是使焊枪具有一定的柔性，使焊枪与面罩连接后，不会由于潜水焊工在水中的稳定性差而带动焊枪摇晃，影响排水效果。

枪体（罩体）是水下半自动焊枪的主体，导电杆从枪体侧面插入气室。内装进气环、照明灯，侧面连接手把，枪体下端连接焊枪头，上端连接波纹管。为保证水下作业安全，这种枪体用绝缘性能好、耐海水腐蚀的硬塑料管制成。

焊枪头由多孔泡沫塑料密封垫、密封垫法兰和橡胶裙组成。焊枪头的结构尺寸对水下局部排水半自动焊的排水效果和减缓冷却速度影响较大。密封垫的作用是使气室与被焊件贴合，以便将气室内的水排出，并使气体以细小的气泡逸出，保证气室内压力波动较小。密封垫选用 20～25 mm 厚的泡沫塑料即可。板厚为 12～20 mm（或弧形板），最好选用 30～40 mm 厚的密封垫。

密封垫的内孔尺寸是 SQ-Ⅲ型焊枪的关键结构尺寸之一。它决定了焊枪在焊件上所能形成的无水区大小，无水区是影响焊缝金属冷却速度的重要因素。一般说来，熔池是处在无水区的中心上，当焊接速度相同时，密封垫内径越大，所形成的无水区直径越大，焊缝金属接触水的时间越慢。温度亦越低，则可较好地避免出现淬硬组织。相反，密封垫内径越小，所形成的无水区直径越小，焊缝金属越容易出现淬硬组织。从缓冷效果来看，密封垫越大越好，但其外径亦会相应增加，给焊接操作带来不便。因此，密封垫内、外径应适当。实践证明，现用的密封垫外径为 130 mm，内径为 80～100 mm 是合适的，即新换的密封垫内径为 80 mm，当烧损到 100 mm 时报废。

密封垫外层的橡胶裙,是迫使气体从密封垫与钢板的界面上逸出,防止气体从密封垫侧面跑掉,以增强排水效果。当发现橡胶裙有破损或漏气现象,应及时更换或补修。

进气管是排水气体进入气室的入口,其形状和位置对排水作用影响不大,但对排除焊接烟雾效果的影响却很大。如果只有一个直进气口,无论在什么位置,都会在气室内形成涡流,而使部分焊接烟雾回旋于罩内不易被及时排出。如图 4-88(a)所示,气室内的气体变得浑浊,影响潜水焊工视线。同时护目玻璃亦很快被弄污,降低了可见度。

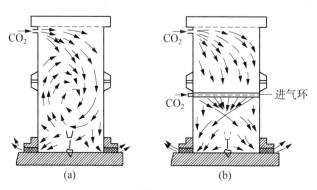

图 4-88 气体在气室内流动示意图

SQ-Ⅲ型水下半自动焊枪有两个进气孔,一个设在枪体和波纹管之间,呈环状,故又称进气环,其结构如图 4-88(b)所示。进气环上均匀分布 10 多个直径为 0.8 mm 的小孔,其轴线指向气环中心,并与圆环平面成一定角度(10°~15°)。当气体从小孔内吹出时,便在气室中部形成一个气流封锁层,焊接烟雾被封在气室下半部。另一个进气孔设在连接法兰的侧面,气体直接吹向护目玻璃,既吹掉附在玻璃上的水珠,又增加了气室上部的压力,形成一个向下流动的气流,有助于阻止焊接烟雾上升,迫使焊接烟雾及时从焊枪头与焊件接触面处逸出,可始终保持气室内有清晰的可见度。

因进气环离电弧较近,所以喷气孔易被飞溅的金属颗粒所堵塞,使喷出的气流不对称,封锁效果降低,使用过程中要注意清理。

照明装置是一个 6.3 V 的插口灯泡,装在焊枪体上的密封有机玻璃罩内,仅供气室内照明之用。

(2) 导电部分 导电部分主要由电缆接头、导电杆和导电嘴组成。电流通过这三部分传导给焊丝。

导电嘴是导电部分的重要零件,应采用导电性良好、耐磨的材料制作,一般采用紫铜,也有用铬青铜和磷青铜的。导电嘴孔径的大小对导电性能影响较大。导电嘴内孔太小,送丝阻力增大,焊丝不能顺利地通过,直接影响焊接过程的稳定性;反之,若内孔太大则焊丝在导电嘴内接触点不固定,接触好时电流大,接触不好时电流小,也影响焊接参数的稳定性。实践证明,导电嘴孔径大于焊丝直径 0.1~0.3 mm 为宜。

LD-CO$_2$ 焊接法目前仅用直径 1.0 mm 的焊丝,故导电嘴内径选用 1.1~1.2 mm。孔径由于磨损扩大至 1.3 mm 时报废。

导电嘴长度(主要是指直径 1.1 mm 孔径段的长度)对导电性也有影响。长些导电性能好,但太长会增加送丝阻力;太短导电性不好,尤其是孔径磨大以后,更会造成电弧不稳。

水下半自动焊用的导电嘴与陆上用的还有一个不同之处,即在导电嘴的中段侧面对称地钻两个孔。这是因为水下焊接时,为防止水从导电嘴通过送丝软管进入送丝箱,要求在送丝箱内充入一定压力的气体,因送丝箱的其他部位均为密封,气体只能沿着送丝软管流向导电嘴,从导电嘴前端吹出。由于送丝箱内的压力高于气室的压力,气体从导电嘴端孔与焊丝缝隙中以一定流速流出。在焊接过程中,这股气流直接吹向熔池,甚至把熔池金属吹掉,造成成形不良。为消除这种现象,在导电嘴中部、小孔径以上部位横向钻一对通孔(孔径为 $1\sim1.5\,mm$ 为宜)。这样,从送丝软管中吹过来的气体大部分从两个侧孔中逸出。从导电嘴端孔中出来的气体流量很少,吹力也很小,不至于影响焊缝成形。

(3) 焊枪手把 水下半自动焊枪手把比陆用的要复杂些。不仅要求所用材料绝缘性能好,还要耐海水腐蚀,更重要的是要将所有导电件的接头与海水隔绝,以免发生漏电及电腐蚀。焊枪手把与导电件之间均用尼龙套密封及绝缘。尼龙套一端插入送丝软管橡胶套内,另一端通过 O 形密封圈与气室连接,这样整个焊枪手把部分的导电件均与海水隔绝。

照明灯和排水气管均从手把内通过,并在其后端装有气体流量调节阀,可方便地调节进入气室的气量。

4) 供气系统

LD-CO_2 焊接法,它是以液态保存在钢瓶内的二氧化碳作为保护气体和排水气体。要使液态的二氧化碳变成流动通畅的气体供给水下送丝箱和焊枪使用,必须通过由加热器、减压阀、流量计等气路元件组成的气路系统才能达到目的。LD-CO_2 焊接法的气路系统如图 4-89 所示。

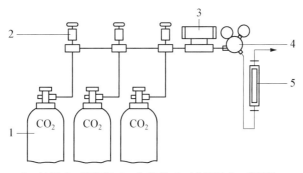

1—气瓶;2—配气阀;3—加热器;4—减压阀;5—流量计。

图 4-89 LD-CO_2 半自动焊气路系统

水下焊接时用气量很大,一般为 $50\sim100\,L/min$。如用一只气瓶供气,由于流量太大,减压阀很快冻结,影响供气效果。另外,用单气瓶供气,换气瓶时必须把送丝箱和焊枪从水中提出,水下焊接作业被迫中断。因此,水下焊接气路中用配气阀(也叫气排)将三只气瓶并联组成气瓶组。工作时,同时打开两只气瓶供气,一只瓶备用。这样,延长了供气时间。

水下焊接用气量大,加热器功率必须与之相匹配。现用的加热器功率为1kW。电源电压为220 V,通过调节器供给加热器,一般用于80~120 V。天冷、用气量大时,可用到150~180 V。停止供气时,要及时将电压降下,以免烧坏加热器。

5）LD–CO₂焊接法焊接材料

（1）二氧化碳气体　纯净的二氧化碳气体是无色、无味、无嗅的气体,其密度是空气的1.5倍,为$1.97686×10^{-3}$ g/cm³,二氧化碳气体易溶解于水中,一般溶解于水后略有酸味。

二氧化碳气体在高温时几乎全部分解。由于分解出氧,具有氧化性。

焊接用的二氧化碳气体,是由专门厂生产的,也可以是食品加工厂的副产品,以液态瓶装供应,一般二氧化碳气体瓶染成灰色,且用黄字或黑字写上"二氧化碳"字样。标准二氧化碳气体钢瓶的容积为40 L,通常可以灌入25 kg的液态二氧化碳。由于二氧化碳由液态变为气体的沸点很低（为−78℃）,故在常温下钢瓶中的液态二氧化碳就能汽化成气体。在0℃和1 atm下,1 kg的液态二氧化碳就能汽化成509 L的气态二氧化碳。一个标准瓶中的液态二氧化碳可汽化成12725 L的二氧化碳气体。若焊接时气体耗量为3~6 m³/h,则一瓶液态二氧化碳可连续使用2~3 h。

标准二氧化碳气体满瓶时的压力为5~7 MPa,使用经验表明,瓶中气体压力低于1 MPa（温度20℃）时,已不宜再使用,需重新灌气,以保证焊接质量。

焊接用的二氧化碳气体应有较高的纯度,一般的技术标准是:$CO_2 > 99\%$、$O_2 < 0.1\%$、$H_2O < 1~2$ g/m³。

在二氧化碳气体保护焊中,二氧化碳气体纯度越高,焊缝性能越好。因此,在焊接低合金钢时,要注意二氧化碳气体纯度。目前,我国生产的二氧化碳气体基本上能满足焊接要求。如果发现二氧化碳气体中含水量较大,使用前先将气瓶倒置5~10 min,瓶中的积水就会沉到下部。打开阀门,将积水放出。然后再将气瓶立起来使用。

（2）焊丝　LD–CO₂焊接法采用与陆地上二氧化碳保护焊相同的焊丝,其牌号为H08Mn2SiA,其化学成分如表4–15所示。

表4–15　H08Mn2SiA焊丝化学成分

名称	C	Si	Mn	Cr	Ni	S	P
含量/%	≤0.10	0.70~0.95	1~2.1	≤0.20	≤0.25	<0.03	<0.035

这种焊丝是生产中广泛使用的一种焊丝,具有较好的工艺性能,焊接接头的机械性能也较高。适用于焊接低碳钢和抗拉强度为500 N/mm²的低合金钢。水下焊接时采用这种焊丝可以焊接国产A3低碳钢、3C船用钢和16Mn低合金钢。也可焊接日本的SM41C、SM50C、SM53B等钢。

4.4.3　LD–CO₂焊接法的工艺

1）LD–CO₂焊接焊机使用方法

（1）焊机的接线顺序　NBS–500型水下局部排水半自动焊机外部接线顺序如图4–90所示。

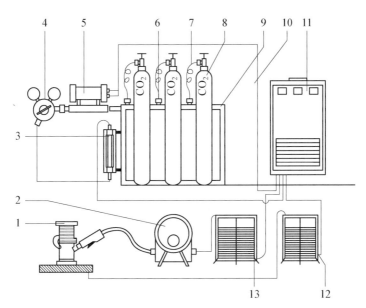

1—焊枪；2—送丝箱；3—流量计；4—减压器；5—加热器；6—气阀；7—气路软管；8—CO$_2$ 气瓶；

9—气瓶架；10—加热器电源线；11—焊接电源；12—地线；13—气管和把线。

图 4-90　NBS-500 型水下局部排水半自动焊机外部接线示意图

　　a. 接输入线　打开电源后门及通风栅窗，将三根电源一次线从下方带有橡胶筒的入口处插入，接到输入线端子上。将橡胶筒与电线扎紧，以防进水。

　　b. 接输出线　打开前门和通风栅窗，以便露出输出线端子、控制电缆插座及加热器电源插座。将焊接把线、地线、控制电缆及加热器电源线从下面带有橡胶筒的入口处插入，分别接到各自的端子或插座上，然后将电缆和橡胶筒扎在一起。

　　c. 连接气路　将气瓶接入汇流排。在汇流排另一端依次接入加热器、减压器、流量计和气管，并将加热器电源线接到加热器的端子上。

　　d. 接送丝箱　取下电缆接头护帽，将电缆和气管接到送丝箱上的对应插座上。将送丝软管、开关控制线、气管接到送丝箱另一侧的对应插座上。

　　e. 焊接枪　将手把插入排水罩，拧紧接管压帽。将照明灯装入接管。连接好上、下两个进气管。

　　接线时应注意下列几点：

　　a. 电源不要直接接入网路，要经过磁力启动器或三相闸刀开关接入网路。

　　b. 电缆接头上的灰尘、污垢等要擦净，螺母要拧紧，确保接触良好。

　　c. 注意接头的密封绝缘，尤其是送丝箱上的主回路电缆接头、软管接头及控制电缆接头，既要保证导电良好，又要确保密封绝缘。如发现密封圈有老化、磨损等现象，要及时更换。

　　d. 收好接头护帽，防止丢失。

　　(2) 焊机参数的调节方法。除换挡闸刀开关和引弧电压开关在电源后面板上之外，其余调节开关及旋钮都安装在前面板上，如图 4-91 所示。

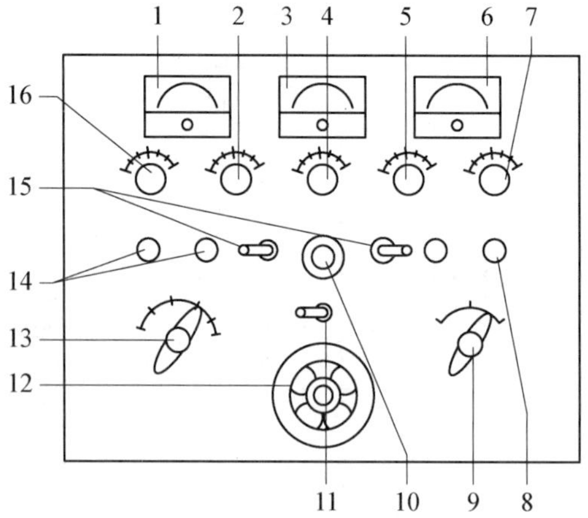

1—电流表；2—换挡旋钮；3—电流表；4—换特性开关；5—平特性Ⅰ调节旋钮；6—送丝电压表；
7—平特性Ⅱ调节旋钮；8—指示灯；9—总开关；10—送丝电压调节；11—退丝开关；
12—调压器旋钮；13—引弧电阻开关；14—指示灯；15—焊接开关；16—电流调节旋钮。

图 4-91　NBS-500 焊机前面板开关及旋钮位置示意图

a. 调相序　一次线接入网路后，将电源开关拨至"开"的位置。如果相序指示灯亮，电源正常起动，则相序正确，如果相序指示灯不亮，电源不能正常起动，则相序不对，必须将任意两根一次线调换一下。

b. 调工作电压　将三个换挡开关闸刀放到所需的挡位上（所处位置一致），前面板上的换挡旋钮转到对应挡位上。将平特性旋钮转至平Ⅰ（或平Ⅱ）位置上，按动空载电压按钮，转动对应的电压调节旋钮（平Ⅰ或平Ⅱ），即可得到所需的空载电压。引弧后，再调节所需的电弧电压。

c. 调节焊接电流　（调节送丝电压）二氧化碳半自动焊中焊丝直径一定，焊接电流的大小是由送丝速度决定的。送丝速度大，焊接电流也大。调节送丝速度，即同步调节了焊接电流。这种 NBS-500 型焊机的送丝速度，是通过送丝电机的电枢电压的大小间接标志的。所以调节送丝电压大小，也就间接地调节了焊接电流的大小。

调节送丝电压时，先将"焊接开关"关闭，使主回路无输出，以防触电。接通焊接急停开关，按动手把开关，送丝指示灯亮，旋转送丝调节旋钮，使送丝电压达到所需值。这样调节的电流值，是个约值。准确的电流值必须在焊接过程中调节。

（3）焊接操作。

a. 接牢地线　将地线接到被焊件的坡口附近，也可接到被焊件露出水面的部位上。

b. 给加热器通电预热　电压拨至 80 V 左右，约 10 min 即可。

c. 装焊丝　打开送丝箱前、后盖，装上焊丝盘，将焊丝从导丝管引入送丝轮和送丝软管，压紧送丝轮，按动手把开关将焊丝推入焊枪（在推焊丝前，先将导电嘴卸下来，以免卡丝）。调节好送丝推力，盖上箱盖。

d. 向送丝箱供气，焊枪、送丝箱入水，并挂到工作场所适当位置上。

e. 潜水焊工背上焊接配重袋。

f. 将焊枪排水罩与潜水面罩(或头盔)连接起来。将焊枪头贴在坡口上,打开手把上的气体调节阀,排水、引弧焊接。

g. 从面罩上卸下焊枪,将焊枪绑在送丝箱上。

h. 放下配重袋。

i. 使焊枪和送丝箱脱离工作台,由水上监控人员提出水、闭电、闭气、冲洗、保养。

(4)焊机的保养。为保养好设备,潜水焊工要注意如下事项:

a. 搬运设备时要小心轻放,电缆、送丝箱和焊枪都要绑牢,以防散落折损。

b. 电源、气瓶架要放到安全稳妥的地方,要用绳索绑牢。罩好防雨罩,严防漏雨。

c. 施工前,按接线图正确连接焊接回路和气路,接头要拧紧。电源接入网络时,输入电压和相序应符合要求。电源外壳牢固接地。施工结束后,将焊接回路和气路拆开,将每个接头护帽都拧上,分部捆绑好,罩好防雨罩。

d. 操作者必须掌握设备的一般构造、电气原理和使用方法,严禁乱动开关和把焊枪放到甲板或钢制工作平台上。

e. 如在海上或浑水中作业,作业结束后,要用清水冲洗电缆、送丝箱和焊枪。尤其对焊枪,必须将海水或污水彻底清洗掉。

f. 经常检查各种继电器的触点工作情况,发现有烧损或接触不良者,要及时修理更换。

g. 经常检查控制线路、照明线路、开关等入水电器元件的密封绝缘情况,如有破损、折断或失灵,要及时修理更换。

h. 经常检查气路工作情况,如发现漏气应查明原因,及时修理更换。

i. 对焊枪要轻拿轻放,注意保护连接法兰和焊枪头螺纹。经常清洗或更换护目玻璃上的普通玻璃。经常抛光照明灯的有机玻璃罩,确保照明效果。经常清理粘到枪体内壁和进气环上的飞溅物,确保进气通畅。经常拧动波纹管和枪体间的连接螺母,严防锈蚀失灵。

j. 经常检查送丝软管的工作情况,及时清除软管内的污垢,以免增加送丝阻力。注意软管外部绝缘橡胶套老化、磨损程度,必要时更换软管。

k. 经常注意和检查送丝轮压紧情况,及时加以调整和更换。注意减速器工作情况,要定期检修和加油。

l. 经常检查送丝箱内壁和电缆接头处的绝缘情况。如发现绝缘性能下降,要及时维修。对送丝箱外表面应注意除锈、刷漆,以防锈蚀。

m. 当重新启用搁置较久的设备时,必须对设备的绝缘情况及其他线路情况,送丝箱、焊枪等机械部件全面检查,空载试车,陆地上焊接。待设备经检查全部合格后才能投入使用。在检查绝缘中,若使用摇表时,则应先拆下半导体元件,以免击穿烧毁。

n. 设备故障及排除。LD‐CO_2 焊接设备与其他焊接设备一样,由于人为或客观原因会产生这样或那样的故障。因此,每个操作者都要懂得一些设备故障的排除方法和有关知识,这对发挥设备的作用是非常重要的。

一般排除设备故障可分为两个步骤进行,第一步是先从故障发生的部位开始,然后逐级地向前检查整个系统或相互有影响的系统和部位;第二步就是从一般容易坏的、经常出问题和易修的部位着手检查,对于不易出问题的,且不易修理的部位,再进一步检查。

2)焊接参数的选择

正确选择焊接参数是获得高生产率和高质量焊缝的先决条件。LD - CO_2 焊的主要参数包括焊丝直径、焊接电流、电弧电压、焊接速度、焊丝伸出长度、直流回路电感值、二氧化碳气体流量以及电感值等。

(1)焊丝直径。水下焊接都要求全位置焊接,一般选用直径为 1 mm 的焊丝,以短路过渡的规范进行焊接。如果被焊工件处于水平位置,而且板厚大于 6 mm,则可选用直径为 1.2 mm 的焊丝,采用短路和颗粒混合过渡的形式进行焊接,以提高生产率。

(2)焊接电流。焊接电流是一个重要的工艺参数。焊接电流的大小,应根据焊件的厚度、空间位置、坡口形式,所焊坡口部位、焊丝直径及需要的熔滴过渡形式来选择。两种焊丝直径常用焊接电流及相应电弧电压范围如表 4 - 16 所示。

表 4 - 16　不同直径的焊丝常用电流及相应电弧电压范围

焊丝直径/mm	焊接电流/A	熔滴过渡形式	电弧电压/V
1.0	90～180	短路	19～23
1.2	110～200	短路加颗粒	20～24

一般说来,焊接薄板(4～6 mm)或坡口根部焊道时,焊接电流要小些。如采用直径为 1 mm 的焊丝,常用电流为 90～110 A。除根部焊缝外,其余焊道可选用高一些的焊接电流。全位置焊接时,较适宜的焊接电流为 120～140 A,平焊时可用 130～150 A。为了提高生产率,可将焊接电流提高为 150～180 A。采用大电流焊接时,要注意焊接速度的适当配合,即焊接速度不宜过慢,否则易出现未熔合(俗称"冷搭")缺陷。

焊接电流对焊缝的形状尺寸有较大影响。当焊接电流增加时,熔深相应增加,熔宽略有增加。

随着焊接电流的增加,提高了焊丝熔化速度和焊接生产率。但焊接电流不宜过大,否则会使焊接飞溅增多,操作变得困难,并影响焊缝成形;相反,若焊接电流过小,熔化金属流动性变差,熔深也较小,则易造成未熔合及焊缝成形不良等缺陷。因此,应根据焊接时的具体情况选择焊接电流值。

(3)电弧电压。电弧电压也是很重要的工艺参数之一,它影响到焊接过程的稳定性。此外,它对短路过渡频率及焊缝的机械性能都有影响。

为获得稳定的焊接过程和良好的焊缝成形,要求电弧电压与焊接电流有良好的配合,应按选定的焊接电流选择合适的电弧电压。随着水深的变化,同一电流值对应的最佳电弧电压值也有一定的变化。这是随着水深的增加,电弧所受到的压力增加,而且电弧周围气体介质对电弧的冷却作用增大,使电弧受到一定程度的"压缩"。弧柱电位梯度随水深增加而增加,当弧长不变时,要求有较高的电弧电压。电弧形态随水深的变化,必然给电弧稳定性、焊缝成形、飞溅率等带来影响。为了获得最佳焊接工艺性,在焊接时必须根据水深,准确、细致地调节电弧电压。

电弧电压的选择还与焊丝直径有关。当焊接电流一定时,随着焊丝直径的增加,电弧电压也相应增加。

电弧电压对焊缝形状尺寸有较大影响。提高电弧电压,熔宽显著增加,熔深和焊缝高度有所减少。但电弧电压提得过高,易产生气孔和增加飞溅;反之,若电弧电压过低,则易造成焊缝成形不良、夹杂和未熔合等缺陷。

(4)焊接速度。焊接速度对焊缝质量有较大影响,除影响焊缝形状尺寸外,对焊缝性能也有较大影响。

随着焊接速度的增大,熔池变窄而被拉长,因而熔宽、熔深和焊缝高度也都相应减少。更为不利的是焊接速度增大,使热态焊缝提前与周围的水接触而被淬硬,提高了接头硬度,降低了塑性。

水下焊接时,希望焊接速度稍慢一些,以减缓焊缝金属的冷却速度。但焊接速度不能过于慢,否则熔池过大,在空间位置焊接时难以控制,且容易焊穿或使焊缝金属组织晶粒变得粗大。焊接速度过慢,还容易使熔化金属向前溢流,造成"冷搭"现象,即熔融金属流入"冷"坡口中,而没有与坡口熔合在一起。因此,焊接速度的选择,要针对不同的钢种、不同的焊接位置、坡口情况等适当考虑。

LD-CO_2焊接法的焊接速度一般在 150 mm/min 左右,最低不低于 100 mm/min,最高不大于 300 mm/min。实践得知,焊接坡口底部焊缝时最容易焊穿,故焊接速度要快些。如果坡口间隙小,速度更应当快些,否则易产生"冷搭"和未焊透现象。

(5)焊丝伸出长度。在送丝速度一定的情况下,随着焊丝伸出长度的增加,由于欧姆电阻热的作用,使该段焊丝预热温度升高,焊丝的电阻值增大,预热作用亦加剧,使焊丝熔化速度加快,提高焊接生产率。但是,由于焊丝伸出长度增加,使回路的电阻增加,焊接电流降低,电弧能量降低,对焊件的熔透不利。当焊丝伸出长度过大时,焊丝容易过热而成段熔断,焊接过程不稳定,飞溅严重,焊缝成形不良;当焊丝伸出长度适当时,焊接电流变大,熔池也变大,对电弧的稳定性、焊件熔透和焊缝成形等均有利。但当焊丝伸出长度过小时,电流过大,熔池过热,易引起大颗粒飞溅;同时导电嘴与熔池之间的距离缩短,易使粘到导电嘴上的飞溅与熔池搭桥而造成短路,或导电嘴过热而烧坏,使焊接过程中断。

试验和生产实践表明,焊丝伸出长度为焊丝直径的 10 倍左右较合适。如用 1.0 mm的焊丝,则焊丝伸出长度应控制在 10 mm 左右。水下焊接时,一般坡口间隙都较大。为确保根部焊道质量,焊丝伸出长度宜大些,焊丝的熔化速度加快,同时熔池温度降低,减少熔深,有利于封底及以后的填充焊道。焊丝伸出长度控制短些为宜,以便有足够大的焊接电流来熔透焊件。

(6)气体流量。LD-CO_2焊接法是用二氧化碳气体做排水气体和保护气体的。为使焊枪内的水能够稳定地排除,必须使枪体内的气体保持一定的压力。也就是说,枪体内部的气体压力,必须稍大于或等于枪体下部边缘所处水深所对应的压力,才能把枪体内的水从枪体下端排出枪外。在平板上进行水平位置堆焊时,使枪体内的气体保持这个压力是容易实现的,因为这时焊枪的密封垫与钢板的接触面是处在同一个水深的平面上。但是,在实际水下焊接工作中,平板水平位置堆焊是极少的,大多是带坡口的接头或不同空间位置的接头。这样,气体从枪内逸出的位置与焊枪下端面不处于同一水深平面上。哪个逸出点高(水压小),气体就从哪个地方逸出。如果送入焊枪的气体没有足够的流量,则充入的气体大都从高点处逸出,而低点处的水就无法排除。如果通入枪体内的气体流量增大,使气体向水中逸出的阻力增加,从而增加枪体内的气体压力,使之达到或超过最低逸出点处的水压,则枪体内的水就会全部被排除。因此,气体流量是影响排水效果的决定性因素之一。如果气体流量不足,枪体内的水排不出去,或排得不彻底,焊缝中易产生气孔,加速焊缝的冷却速度,增加焊缝金属的含氢量,从而降低了焊缝的机械性能。

从上述分析可知,不同坡口形式、不同间隙、不同焊接位置所需的气体流量是不同的。在选择气体流量时,应根据具体情况决定。例如,焊接板厚为 14 mm,间隙为 3 mm 的 60° V 形坡口对接接头,在焊根部焊道时,焊枪头密封垫将坡口截面大约挡住一半。从焊枪两侧坡口处逸出的气体的截面积只剩下不到一个坡口的截面,计算时只计一个坡口的截面积。坡口截面积大约为

$$1/2(17+3) \times 14 = 140(mm^2)$$

若焊枪密封垫内孔直径为 80 mm,则间隙截面积为

$$3 \times 80 = 240(mm^2)$$

则气体总逸出截面积为 380 mm²,即截面积(S)为 250～450 mm² 的一档中平焊对接栏的数值,相当于 3.0 m³/h,LZB-15 型气体流量计(最大量程 6 m³/h 的时候为 100%)浮子达到 50% 左右。当然这个数值只是初步估算和下水前的初选值,具体焊接时,还得根据潜水焊工在水下实际观察排水效果后确定。这一点,目前还只能靠操作者的经验。

(7)电感值。LD-CO₂ 焊接法为适应全位置焊接,采取短路过渡形式,这就要求焊接电源在短路时,具有适宜的短路电流增长速度,以保证熔滴既迅速而平稳地过渡到熔池中去,又不产生剧烈的飞溅。影响短路电流增长速度的主要因素是直流回路中的总电感值。电感越大,短路电流增长速度越慢;反之,电感越小,短路电流增长速度越快。一般说来,短路电流增长速度过慢,即电感太大,会产生大颗粒飞溅;反之,产生大量的小颗粒飞溅。因此,调节电感量,可以控制飞溅大小,而且也可以调节短路频率,以适应不同的焊接位置和不同厚度的焊件。

ZDS-500 型电源的电抗器有 5 个抽头,有 8 个电感值可供选择。可根据焊接回路长短和焊接电缆放置状态加以调节。焊接电缆越长,盘卷的匝数越多,则电感值越大。为获得合适的总电感值,电源上的电感值应选得小些;反之,焊接电缆较短,而放置得较直,电抗器的电感值应选得大些。实际焊接时,可根据飞溅颗粒的大小加以调整。

对于 60 m 长电缆,不盘绕或少量盘绕时,选用中档的电源电感值即可。

(8)封底焊道工艺参数。通过水下焊接作业的试验和生产实践表明,水下焊接的封底焊道,是影响焊接质量的关键焊道。如果坡口间隙和工艺参数选择不当,容易在根部焊道产生未焊透、烧穿、熔合不良,成形不好等缺陷,使焊接接头的质量受到影响。

影响根部焊道质量的工艺参数有焊接电流、电弧电压、焊接速度、根部间隙及气体流量等。在选择工艺参数时,要注意焊接电流和电弧电压的匹配关系。但是,对于根部焊道而言,只注意电流和电压的匹配关系是不够的。试验证明,在同一电压和电流情况下,由

于坡口间隙不同,焊接速度不同,所获得的根部焊道质量是不同的。根部间隙较小时,有利于排水,可适当改善淬硬倾向,但易产生根部未焊透;而间隙过大,虽然根部易熔透,但增加了烧穿的危险性,也增加了根部焊缝淬硬倾向。另外,焊接速度对根部焊道质量的影响也很大。因为焊接速度的快慢,直接影响焊接热输入量的大小。在同一电流和电弧电压条件下,焊接速度快,焊接线能量就小,焊缝金属冷却速度加快,从而增加了淬硬倾向。相反,焊接速度过慢,焊接线能量大,如果间隙稍一大,就易焊穿。从根部焊道工艺试验中得出,对接坡口中焊接根部焊道的较好工艺参数范围为根部间隙为 2～4 mm;电弧电压为22 V;焊接电流为 100～150 A;焊接速度为 100～200 mm/min。

上述参数范围只表明每个参数的可选范围,各参数间的具体匹配情况如图 4-92 所示(焊丝直径为 1 mm 的 H08Mn2SiA、电弧电压 22 V、气体流量足够大)。此图是以坡口间隙为基点来选择焊接电流和焊接速度的。图中阴影线区内各点为可使用范围。在这范围内,均能获得满意的根部焊道。

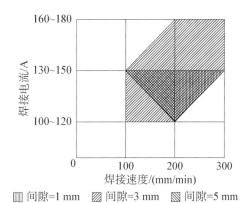

图 4-92　不同坡口间隙的焊接电流和焊接速度匹配关系

从图 4-92 中可看出,间隙小时,可选择中等焊接速度和中等电流,间隙大时,选择低电流、低焊接速度、宽摆动。间隙大于 5 mm 时,电流还要适当降低,焊接速度还要放慢,同时加大焊丝摆动宽度,使坡口两边均能较好地熔合。坡口间隙 3～4 mm 为好,合适的焊接电流与焊接速度匹配范围较宽。

3) LD-CO₂ 焊接法的操作技术

若 $LD-CO_2$ 焊接法的工艺参数选择得当,焊接质量和焊缝外观成形就主要取决于潜水焊工的操作技术。

(1) 水平位置焊接技术。

a. 对接接头　水平位置对接接头的焊接操作技术比较容易掌握。它是焊接操作技术的基础,不能因为简单而轻视。其技术要点如下:

a) 排出枪体内的水　将焊枪端部的焊枪头贴在被焊件的坡口处,打开气阀,将枪体内的水及坡口内的水排出去,调节气体流量直至根部间隙处没有水在晃动时为止。然后用左手把着焊枪头,右手一边摆动焊枪手把,一边拖动焊枪往左移动一定距离,再返回来,观察水是否被稳定地排净。如果移动中发现有水进入坡口底部,则必须将气量加大。

b) 调节焊丝伸出长度　将枪体内的水排除后,查看焊丝伸出长度是否合适。如不合适,可旋转焊枪头,使其向下移动,则焊丝伸出长度增长;反之,焊丝伸出长度缩短。调到合适时为止。

c) 引弧　将导电嘴指向引弧位置,拉出护目玻璃拉杆,使护目玻璃遮住排水罩内的观察孔,按下手把上的开关压柄,即可启动引弧。引弧点要超前起焊点 10 mm 左右。待电弧引燃后,将电弧往回返,以便将最初的引弧点重新熔化,如图 4-93 所示。

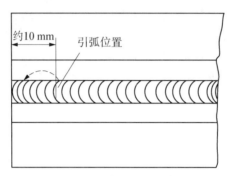

图 4-93　引弧位置示意图

d) 焊接　在焊接时,水下半自动焊枪的焊枪头必须紧贴在焊件上,这样,在移动焊枪时,必须克服焊枪头密封垫与焊件间的摩擦力。为了移行平稳,焊接时,右手握住焊枪手把,左手扶住焊枪头,一边把焊枪头压贴在焊件上,一边左右摆动焊枪并向前拖动。随着右手的摆动,左手给焊枪一定的推力,焊枪就可以平稳地向前移动。

焊枪手把的轴线最好与焊缝的中心线相互重合。但是,这样的位置潜水焊工操作起来比较吃力。为了减轻潜水焊工的体力消耗,可将焊枪手把轴线与焊缝中心线形成一定角度。这个角度的大小,由潜水焊工自行决定,但最大不能超过 30°。

焊丝摆动宽度取决于坡口宽度和层次,第一层摆动要小,要快,一般是采用锯齿形摆动,如图 4-94(a)所示。随着焊缝宽度的加大,摆幅也要加大,逐渐由锯齿形变为之字形,如图 4-94(b)所示。进而变成连环 8 字形,速度也要减慢。

(a) 锯齿形摆动　　　(b) 之字形摆动　　　(c) 8 字形摆动

图 4-94　焊丝摆动轨迹示意图

e) 熄弧　熄弧时应注意火口的缓冷,当焊道焊到头,切断电源熄弧或因某种原因电弧中断时,不要将焊枪马上从焊件上移开,而要继续保持火口区无水,直至焊缝和火口全部由红变黑后,再将焊枪移开。

检查焊缝表面质量,清除焊缝表面的少量熔渣和飞溅颗粒,用肉眼检查焊道表面是否存在缺陷,如正常,则可继续焊下一道。

为使坡口边缘与焊道之间能充分熔合,焊丝摆动时电弧应达到坡口边缘的合适位置,如图 4 - 95 所示。即以焊丝尖端为基准点,焊接根部焊道时,焊丝尖端摆动到坡口根部拐角处即可,如图 4 - 95(a)所示。第二层(也是第二道焊道)焊丝尖端要摆到第一道焊道与坡口的交接处,如图 4 - 95(b)所示。第三层如需焊两道或三道才可焊满坡口,焊第一道时,焊丝尖端摆到离坡口边缘 1～2 mm 处即可;另一边摆到第二层焊道宽度的 1/2 处(对两道焊满)或 1/3 处(对三道焊满),如图 4 - 95(c)所示。第二道要与第一道焊道相互塔接 1/3～2/5 的宽度,如图 4 - 95(d)所示。如第三层不是最后一层,焊丝尖端只摆到前一层焊道与坡口交接处即可,但要注意,要给最后盖面层留有一定的深度,留出明显的坡口边缘线,有利于确保盖面层焊得平直,如图 4 - 95(e)所示。焊道排列情况与第三层大体相同,如图 4 - 95(f)所示。除根部焊道外,焊丝摆到边缘时,要停顿一定时间,使焊道夹角处能与坡口充分熔合。

上述操作要点属于右向焊法,即从焊缝的左边向右施焊。也可采用左向焊法,即从右边向左边推着焊枪施焊。这样,第一道和第二道焊道可连续施焊。但连续焊接的道数不宜太多,焊完一层后,应停下来清理熔渣或飞溅,然后再焊下一层。

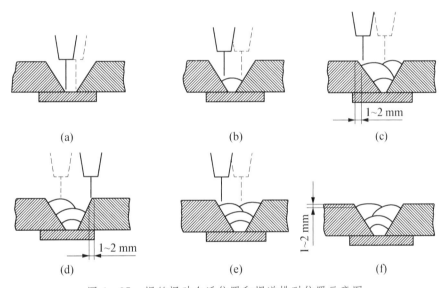

图 4 - 95　焊丝摆动合适位置和焊道排列位置示意图

b. 搭接接头。

a) 排水　与对接接头大体相同,只是排水罩稍倾斜一些。

b) 调整导电嘴角度　导电嘴(焊丝)与搭接接头的两个面均要求有一定的角度,如图 4 - 96 所示。

c) 引弧　可右向操作也可左向操作,应在底板上引弧。

d) 焊接　焊丝以锯齿形和倾斜之字形为好,摆幅要小些,如图 4 - 97 所示。

焊道排列从下向上依次排列,如图 4 - 98 所示。第一道要使水平板多熔化一些,根部要焊透。厚度在 6 mm 以下的钢板,可一道焊满,超过 6 mm 的钢板,要多道焊。

焊接搭接接头时,引弧后待底板和根部熔化以后再把电弧引向搭接板的端面上。电弧要顶着熔化金属移动,防止熔化金属流到电弧前面,或使端面熔化的金属流到未熔化的底板上;否则,会形成"冷搭"或未熔合。另外,电弧在端面上停留时间要适当,不能过长,

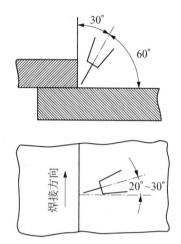

图 4-96 水平搭接焊时导电嘴角度示意图

也不能过短。停留时间过长,熔化金属会溢流到未熔化的底板上,产生未熔合缺陷;反之,在搭接板端面上产生咬边缺陷。

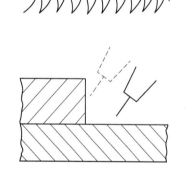

图 4-97 搭接接头焊丝摆动示意图

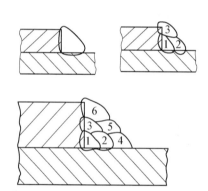

图 4-98 平焊搭接接头时焊道排列顺序示意图

(2)立焊焊接技术。

a)排水 立焊时,排水稍微麻烦一些。潜水焊工把焊枪与头盔或面罩连接后,并调好焊丝的伸出长度,将手把轴线转到与焊缝轴线平行的位置。潜水焊工先低一下头,使枪体的焊枪头朝下,打开气阀,把枪体里的水排出。用左手扶着密封垫将其上部压到焊件上,一边向上推,一边把密封垫均衡地贴到焊件上,枪体里面的水即可排出。调好气体流量,使枪体内气相区稳定,即可引弧焊接。

b)操作方法 有两种操作方法,一种是立向下焊;另一种是立向上焊。焊接薄钢板,小坡口时一般采用立向下焊。这种方法易掌握、焊缝成形好。厚钢板和大坡口可采用立向上焊。这种方法熔透性能好,冷却速度慢,接头性能好些,但不易掌握。

c)摆动形式 立向下焊接时,焊丝均以之字形形式摆动,如图 4-99 所示,焊接速度要稍快一些,以防熔化金属流到电弧下方。

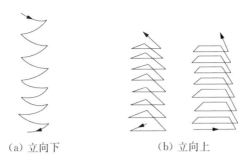

(a) 立向下   (b) 立向上

图 4-99 立焊焊丝摆动形式示意图

立向下焊接搭接接头时,要像平焊搭接接头一样,将导电嘴转一个角度,使焊接电弧能充分地熔化坡口的两侧,改善电弧偏吹现象,焊丝摆动形式与平焊相同。

立向上焊接时,熔化金属易下流,焊道要宽一些、厚一些,焊丝摆动轨迹成三角形或梯形状,如图 4-99(b)所示。

(3) 横焊焊接技术。

a. 对接接头。

a) 排水 与立焊相同。

b) 操作方法 一般右向焊接,但技术熟练者也可采用左向焊法。焊接时,手把要转到与焊缝成 15°~30°角的位置上,使导电嘴与焊缝也成 15°~30°角。这样,电弧就可从右下方吹向左上方,有利于熔滴过渡和防止熔化金属下流。

c) 摆动形式 焊丝常采用的摆动形式如图 4-100 所示。图 4-100(a)用于根部焊道和窄焊道焊丝摆动形式;图 4-100(b)用于宽焊道焊丝摆动形式。

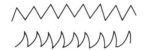

(a) 用于根部焊道   (b) 用于宽焊道

图 4-100 横焊摆动形式示意图

d) 焊道排列次序 横焊时,熔化金属容易下流,造成焊瘤和焊道下塌。一般采取小熔宽、多道焊接。表 4-17 为不同板厚焊道排列顺序。

表 4-17 不同板厚焊道排列顺序

板厚/mm	道数	排 列 次 序
6	1	
6~8	2~3	

（续表）

板厚/mm	道数	排 列 次 序		
8～12	3～6			
12～16	5			
16～20	6～11			

在焊接过程中，焊道之间要排平，坡口与焊道之间不能形成尖角。如发现有焊道下垂现象，即形成焊瘤，要铲平后再焊下一层，否则易产生缺陷。

b. 搭接接头。

横焊位置的搭接接头的角焊缝有两种，一种是搭接板的端面朝上的角焊缝。这种角焊缝，类似水平搭接时的角焊缝，焊接这种角焊缝时，按焊接水平位置搭接角焊缝的操作要领进行操作即可。另一种是搭接板端面朝下的角焊缝，属于仰角焊缝。焊接这种焊缝比较困难，潜水焊工应把稳焊枪，并贴紧焊件，焊枪头与焊件表面形成一定交角。焊枪手把应向右下方转动，与焊缝成30°～45°角。导电嘴也要转动一个角度，使焊丝处于坡口角的45°角分线上。

焊接时焊丝摆动形式与焊接水平位置搭接接头的角焊缝时相同，但摆幅要小而均匀，尽量控制焊丝伸出长度保持不变，以获得稳定的焊接电弧，并注意焊道两侧的熔合情况。多层焊焊道排列顺序如图4-101所示。

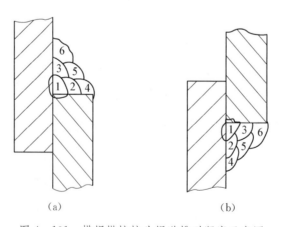

（a）　　　　　　　　　　（b）

图4-101　横焊搭接接头焊道排列顺序示意图

（4）仰焊技术。

仰焊时，焊枪必须朝上，由于焊枪一端与潜水焊工的潜水面罩连接在一起，使潜水焊工要仰着脸或采取仰卧、半仰卧的姿势进行焊接操作。潜水焊工以这种姿势工作,自然是很吃力的,身体稳定性也较差。因此,采用 LD－CO_2 焊接法进行仰焊是一项较艰苦的工作。要求潜水焊工体力强、潜水技术好、焊接操作技术熟练,而且只能穿着轻潜装具进行焊接。

a. 排水　因为焊枪开口端朝上,不可能直接通过气体把枪内的水排出,还得借助焊枪上的橡皮球泵把水抽出去,而通入流量较大的气体,只起阻止水再从外部流入枪内的作用。这种排水方法,花费时间较长,消耗体力也大。为了尽快将枪内的水排出去,仰焊时,采取用一片薄的有机玻璃板协助排水的措施。具体方法如下:

先将焊枪朝下用 2 mm 厚的透明有机玻璃板(150 mm×250 mm)堵住焊枪的焊枪头,打开气阀,调到足够大的流量,排出枪体内的水,慢慢转身,使焊枪头朝上,将有机玻璃紧贴在坡口上。这时枪内基本上没有水了。如果还有一部分水残留在焊枪内,可用橡皮球泵将水抽出。压紧焊枪头,慢慢地抽动有机玻璃板,直至焊丝可伸入坡口时即停止抽板。如焊枪内无水,则即可引弧焊接;如有水,则可再继续用橡皮球泵抽出,然后引弧焊接。

b. 操作方法　向右焊接。

c. 摆动　焊丝摆动与水平位置焊接时相同。

仰焊时,要求操作平稳,即焊枪头与焊件间的压紧程度要恒定,焊丝伸出长度也要保持基本不变,摆动要小而均匀,焊接速度适当,否则,熔融金属易流下来。若压紧力波动,密封垫中的水会被挤出而流到面罩上,影响视线,使焊接中断。

4) 改善焊接质量的几点注意事项及措施

(1) 注意排水情况　LD－CO_2 焊接法之所以能获得较好的焊接质量,很重要的原因是排出了焊接区的局部区域的水,在很大程度上排除了水的影响。因此,排水情况如何,将直接影响到焊缝质量。一般说来,堆焊或多层焊的后几层焊道,潜水焊工可以看到钢片表面或焊缝边缘是否还有水。而对根部焊道来说,坡口背面的水是否已排开就无法看清楚了,只能凭经验判断。一般经验是,在坡口间隙内看不到有水花闪动,并与坡口的其他地方一起逐渐被二氧化碳气体吹干,这就预示着背面已经形成比较稳定的气相区。

为了提高排水效果,在坡口背面加衬板是一个有效的措施,即有利于排水,又有助于根部熔透。衬板厚度为 4～5 mm 为宜。横焊时,要将衬板焊在上面构件上,迫使气体从衬板下边逸出。这样形成的背面气相区比较稳定。

另外,在水下装配焊件,由于光线在水中的折射造成视觉的误差,使装配间隙往往大于设计要求,给排水带来困难。为了便于排水,可用钢丝等堵塞间隙,从而提高排水效果。

(2) 注意引弧和熄弧　水下焊接的一个明显特点是冷却速度快。因此,引弧时,由于钢板温度很低,刚刚熔化的金属很快被冷却而凝固,容易产生淬硬组织,甚至导致裂纹;另外,水导热快,引弧时形成的熔池较小,而焊丝的熔化速度却与正常焊接时相当,结果熔化金属堆高及流到未熔化的焊件上而造成"冷搭"缺陷。为避免出现上述缺陷,在引弧或焊接中断再引弧时,引弧点要超前 10 mm 左右,引弧后,将焊枪向焊接方向的反方向推移,将刚开始引弧时形成的焊缝金属重新熔化,以防止引弧缺陷的产生。

熄弧时应注意,当电弧一断不要马上就将焊枪移开或立刻关闭掉排水气体阀,而应停顿一段时间待焊缝变黑,估计温度降到 500 ℃ 以下时再移开焊枪。否则焊缝就在赤热状态与水接触,易被淬硬而变脆,甚至产生裂纹。

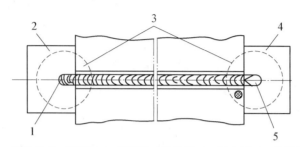

1—引弧点;2—引弧板;3—密封垫内孔位置;4—引出板;5—熄弧点。

图4-102 加引入板和引出板示意图

由于受焊枪结构所限,对非封闭形焊缝,不宜从端部引弧焊接,否则会使焊枪头一半悬空,这时,除平焊位置外,几乎不可能将水排出。即使平焊时勉强将水排出,焊接质量也难以保证。因此,对于不要求全部焊接的焊件,引弧时需要留出一段距离,一般说来,这段距离要大于焊枪头半径,即焊件要将焊枪头上的密封垫内孔遮住,这样才能顺利排水。收弧时也要留下一段不焊。但是,大多数焊件都是要全部焊接的,这就必须采取加接引弧板和引出板的措施,如图4-102所示。在坡口始端和末端分别加一块宽度大于焊枪头半径的板,在两块板上引弧或熄弧。焊满坡口后,将两块板割掉。

(3)注意及时更换导电嘴,确保导电嘴与焊丝接触良好 导电嘴是焊接主回路中的一个重要部件,通过电极(焊丝)的焊接电流,完全是通过导电嘴传递的。如导电嘴与焊丝接触不良,必然会导致焊接电流波动,电压不稳定,这不仅影响焊接质量,甚至无法焊接。

影响导电嘴与焊丝导电性能的因素很多,但主要是导电嘴与焊丝接触点的接触力和接触状态。

导电嘴使用一段时间后,内孔会被焊丝磨损,孔径扩大,焊丝与导电嘴的接触状态变得不稳定,导致电弧不稳定。因此,导电嘴用过一段时间后,要及时更换。尤其是仰焊时,更应注意。

(4)注意清理坡口污物 焊接修复水中结构件时,结构上往往有附着的水生物及铁锈以及黏附其他污物。这些杂质及污物如不彻底清除,是难以保证焊缝质量的,轻则产生气孔或夹杂,重则难以形成焊缝。即使是在水下安装新结构,由于陆上预制的构件在停放场放置期间和运输过程中,尤其是在海边露天条件下,难免发生锈蚀。因此,施焊前,必须对坡口及坡口两侧70~100 mm的范围内彻底清理附着水生物。对坡口及坡口两侧30~50 mm范围内,要彻底清理油污及其他污物。重要产品,要用水下砂轮等工具打磨坡口表面,以确保焊缝质量。

(5)注意清理焊丝油污 为防止焊丝表面生锈,钢厂在出厂时,往往把表面没有镀铜的焊丝,放在废机油中浸泡,使焊丝表面涂上机油。如果用带油污的焊丝直接焊接,不仅会产生气孔,而且还会沾污送丝软管,使软管堵塞,增加送丝阻力,严重时甚至焊丝送不出去。因此,使用前一定要用汽油将焊丝表面清洗干净。

清洗焊丝时,除手工清洗外,还可用图4-103所示的清洗槽进行清洗。清洗槽中的导向轮直径不得小于 150 mm。清洗槽分三格,中间一格放置浸泡汽油的棉纱,外侧两格是几个导向轮,槽内装满汽油。带油污的焊丝从一端进入汽油槽,穿过汽油浸泡的棉纱及另一格汽油槽,一次即可洗净。

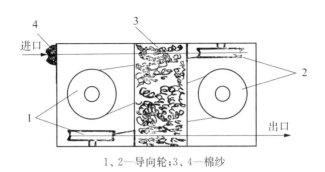

1、2—导向轮;3、4—棉纱

图 4-103　汽油清洗槽示意图(俯视图)

4.4.4　LD-CO$_2$焊接法应用实例

1) 平台水下桩的焊接

水下桩是增加平台承载能力和稳定性的辅助桩。渤海 12 号钻井平台,共有六根水下桩,其上端位于水深 13.5 m 处,具体结构与所处的位置如图 4-104 所示。由图中可见,需要水下焊接的是弧形板与导管和钢桩之间的两条横向环缝。对焊缝的技术要求:焊缝表面成形良好、无裂纹、咬边及未熔合等缺陷;接头强度不低于母材,冷弯 180°。

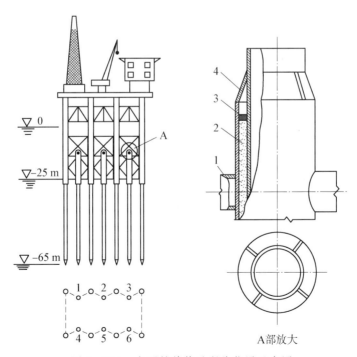

图 4-104　水下桩结构及所处位置示意图

为了考核水下桩的结构及坡口形式是否适合水下焊接,进一步考核水下桩所用材料的水下焊接性,探索合适的水下施工方法,并对潜水焊工进行实际水下焊接训练和考核,在水下焊接施工之前,应于 4.5 m 水深的训练罐(淡水)中焊两个 1∶1 的水下桩帽模拟件,其结构尺寸及材料如图 4-105 所示。

模拟件的装配工作是在陆地上进行的。导管与钢桩的椭圆度小于 1‰,导管端面的不平度小于 2 mm。装配间隙一般为 0~4 mm,个别地方为 7~8 mm。为排水方便,间隙为 7~8 mm 的地方需做修补。每根水下桩的桩帽有四块弧形板,每块弧形板的上弧形焊缝长 700 mm 左右,下弧形焊缝长 800 mm 左右。

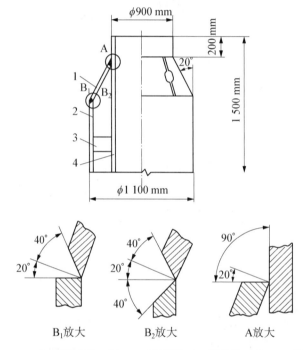

1—弧形板($\delta=14$ mm,SM53B);2—导管($\delta=14$ mm,SM41C)
3—筋板($\delta=10$ mm,A3);4—钢桩($\delta=18$ mm,SM50C)。

图 4-105　水下桩帽模拟件结构示意图

焊丝为直径 1.0 mm 的 H08Mn2SiA,焊接电流为 130~170 A,电压为 29~30 V(指焊接电缆线长 2 m×60 m 时的电源指示值),焊接速度为 120~240 mm/min,CO_2 气体流量为 3~4 m^3/h。A 坡口一般是 3~4 道焊满,B 坡口焊 4~5 道。

经过表面宏观检查,焊缝成形良好,没有发现裂纹和未熔合缺陷,仅有一块弧形板的下环缝出现了个别小气孔,焊后外观如图 4-106 所示。

经超声波探伤,焊缝内部没有缺陷。

断面粗品检查无裂纹,特别是 A 焊缝熔合良好,如图 4-106(b)所示。间隙合适时,B 焊缝熔透性也较好,如图 4-106(c)所示。

焊接模拟件时发现,下弧型焊缝坡口为 60°时显得小些,根部不易焊透;而为 100°时,

（a）　　　　　　　　　　（b）　　　　　　　　　　（c）

图 4 - 106　模拟件外观及接头断面照片

坡口又显得过大，给排水带来困难。另外，背面无垫板易烧穿和出现熔化金属下淌的现象。因此，在预制水下桩时，将桩帽的下弧形焊缝的坡口改成 80°，并在背面衬上垫板（宽×厚为 30 mm×4 mm 的 A3 钢板），如图 4 - 107 所示。

　　为使潜水焊工在水下能稳定地操作，结合水下桩的结构特点，专门制作了由两个半圆筒组成的圆筒形工作台。这个工作台可起挡水流的作用，故又称挡流筒，其结构如图 4 - 108 所示。

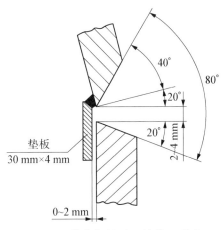

图 4 - 107　带垫板的下环缝坡口形式

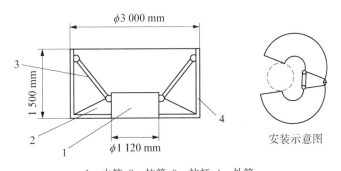

1—内筒；2—拉筋；3—拉杆；4—外筒。

图 4 - 108　挡流筒结构示意图

　　吊装方法：先将两个半圆筒张开，形成大钳口状，夹到水下桩的桩帽上，将筒底坐到水平拉筋钢管上，再将开口合拢锁紧。潜水焊工站在筒内进行焊接操作，如图 4 - 109 所示。

　　焊接施工是在水深 13.5 m、水温 8～10 ℃、最大风力为 6 级、最大流速为 2 m/s 的条件下进行的。由于平台导管架的导管与钢桩的同心度偏差较大，致使弧形板装配间隙难

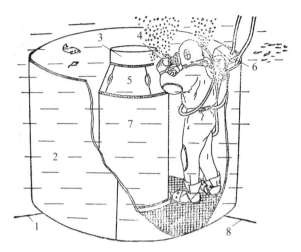

1—横拉筋;2—挡流筒;3—钢桩;4—焊枪;5—弧形板;
6—水下送丝箱;7—导管;8—横拉筋。

图4-109 LD-CO₂ 焊接法操作示意图

以达到规定要求。个别弧形板割成两片分别装焊,将装配间隙控制在 6 mm 以下。焊接工艺参数如下:

焊丝直径:1.0 mm;

电弧电压:29~30 V(焊接电缆长为 2 m×60 m 时电源输出端仪表指示值);

焊接电流:第一道为 100~120 A,其余各道为 130~180 A;

气体流量:5~7 m³/h。

焊后通过潜水焊工用肉眼宏观检查和通过电视录像及水下摄影进行表面检查,没有发现缺陷,表面成形良好,达到了技术要求。图4-110为焊缝外观照片(水下摄影)图。

图4-110 水下焊接焊缝外观照片

2) 牺牲阳极的水下焊接

牺牲阳极是通过本身的腐蚀,来保护浸在海水中的钢结构,免受或少受海水电化学腐蚀的消耗性材料。海上平台导管架上用的牺牲阳极如图4-111所示。极块用铝、锌等合金铸成。极脚是一般碳钢，以便与水下钢结构焊接。

　　一般说来，海洋结构在没有放入水中之前，就将牺牲阳极焊到构件上。这时牺牲阳极的极脚不需要特殊处理，可直接与构件焊接，如图 4 - 111(a)所示。但是，若采用 LD - CO_2 焊接法在水下安装或更换牺牲阳极时，这种简单的极脚会给焊接带来困难。为便于焊接，要在极脚上先焊一块长度为 120～150 mm、规格尺寸大于 60 mm×60 mm 的角钢，如图 4 - 111(b)所示。然后在水下将这块角钢与构件焊在一起。

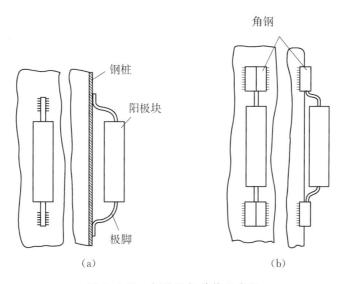

图 4 - 111　牺牲阳极结构示意图

　　装焊时，事先用绳索将牺牲阳极固定到构件上，潜水焊工站在工作台上操作。采用根部焊道的工艺参数进行焊接时，每条焊缝只焊一道即可，而且只焊角钢的两侧焊缝，其焊缝长度一般不小于角钢长度的二分之一。

4.5　海洋管道自动焊接

　　海洋管道是海上油气田开发的生命线，是一种高收、经济、可靠的油气输送方式，实践已经证明，管道运输是海洋油气运输的最有效和最安全的输送方法。海洋管道是一项耗资很大的永久性工程，一般要求在不加维修的情况下，能够正常使用 20～30 年(易损部分除外)。海洋管道的连接基本是靠焊接工艺完成的，在投入使用之前，对管道存在的原始缺陷和问题进行检测，以便及时发现管道存在的缺陷和损伤。但是海洋油气管道受其制造工艺和服役条件的限制，存在制造、施工和服役缺陷。如果不能及时发现这些损伤和损坏，就有可能引起油气管道泄漏，发生事故。这不仅会影响油气输送的正常进行，严重时还会引起火灾爆炸等灾难，污染大气及海洋环境，造成经济上的重大损失，有时还会造成人身伤亡。因此对海洋管道焊接进行检测和修复日益引起人们的重视。

4.5.1　海洋管道自动焊技术的发展

海洋管道作为海上油气开发、生产与产品外输的主要途径,被喻为海上油气田的"生命线"。在海洋管道铺设和维修过程中焊接连接方法具有保证整个管线力学性能一致、工作效率高、连接强度高等优点,是海洋管道连接中最可靠的方法,至今尚无任何技术可与之媲美。与陆上管道连接不同,海洋管道的施工受环境影响具有施工投资大、施工质量要求高、施工环境多变、施工组织复杂和空间狭小等特点。因此为了尽可能提高施工效率,海洋管道焊接设备均为当代的最先进焊接工艺和设备,也可以说,海洋管道焊接工艺和设备引领了焊接的时代潮流。

在海洋管道施工过程中,管口的焊接是管道施工的核心,制约着后续的检测、防腐、下管等工序。因此,对管道焊接的效率提出了严格的要求。而焊接工艺和焊接装备又是影响焊接效率的决定因素。随着焊接工艺和设备的发展,海洋管道焊接施工经历了手工焊、半自动手工焊和自动焊的发展历程。20 世纪 70 年代,我国管道施工中广泛采用传统的焊接方法:低氢型焊条电弧向上焊技术;80 年代焊条电弧向下焊技术得到推广,其主要方法是纤维素焊条和低氢焊条向下焊;90 年代开始使用自保护药芯焊和表面张力焊(STT)向下焊等半自动焊接技术;现在全位置自动焊接技术已经得到全面发展和应用。

1)焊条向下焊

焊条电弧焊向上焊技术是我国以往管道施工中的主要焊接方法,其特点是管口组对间隙较大,焊接过程中采用熄弧操作的方法完成,每层焊层厚度较大。该工艺只需普通焊接电源、焊枪和焊条即可,焊接质量完全依靠焊工的技能和经验,因此焊工的培训时间长,焊接过程中劳动强度大且焊接效率低。早期的 J506 和 J507 焊条焊后还容易出现焊缝表面成形比较差,焊接接头中存在气孔、夹渣、未焊透等缺陷。目前该技术仍然用于管道维修、抢修和返修焊接的填充盖面焊当中,焊条可选用四川大西洋公司的 E5015、E5515 等。

我国 20 世纪 80 年代开始大面积推广焊条电弧下向焊工艺,该工艺包括纤维素焊条向下焊和低氢焊条向下焊。焊条电弧焊下向焊的特点是管口组对间隙小,焊接过程中采用大电流、多层、快速焊的操作方法来完成,每层焊层厚度较薄,通过后面焊层对前面焊层的热处理作用可提高环焊缝的韧性,焊接效率较高。纤维素向下焊焊条的药皮中含有 30%～50% 的有机物(纤维素),具有极强的造气功能,焊接时分解了大量的一氧化碳和二氧化碳气体,在保护电弧和熔池金属的同时,增加了电弧吹力,保证熔滴在全位置焊接时向熔池的稳定过渡,并抑制铁液和熔渣下淌。同时有较大的熔透能力,具有优异的填充间隙性能,焊缝背面成形好,气孔敏感性小,易于获得高质量的焊缝,因此特别适合打底焊,但是对管子的对口间隙要求很严格。低氢型向下焊条由日本的 KOBE 公司向中国推荐,该工艺填充、盖面焊缝成形好,但是根焊的质量难以控制,容易产生气孔,而且要求管道组对精度高。焊条电弧焊方法灵活简便、适应性强,其下向焊和向上焊两种方法的有机结合及纤维素焊条良好的根焊适应性在很多场合下仍是自动焊方法所不能代替的。

目前可采用的纤维素向下焊条除国产纤维素焊条外,主要有美国林肯公司生产的 E6010、E7010 - G,美国 ITW 集团公司生产的 HOBART、E6010、E7010,日本神户制钢生产的 E6010、E7010 等,奥地利的 BOHLER 公司生产的 E6010、E8010 - P1,中国船舶重工集团公司第七二五研究所研制的 E6010、E7010 - G、E8010 - G1，瑞典 ESAB 焊材，日本 KOBE 焊材，法国 SAF 焊材和美国 HOBSRT 焊材。纤维素焊条焊接时采用一般的直流焊接电源，在小电流时易出现断弧、粘条及电弧不稳等问题。海洋管道施工中焊条电弧焊常用的直流电弧焊设备有美国林肯公司的 DC - 400，美国 MILLER 公司的 XMT - 304，北京时代集团公司的 ZX7 - 400B，济南奥太公司的 ZX7 - 400ST 等。低氢焊条对弧焊设备的要求较低，一般的直流电弧焊设备即可满足要求。

2）半自动焊

半自动焊技术采用焊丝代替焊条，并利用送丝机进行连续送丝，从而实现连续焊接。与焊条电弧焊相比减少了更换焊条的时间，但是焊枪仍然由人工操作，焊接质量、速度与工人的技术水平、经验等因素的关系仍然很密切，所以工人的培训时间长，劳动强度大。根据焊丝的种类半自动焊可分为纤维素型焊条向下根焊、自保护药芯焊丝半自动焊等。自保护药芯焊丝半自动焊技术主要用于填充和盖面，其特点是熔敷效率高，全位置焊成形好，环境适应能力强，焊工易于掌握，其常用设备有林肯公司的 DC - 400 直流电源＋LN - 23P 送丝机，MILLER 公司的 XMT - 304 直流电源＋S - 32P 送丝机，唐王 DC - 400＋林肯公司的 LN - 23P 送丝机。CO_2 气体保护焊可采用林肯公司的 STT 型逆变电源＋LN - 74 送丝机，飞马特公司的 ULTRA FLEX PULSE350 焊机＋ULTRAFEED 1000 送丝机。

（1）气体保护半自动焊。气体保护半自动焊根焊主要是二氧化碳气体（或混合气体）保护半自动焊，属于向下焊接方法。具有典型代表性的是林肯公司的 STT。STT 是一种以表面张力为熔滴过渡力的熔化极二氧化碳气体（或混合气体）保护电弧焊。STT 非常适合管道的根焊，具有焊接速度快、背面成形好等优点。但 STT 对管口的组对质量要求高，受现场施工风力的影响较大，影响焊接质量。我国在 20 世纪 90 年代，成功地将 STT 表面张力焊运用到国内的管道工程中。目前这种工艺已经成为我国陆地和海洋管道焊接的一种重要的焊接方法。

（2）自保护药芯焊丝半自动焊。不用外加保护气体，只靠焊丝内部的芯料燃烧与分解所产生的气体和渣作为保护的焊接，焊接过程中焊丝自动送进，电弧的移动及摆动由手工完成，此种焊接称为自保护药芯焊丝半自动焊。由于自保护药芯焊丝半自动焊具有无须外接保护气体、抗风能力强、焊接效率高和焊缝质量好等优点，所以是我国长输管道的主要焊接工艺之一，在海洋管道中也得到了较普遍的应用。

3）自动焊

全位置自动焊的方法有埋弧自动焊、电阻闪光焊、钨极氩弧焊和熔化极全位置自动焊。

埋弧自动焊设备起源于 20 世纪 50 年代，因其焊接过程稳定、熔敷率高、焊接效率高、劳动条件好等优点而备受重视。埋弧自动焊利用机械装置和电气控制系统自动控制送丝和移动电弧，从而实现管口的自动焊接。焊接过程使用粗焊丝（直径 2.4 mm 以上）、大电流，而且没有弧光辐射，产生的有害气体较少。焊接终了很容易清渣，焊缝的化学成分和力学性能稳定。但是，埋弧焊均为 1G 位置焊接，管道施工是需要采用管道旋转的方法，因此该工艺在制管过程中得到了广泛的应用。海洋管道铺设施工在铺管船上进行，受空间的限制至今尚无在铺管施工中应用埋弧焊的先例。

电阻闪光焊由巴顿焊接研究所研制,其利用管口的两端通过的高电压、大电流的交流电,使管口部的金属快速熔化,然后再用高压顶锻,使管口处的金属熔为一体。这种焊接方法效率高,节省劳动力,适合于平原地段的自动化施工生产。巴顿焊接研究所研制的北方-1电阻闪光自动焊设备在亚马尔管道铺设过程中得到了应用,但是这种焊接技术使用的设备庞大,成本极高,所以到20世纪90年代后已经没有相关设备的应用报道。

钨极氩弧焊以钨合金为电极,用氩气保护,具有焊接过程稳定、保护作用好、焊缝金属纯净、焊道成形好等一系列优点,但是焊接效率较低,对施工环境要求较高,因此在海洋管道施工焊接中很少采用。

熔化极全位置自动焊接(GMAW)技术出现于20世纪60年代末期,美国CRC公司在1964年率先将该技术应用于管道施工。早期的熔化极全位置自动焊接设备只是焊接小车带动焊枪行走,焊接参数(焊接电流、电压、焊接速度等)均是手动控制。随着计算机技术和自动控制技术的日益完善,能够自动跟踪以及自动控制焊接参数的管道焊接设备(管道全位置自动焊机)得以迅速发展。熔化极全位置自动焊技术的主体是自动焊机,自动焊机包括导向轨道、焊接小车、自动控制系统、电源、气源等。导向轨道装卡在管口处,焊接小车利用导向轨道带动焊枪沿管周自动行走,实现管口的全位置自动焊接,焊接过程为实心焊丝加气保护。

具有单面焊双面成形根焊能力的双炬管道全位置自动焊机,不仅能解决根焊问题,还可以提高其他焊层的焊接效率,具有突出的优势,是一种较好的技术方案,已经在国内外海洋管道铺设焊接中得到了广泛的应用,也是将来很长一段时间内的海洋管道施工中焊接设备发展的主流。为了提高焊接效率,其主要发展方向是双丝多焊枪多焊头的管道全位置自动焊机。陆上和近海管线连接中经常使用的管道全位置自动焊接设备有林肯公司的气体保护STT自动外焊机根焊(autoweld)、美国CRC-Evans公司的P系列和M系列、法国Serimax公司的Saturnax、法国的Polysoude、意大利Saipem-EMC公司的Passo、荷兰Vermaat Technics公司的Veraweld、Allseas公司的Phoenix以及J. Ray McDermott公司的JBBS、德国VIETZ公司开发的CWS管道焊接设备、英国Noreast Services and Pipelines Ltd.公司的AW97-1和IWM自动内焊机、加拿大PROLINE公司、中国石油天然气管道局的PAW系列、中国石油工程技术研究的APW系列、北京石油化工学院设计的BIPT系列、意大利PWT公司的全自动控制焊接系统CWS.02NRT外焊根焊成形焊接设备等。

自动焊接由于具有适用于大口径、大壁修、流水作业、焊接效率高、焊缝成形美观等优点,在国内外的长输管道和海洋管道施工中得到了推广和应用。在海洋管道焊接中,对于大管径的钢管焊接通常采用双焊炬的自动焊技术,每一个焊接工作站配备两台双焊炬自动焊机,同时对管口进行焊接。自动焊接具有焊接效率高、劳动强度小、受人为因素影响小等优点,但对管道坡口的精度要求较高。

海洋管道的建设大多在铺管船上进行,其施工不能采用在陆地上的流水作业方式。海洋铺管船上的铺设工艺包括管端部坡口加工、焊口组对、环缝焊接、检验和防腐等几大环节。焊接施工是海底管线铺设过程中重要的环节,制约着铺管质量及效率。随着管线用钢级别的提高,对管道焊接也相应地提出了要求。海洋管道施工焊接多采用焊条电弧焊、自保护药芯焊丝半自动焊和气保护自动焊。采用焊条电弧焊、自保护药芯焊丝半自动工艺焊接,一般多采用射线无损探伤,由于焊口焊后温度较高,需要其冷却到较低温度才能进行无损检测,在此期间需要等较长时间,极大地降低了施工效率。采用自动焊工艺焊接,多采用超声波探伤,需要采用水耦合剂,温度较高的焊口经过水耦合剂的冷却,将会影响焊接接头的性能和质量。而通过强制冷却焊接技术的研究,能够解决射线探伤等待较长时间和水耦合剂冷却对焊接接头性能、质量影响的问题。按照 API 1104 - 2005 和 DNV-F101 的要求,需进行强制冷却焊接工艺研究。

4.5.2　海洋管道自动焊设备

由于海底油气管道铺设长度不断增加,服役时间逐渐延长,管道破损泄漏而引起的事故和污染均随之上升,因此防止和应对管道破损泄漏的任务日益艰巨。2005 年,美国墨西哥湾共有 102 条油气管线在卡特里娜飓风打击下有不同程度的损毁破裂。2006 年,英国 BP 公司在美国阿拉斯加的油气管线破裂,对当地环境造成了严重污染并被迫关停大部分油气管线。因此水下管道的维修焊接设备也成了海洋管道焊接设备的重要组成部分,也是当前海洋管道焊接研究的重点设备之一。

根据管道管径、管道所处水深、管道海底埋设深度、管道破坏位置、管道损坏程度大小、维修系统能力、应急性或永久性维修措施、维修时间长短、现有其他设备及所需费用以及作业支持船舶等的具体情况,世界范围内针对海洋立管、海底管道的现行维修方法主要包括水上焊接修复、水下机械连接器修复、水下不停产开孔封堵修复、水下焊接修复等方法。水上焊接修复法在水下将破损管道切断或切除破损段,然后把两个管端吊出水面,利用自动焊接设备进行焊接修复。对修复后的管道进行 NDT 检验和涂层后放回海底,即完成维修作业。因此管道焊接过程与管道铺设焊接类似,采用常规的管道全位置自动焊接设备即可完成。

海底管道的水下焊接维修方法可分为有潜式海底管道焊接维修作业系统和远程无潜式管道焊接维修作业系统。

1) 有潜式海底管道维修作业系统

依据环境条件的不同,水下电弧熔焊技术可分为湿式、干式及局部干式三类。

以手工金属电弧焊(MMA)为典型代表的湿式焊接,因其成本较低,目前在海上固定平台较浅水域的钢结构损伤修复中应用较多。但由于存在氢致裂缝、焊缝金属和热影响区过硬等较难解决的问题,将其用于海底油气管道等性能等级要求较高的场合尚不能满足规范要求。

水下干式焊接则因接头质量好等优点而被广泛采用。国外的有潜式海底管道维修作业系统多基于高压轨道式 GTA 焊接系统完成,较为知名的作业系统有 OOTO 系统、THOR 系统及 PRS 系统。

OOTO 系统由英国 Aberdeen Subsea Offshore Ltd 开发,其核心部分是焊接头和轨道,还包括电气控制部分、气体供应室、焊接监控室和潜水监控室等,整个系统信息采用光纤传导和计算机进行监控。在高压舱中配备潜水焊工,主要是为了更换电极、调整送丝角度和位置,一旦焊接过程开始,就不再需要潜水焊工干预。OOTO 系统实验结果表明,潜水焊工对焊接质量的影响非常小,可以显著降低对潜水焊工的资质要求。该套系统曾在海底连续工作过4周,累计完成了18处焊缝,焊接程序和质量获得了挪威劳氏船级社的认证。

THOR系统由英、法合作的Comex公司开发,该系统由焊接头与轨道、高压舱、水面控制舱三部分组成,系统焊接参数既能预先设定又能实时调整;系统监测单元由两台监视器组成,能全面获得熔池和电弧信息;水面和水下各有一套计算机系统,分别进行焊接电气参数控制和位置参数控制。由于THOR-1存在着很多缺陷,后来Comex公司又研制开发了新一代的THOR-2(SCS)系统,使得该系统成为能适合超深水域、不需潜水焊工协助的全自动焊接系统。

PRS系统由挪威国家石油公司StatoilHydro公司于1987年研制,由40多个油气公司组成联盟共同出资使用,主要服务于北海挪威陆架大型油气田管线、Ormen Lange气田及墨西哥湾深水海底管线,设计维修能力水深达600m,管道直径为8~42 in。该系统利用半自动化潜水焊工辅助GTA焊接,已成功应用在对焊V形槽焊接上(71个焊接点时限已使用超过17年),此系统在海洋油田已得到非常广泛的应用。PRS拥有一套综合的海底油气管道建造装置和维修技术,技术涵盖水下隔离围堵、损坏管道清理、大型操纵和安装系统;设备包含支撑夹钳、水下管道切割工具、机械连接器、高压焊接工具等,在挪威斯塔万格(Stavanger)北部的Haugesund港口建立了PRS库,储备了夹具、连接器、提管架、水下焊接机器人等。

在"十五"期间的重大专项"渤海大油田勘探开发关键技术"的"水下干式管道维修系统"子课题支持下,由上海交通大学、哈尔滨工程大学、北京石油化工学院共同努力于2004年设计建造了国内唯一的高压焊接实验装置,并形成了一系列具有我国自主知识产权的新型设备:高压干式舱、冷切割坡口机、金刚石绳锯机、管道对口器、开孔封堵器,管端清理机具、高压焊机等,这些设备是干式维修系统的重要保障。2005年采用自主研制的高压TIG焊接试验样机完成了平板高压焊接试验,2006年在渤海湾进行了海底管道高压焊接修复海上试验。至2007年6月,水下干式管道维修系统继海试成功后,先后在JZ2O-2油田海底管道改线工程、CFD11油田海底电缆检测维修及复位工程、PL19-3油田WHPB平台靠船件拆除等依托工程中成功应用,有效地验证了系统的各项性能,为海上油气安全生产提供了良好的技术服务。该系统于2007年2月12日装船出海投入涠洲11-4油田42m水深环境条件下的2条海底管道修复工程,提高了水下维修工作质量和应急抢修作业效率,为石油公司尽快恢复海上油气生产创造条件。

2)远程无潜式海底管道焊接维修作业系统

众所周知,随着水深的增加,潜水焊工正确操作能力会下降,再加上人类潜水的极限深度为650m,潜水焊工在水下作业的健康和安全无法得到保证,因此无潜水焊工辅助的维修设备就成为深水或超深水海底管道维修作业的唯一选择。目前,主要的无潜式焊接维修连接技术有CoMex公司的THOR-2系统和STATOIL公司的RPRS(remote pipeline repair system)系统。

(1)THOR-2焊接维修作业系统 无须潜水焊工协助的THOR-2系统是由英、法合作的Comex公司在有潜式焊接维修连接系统THOR-1的基础上开发的,该系统由焊接头、高压舱、水面控制舱三部分组成。水面和水下各设有一套计算机控制系统,分别控制焊接参数和焊机位置参数。THOR-2 采用 GTA 对接焊,施工时需要较高管道对中精度,因此该系统操作过程复杂,特别是大直径管道,精确对中的难度更大。此外,GTA 焊随环境压力的增加,电弧的等离子稳定性变差,电极表面电流密度和弧柱电流密度差异也变大,从而导致弧柱不稳定、飞溅大和熔滴过渡困难,因此适用水深一般不超过 500 m。

(2) RPRS 焊接维修作业系统 STATOIL 公司的研究人员认为,虽然远程安装机械连接器也可用于无潜式海底管道维修,但对于大直径的管道维修造价非常高(直径为 42 in 的管道机械连接器的费用高达 100 万美元),因此采用此类机械连接器进行大直径管道维修不切实际;同时,传统的高压干式焊接维修系统存在设备体积庞大、辅助支持设备复杂、机动性较差、维修作业总体成本较高等不足。

近几年来,STATOIL 公司在 PRS 系统取得了巨大成功的基础上,又着手研发了遥控操作管道维修系统(remote pipeline repair system, RPRS)。Cranfield University 研究人员借助高压焊接试验装置 HyperWeld250,对压力为 250 bar[①] 的 MIG 焊接电弧、熔滴过渡、焊接熔池等进行了深入研究。其研究结果表明在压力为 250 bar 环境下采用连续送丝、脉冲电流以及短电弧(电弧干伸长度小于 1 mm)等工艺可以使 MIG 的焊接质量满足使用要求,MIG 可以适合于水深超过 1 000 m 的高压焊接。因此 RPRS 系统采用了角焊套筒维修和 GMAW 技术,切除损坏管线后,采用套筒类的机械连接器进行预连接和密封,然后采用新型焊接机器人进行焊接套筒、膨胀弯和管线,整个系统由 ROV 操控;初始作业水深范围为 180~570 m,设计水深为 1 000 m。2004 年下半年,RPRS 进行了海底测试,效果良好。高压 GMAW 焊接已经能够胜任 X65 和 X70 钢材 44 in 管道在水深 180~570 m 范围内的套筒维修。2006 年又将 GMAW 焊接用于海底管线回接中的坡口焊,同年还进行了 850 m 水深的无潜高压焊接,超过了人类潜水的极限深度。2011 年 7 月挪威国家石油公司在松恩峡湾对 RPRS 系统进行了深度为 370 m 和 940 m 的试验。在水深为 370 m 的试验中,试样的焊缝质量满足要求。而在水深为 940 m 的试验中,试样的焊缝有缺陷,影响焊接质量的主要原因是焊接舱内湿度较大和深水管道温度低预热不充分。

4.5.3　海洋管道焊接设备技术特性

受到海上作业的特殊环境影响,海洋管道焊接的施工方式经历了焊条电弧下向焊工艺、半自动焊工艺和全自动焊工艺三个发展阶段,所涉及的主要方法有 GMAW、自保护药芯焊丝电弧焊(FCAW)和焊条电弧焊。20 世纪 70 年代以后,GMAW 在管道施工中的应用发展很快,外焊 GMAW 单面焊双面成形已成为国际上管线施工的主流工艺,其设备主要技术在双炬和双丝技术、根焊技术、数据存储以及在线轨道转卡技术、焊机的焊缝跟踪系统等围绕焊机的高效、高自动化等主要功能快速发展。

1) 双炬自动焊技术

双焊枪技术是指每个焊接小车安装两把焊枪,焊枪间距大约为 50 mm,焊接时形成两个独立熔池。双焊枪技术由法国 Serimax 公司率先研究成功,这种紧凑的双焊枪焊机可

① 1 bar＝10^5 Pa。

以显著地增加焊接工作站较少的海洋管道铺设过程的效率,双焊枪在增加 $40\%\sim50\%$ 效率的同时,可以显著地减少焊接工作站和焊接工人的数量;而且第二把焊枪对焊道有回火作用,改善了焊道韧性并降低了接头硬度。目前法国 Serimax、美国 CRC-Evans、荷兰 Vermaat Technics 等公司都有双炬焊机商业化产品。在具体的海管铺设施工作业时,为了进一步提高作业效率,每个焊接工作站采用两个双炬焊头分别在焊接导轨的两侧同时工作,每个焊头自成系统、独立控制,简称双头双炬焊接系统。与单头双炬焊接系统相比,双头双炬焊接系统将焊接效率提高了 1 倍。

法国 Serimax 公司早期的双焊炬焊机的两个焊枪安装在同一摆动机构上,从而使其总体体积和质量均大幅度降低,单机质量小于 11 kg,远远低于其他类型的焊机。然而整体安装的两把焊枪,前枪和后枪的摆动幅度相同,限制了焊机对焊接工艺的适用性。Serimax 公司最新产品 Saturnax 09 则将两把焊枪独立控制,且每把焊枪均可进行线性摆动和钟摆式摆动。如图 4 - 112 所示,Saturnax 09 焊接小车的尺寸为 250 mm×375 mm×275 mm,质量为 15 kg,操作温度为 −40~60 ℃,可以焊接各种碳钢、不锈钢、耐蚀合金钢,可焊接最小管径为 4 in,根据配备不同的焊接电源盒焊枪可以进行表面张力过渡技术(STT)、冷金属过渡技术(CMT)、熔化极气体保护焊(GMAW)或者 FGMAW、GTAW 等各种焊接工艺。

图 4 - 112　Saturnax 09 管道全位置自动焊焊接小车

对于直径大于等于 609.6 mm 的近海油气管线,Serimax 公司特意开发了四头双炬(Saturne 8-Torch)全自动焊接系统,可驱动四个 Saturnax 焊头同时工作,以进一步缩短焊接时间。同时采用窄 I 形坡口和内对口器附带铜衬垫强制封底成形,整套设备具有很强的柔性。

国内,海洋石油工程股份有限公司的"蓝疆"号起重铺管船是我国铺管能力和自动化程度最高的作业船舶,其上配备了 Serimax 公司的 Saturnax 05 双头双炬全自动焊接设备,前 4 个站每个站配备 1 套。焊接设备由焊接电源、焊接机头、机头控制系统、供气系统、编程器和轨道等部分组成,焊丝为美国林肯公司直径 1.0 mm 的 SUPERMIG 实心焊丝,采用 50％ Ar＋50％ CO$_2$ 的混合气体联合保护。焊接工艺参数由计算机设置好后输入机头控制系统,能够精确控制各焊接位置处的送丝速度、焊接速度、摆动幅度、摆动速度、两侧停留时间等。"蓝疆"号首次承担作业水深 70 余米的东方 1-1 工程 100 km 的登陆气管线铺设,管线尺寸为 559 mm×12.7 mm,材质为 API-5L-X65。铺设过程中创造了每日铺设 280 根的记录,正常情况下的日铺设均在 200 根以上,合格率达到 97％。

P600 双焊枪管道全位置自动外焊机的焊接小车如图 4-113 所示,使用 PGMAW 或 GMAW,窄间隙,采用水冷焊枪和外挂送丝方式,送丝机构和带有熔滴过渡单元(CDT)的脉冲焊接电源,焊接工艺参数可以编程并存储在便于更换的控制卡上,并可根据焊接工艺以及焊接材质的变化要求,随时离线编程。P600 适用于窄间隙叠焊或宽间隙排焊,还可完成根焊,生产效率比单焊枪自动外焊机提高 40％～50％,缺点是水冷焊枪给实际应用带来许多不便,因此在水下焊接中应用较少。用于 12 in 以上管道,外形尺寸 240 mm× 340 mm×300 mm,单焊车质量为 15.9 kg,焊枪角度调整范围为±10°。

图 4-113　P600 管道全位置自动焊焊接小车

2) 双丝自动焊技术

与双炬的概念不同,双丝技术是在一把焊枪上安装两根焊丝,焊接时两焊丝共用同一个熔池,目前常用的双丝技术有"Twin Arc"双丝焊技术和"TANDEM"双丝技术。"TwinArc"双丝技术采用两个完全相同的脉冲电源,两套送丝机构,两焊丝间不绝缘,因此其熔化速度相同。两电源无须协调,系统简单,但是可控性差,两焊丝相互影响。"Twin Arc"双丝技术电源的主要生产厂家有美国的 MILLER,德国的 SKS、Binzel 等公司。20 世纪 90 年代,德国 CLOOS 公司率先开发出"TANDEM"双丝焊技术,该技术的两根焊丝由两个独立的电源供电,两焊丝间绝缘。因此两焊丝完全独立,相互干扰小,易于控制。"TANDEM"双丝焊电源的主要生产商除德国 CLOOS 公司外还有奥地利 Fronius 公司和美国的林肯公司。

双丝技术可以明显提高自动焊接设备的焊接效率,因此该技术也在管道全自动外焊接机上得到了应用,美国 CRC-Evans 公司的产品集成了 Fronius 公司的 TimeTwin Digital4000 型 MIG/MAG 焊电源和早期的 GMAW 自动焊,是单炬单丝焊接。美国

CRC-Evans 公司的 P260 管道全自动焊机已经将原来的单炬单丝焊枪升级为单炬双丝，并用于 J-Lay 施工焊接作业中。加拿大 RMS 公司研制的 MOW Ⅱ型管道全自动焊机集成了林肯公司的 Tandem MIG Power Wave 455MRobotic 系列焊接电源，该管道焊接机器人系统采用脉冲熔化极气体保护焊方式。

双丝技术的最新技术是双丝串列电弧 MIG/MAG，该技术已应用于造船、汽车、石油天然气等行业，在管道焊接方面，美国 CRC‑Evans、韩国现代重工以及加拿大的 RMS 公司作为系统集成商已将串列双丝系统集成在管道焊接设备中。然而，海洋管道施工的特殊环境要求焊接设备能在狭小的空间内进行，串列双丝焊炬为特殊定制，较大的体积及质量增加了系统集成难度，影响了其在海洋管道焊接中的应用。

早期的管道全位置自动焊机的控制系统较为简单，仅仅是焊机带着焊枪做圆周运动，所有焊机参数均由操作工控制，因此设备的操作难度大、效率低且焊接质量差。美国 CRC-Evans 公司早期的产品 P100 管道全位置自动焊机的智能化比较低，每套焊机只能完成一道焊缝，因此热焊、填充焊、盖面焊需要不同的焊机完成。随着控制技术和计算机技术的不断发展，管道全位置自动焊机的控制系统也不断完善，美国 CRC-Evans 公司的 P200 焊机是 P100 的升级版，其智能化程度已经显著提升，一个焊机可完成道焊缝的全部工作。现在大部分自动焊设备已经采用计算机控制，带有专家库和焊缝跟踪系统，焊接过程几乎不用人工参与，从而大大提高了焊机的焊接效率和焊接质量。

韩国现代重工双炬管道全位置焊机采用多种串行通信方式，可实现手控盒、焊机本体、焊接电源的分布式控制，其管道全位置自动外焊机及其控制系统结构如图 4‑114 所示，通过 LONWIRKS 总线网络可建立焊接工作站局域网，实现各焊接工作站焊接机器人的远程监控及数据库管理功能，主控单元与焊接机器人本体及手控盒分别采用支持 Modbus 协议 RS‑485 及 CAN(controller area network) 总线通信方式，属于 OPC 通信方式下的多总线异构控制系统。此外，焊接机器人单机配备了激光视觉跟踪传感器可完成焊缝跟踪功能。

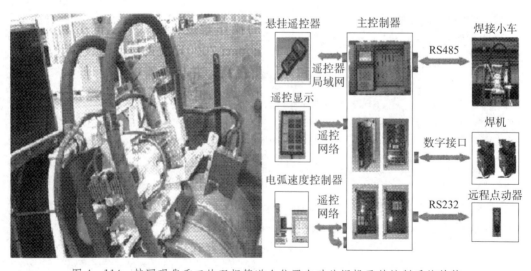

图 4‑114　韩国现代重工的双炬管道全位置自动外焊机及其控制系统结构

澳大利亚的 Lonestar 管道全位置自动焊机与 Verm at Technics 公司 JBBS 管道全位置自动焊机相似,除了具备其他管道全位置自动焊机的基本功能外,Lonestar 管道全位置自动焊机在自动模式下可完成自动起弧焊接及停弧功能,同一焊接工作站的左右舷焊机通过协同配合还可实现焊道的自动覆盖功能。法国 Serimax 公司生产的 Saturnax Bug 双炬管道全位置自动焊机,焊机主控单元采用基于 RS－485 总线的分布式控制结构,可构建海上铺管线焊接工作站多级网络控制平台,具有远程监控、参数设置及焊接过程参数存储功能。

TSA Pipeline Welding Machines 公司的 PASSO E 是 TSA 最新推出的全自动 GMAW/FCAW 焊接系统,也是目前 TSA 主推产品。该焊接系统的所有运动均由计算机控制,焊接参数可实时调整,焊接速度、送丝速度、焊接电流、焊枪的摆幅、摆频、驻留时间、保护气流量、电源类型、软启动和软停止、管道倾斜度等参数均可根据具体的焊接情况进行调整,并且该控制系统自带有专家系统,焊接过程中设备具有自学习功能。

1993 年美国 J. Ray Mcdermott 公司将 JAWS 焊接系统升级为 6 焊炬系统,该系统采用先进的伺服控制以及计算机控制,每个 JAWS 焊接系统有 14 个伺服轴,主控单元可完成焊接电源、运动控制及过程控制的实时协同控制及管理。1996 年美国埃索石油公司将该套系统用在马来西亚海管铺设工程中,铺管线配备 5 个工作站,6 个均匀布局的焊炬装卡在一个固定轨道上并同时焊接,创下日焊 329 道焊接接头(762 mm×20 mm)的记录。

我国管道局在自主研发的 PAW2000 单焊炬自动焊机的基础上于 2003 年 12 月研制成功了 PAW3000 管道双焊炬全位置自动焊机,PAW3000 与美国 CRC 公司 P600 一样采用单电机驱动的四杆锁紧和摩擦滚轮传动方法,控制系统采用高速数字信号处理器(DSP)和复杂可编程逻辑器件(CPLD)为核心的全数字智能化运动控制技术和嵌入式操作系统,配备激光结构光视觉传感器可完成焊缝水平方向的自动跟踪,整机结构紧凑,具有较高的控制水平和设备扩展冗余度。

焊缝跟踪和识别技术可以显著地增加管道全位置自动外焊机的焊接质量,增加焊接速度和焊缝的合格率等,也是衡量焊机自动化程度的关键指标,因此大量的自动焊设备商都在集中精力增加设备的焊缝跟踪能力。

1978 年,Saipem 公司设计的 Passo 管道全位置自动外焊机采用了接触式机械定位技术,对焊枪的纵向移动进行控制,以简化设备的操作难度,降低焊工的劳动强度。1988 年,Saipem－7000 起重铺管船(原称 Micoperi 7000)在 J 形铺设焊接作业中应用了该技术。实践证明,由于无须中间处理过程,在很大程度上该 Saipem－7000 起重铺管船的焊接系统提高了焊接速度。RMS 的 MOW-Ⅰ系列自动外焊机也采用了机械跟踪技术,用于保证焊接过程中干伸长的稳定性。

电弧传感器和视觉传感器在焊接机器人焊缝跟踪的技术研究中,占有突出地位。电弧传感器的优点是可从焊接电弧信号中直接提取焊缝特征偏差信号,实时性及焊枪运动的灵活性和可达性最好。电弧传感器主要有摆动电弧和旋转电弧传感器。其中由于旋转电弧传感器扫描频率高而使其比摆动电弧传感器的偏差检测灵敏度高,但在管道焊接中为了保证焊道厚度的恒定,摆动宽度是需要实时调整的,而旋转电弧传感器的旋转半径在焊接开始后不能任意调整,所以,用于管道焊接跟踪的扫描机构选择摆动方式更为合理。同时,摆动频率对电弧信号的敏感性有影响,研制较高摆动频率的高速摆动器对于研究管道焊接电弧跟踪系统具有重要的价值。目前,国外的双炬管道全位置自动焊机已经将电弧传感技术集成于管道焊接中,包括美国 CRC-Evans、法国 Serimax、韩国现代重工以及日本新日铁等公司。国内廊坊管道局及哈尔滨工业大学的管道全位置自动焊机都采用了结构光视觉传感器进行管道焊缝跟踪的研究,但由于性能优越的激光结构光视觉传感器由国外进口,价格昂贵,增加了管道焊接机器人系统成本。

CRC-Evans 公司较早将电弧跟踪技术应用于管道全位置自动焊接上。其首台带有电弧传感技术的焊机为 P260 单焊枪管道全位置自动焊机,该焊机内置 32 道环焊缝,焊接工艺参数包括根焊、热焊、填充焊和盖面焊等,可以进行窄间隙 PGMAW 或 GMAW 焊接,控制系统允许用户存储实时焊接参数。但是由于当时电弧跟踪技术不太成熟且价格昂贵,因此电弧传感技术仅对纵向焊缝进行跟踪。如图 4 - 115 所示,带有纵向电弧跟踪技术的 P260 焊接小车适于焊接热焊、填充焊和盖面焊,焊枪的纵向调整范围为 0～63.5 mm,角度调整范围为 ±10°。

图 4 - 115　CRC-Evans 公司的 P260 管道全位置自动焊焊接小车

CRC-Evans 公司的较新产品 P450 单焊枪管道全位置自动焊机,集成了纵向和横向电弧跟踪系统,且带有蓝牙功能,焊接参数可无线传输,其焊接小车如图 4 - 116 所示,焊枪的纵向调整范围为 0～63.5 mm,角度调整范围为 ±10°。

图 4 - 116　CRC-Evans 公司的 P450 管道全位置自动焊焊接小车

韩国现代重工将摆动电弧传感集成在双串列双丝管道焊接中,采用恒流特性焊接电源,系统对采样的电流信号进行截止频率为 50 Hz 硬件低通滤波,然后采用区域移动平均数算法提取焊缝偏差特征值。RMS 公司的 MOW‑Ⅱ 管道全位置自动焊机将带 CAN 总线接口的焊接电流传感器集成于电弧传感的焊缝跟踪系统中。采用凸轮式高速摆动器扫描坡口,产生高速摆动的电弧,进行了脉冲方式的管道窄坡口焊接中电弧跟踪的应用研究。日本新日铁公司的管道焊接机器人采用基于电弧传感的方式可实现焊缝跟踪及摆动宽度的自适应控制。

日本新铁公司的 MAG‑Ⅱ 焊接系统为窄焊缝而设计。采用了视觉传感技术,用于控制根焊的焊接速度和摆动宽度。热焊和填充焊过程中采用电弧传感控制焊枪的干伸长度和摆动宽度,最小可焊管道为 12 mm,焊接小车的尺寸为 525 mm×360 mm×255 mm,质量为 17 kg,根焊需要带铜衬垫。根焊时采用基于视觉传感技术控制焊接速度及摆动宽度,填充焊采用基于电弧传感技术实现焊缝跟踪以及摆宽控制功能,由于同时配备视觉传感及电弧传感技术,整个焊接过程中焊枪可实时跟踪焊缝,焊道厚度均匀一致,能获得较高的环缝焊接质量。

4.5.4　海洋管道自动焊接应用实例

海底管道作为海上油气开发、生产与产品外输的主要途径,被喻为海上油气田的"生命线"。从 1954 年 Brown & Root 公司在美国墨西哥湾铺设世界上第一条海底管道以来,全世界铺设的海底管道总长度已达十几万千米。其中美国墨西哥湾海洋管线长度达 37 000 km。从 1985 年我国在渤海埕北油田铺设第一条海底管道以来,仅中海油系统就新建了上百条海底管道,总长度超过 4 000 km,直径超过 44 in,铺设的深度超过 840 m。铺管是海洋管道施工中的重要环节,为了最大限度地缩短海上施工周期、减少工程成本以及最大限度地降低风险,要求海底管道以最高的铺设速度和最高的工程质量进行,因此具有焊接速度快、焊接质量高、操作简单且体积小、质量轻的 GMAW 外焊机是当前海洋管道的主要焊接设备。

最常用的海底管线铺设方法包括卷筒铺设法、拖曳铺设法、S 形铺设法、J 形铺设法等,卷筒铺设和拖曳铺设法的管道焊接工作都在陆上完成。S 形铺设法和 J 形铺设法的管道焊接主要在铺管船上进行,因此也是海洋管道焊接设备应用最多的焊接施工。

1）管线铺设中自动焊接设备的应用

（1）S 形管线铺设中自动焊接设备的应用。S 形铺设的施工方法与陆地管线铺设基本相同,包括管端部坡口加工、焊口组对、纵向环缝焊接、检验和保温防腐涂层等几大环节,根据铺管船的作业能力来配备不同数量的流水作业站,几道工序分别在不同的作业站中完成。S 形铺设法采用了分站式流水作业,工作效率较高,因此目前世界上 90% 以上的铺管船均采用该铺设方法。

Saimpem 公司的 Saimpem CASTORO SEI 型管半潜式铺管船如图 4‑117 所示,工作水深 40～1 500 m,船上设有背对背两套铺管系统,可同时进行 60 in 以下海底管道的铺设,铺设方法为 S 形。船上设置 9 个工作站,其中包括焊接工作站、X 射线检查站和连接位置防腐涂层处理站。采用埋弧自动焊设备先将 2 根标准 12 m 长度钢管焊接预制成为双节点,每站设置 2 套 Passo 焊接系统。

图 4-117 Saimpem CASTORO SEI 型管半潜式铺管船

我国新建的"海洋石油 201"船主要采用 S 形铺设法进行海管铺设,该船配备双节点预制工作线,先将 2 根标准 12 m 长度钢管焊接预制成为双节点,此时,钢管旋转,焊接机头固定,即为 1G 位置焊接。海管铺设焊接主作业线布置一系列焊接站,管道水平固定,焊接小车围绕管道旋转,即为 5G 位置焊接。"海洋石油 201"海管铺设焊接主作业线如图 4-118 所示,顺序布置了 5 个焊接站和 1 个 AUT 返修站,每个焊接站在同一圆导轨上面安装 2 台自动焊接小车,每台焊接小车各自完成半个圆周的焊接。焊接站 1 到焊接站 5 顺次完成打底、填充和盖面,第 6 个站采用自动超声 AUT 进行焊缝检验,不合格焊缝进行返修,海管铺设要求管道焊接返修率低于 2%。

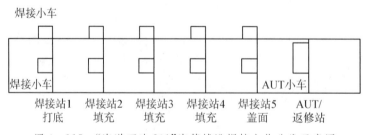

图 4-118 "海洋石油 201"海管铺设焊接主作业线示意图

"海洋石油 201"海管铺设焊接主作业线焊接站采用法国 Serimax 公司生产的 Saturnax 07 系列双炬管道全位置自动外焊机,每个工作站布置两台焊接小车,布置方式如图 4-119 所示。两个焊接小车安装在同一圆导轨上面,两侧同时焊接,其中一台焊接小车先从 12 点位置引弧向下焊接,另外一台焊接小车与之有一个时间差,从相同位置开始向下焊接。后面几个站采用相同的操作方法,但是,引弧位置要与前一站错开,以避免未熔合等缺陷的产生。

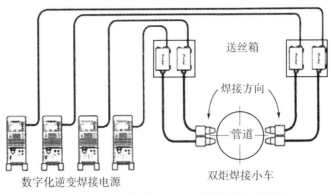

图 4-119　"海洋石油 201"焊机的布置方式

　　根焊时采用带铜衬垫的外焊机根焊技术,为了保持打底过程中支撑力足够,铜衬垫材料采用的是氧化铝铜,其抗软化温度为 800 ℃,打底焊接过程材料不会发生软化。

　　(2)J 形管线铺设中自动焊接设备的应用。J 形的铺管法(J-lay)是自 20 世纪 80 年代以来为了适应铺管水深的不断增加而发展起来的,是目前最适于进行深水海底管道铺设的方法;此外,大多数钢制悬链立管(SCR)也都采用该法安装。如图 4-120 所示,该法在铺管开始时管道几乎直上直下地送入水中(实际与垂直方向的夹角为 0°~15°),因在下放到海底过程中整条管线的形状呈 J 形而得名。

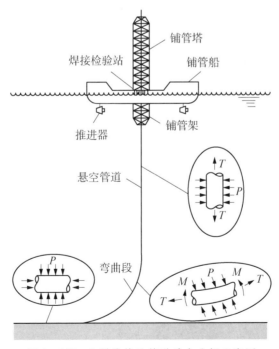

图 4-120　J 形铺管及管道受力分析示意图

　　J 形铺管通常只使用一个焊接工作站和一个焊缝检测站,作业效率较常规 S 形铺设法要低,但是其能够铺设 3350 m 深的海底管线。为了提高 J 形铺管的作业效率,通常使用较长的管段,这些管段通常由 4～6 根长度为 12 m(40 ft)的管子在陆地上预制而成。如图 4-121 所示,J 形管线铺设的一般工艺流程可以描述如下:管段供应→将单根管段转移到铺管架或铺管塔(tower)→与悬吊管线对中后组对焊接→焊缝质量控制(焊缝检测)→焊缝接头进行防腐涂层处理→铺管船前移的同时缓慢下送管线→管道埋设(取决于具体的海洋环境),其中"将单根管段转移到铺管架或铺管塔""与悬吊管线对中后组对焊接""铺管船前移的同时缓慢下送管线"这三个步骤与 S 形铺设的区别最为明显。

(a) 管段供应

(b) 将单根管段转移到铺管架或铺管塔

(c) 与悬吊管线对中后组对焊接

(d) 焊缝质量控制

(e) 焊缝接头进行防腐涂层处理

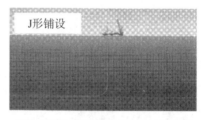

(f) 铺管船前移的同时缓慢下送管线

(g) 管线埋设

图 4-121　J 形管线铺设作业的一般工艺流程示意图

与S形铺设相同,J形铺设中电弧焊接技术(GMAW,特别是 PGMAW)也需要经过根焊、填充焊以及盖面焊等多个步骤,限制了焊接速度。不同的是,J形铺设中焊接没有起止位置的变化,也不用考虑仰焊位置,焊接操作比较容易。为了提高焊接效率,早在 20世纪 90 年代,美国 CRC-Evans 公司就开始研制开发针对 J 形铺管焊接作业的自动焊接设备,各知名海洋工程铺管作业公司都与自己的焊接工艺和设备专业合作伙伴密切合作,配备了各具特色并具有各自知识产权保护的 J 形铺管焊接作业设备。例如,意大利Saipem 公司在其 Saipem – 7000 铺管船上配备了基于 GMAW 的"PASSO 自动焊接设备";荷兰 HMC 公司的 DCV Balder 号深水建造船上配备了 Vermaat Technics B. V. 公司的"Veraweld"双炬焊接站;美国 McDermott 国际公司的动力定位 Derrick Barge(DB)No. 50 铺管船上配备了 JBBS 自动焊接系统(bug and band welding system),该系统实际上是 Vermaat Technics B. V. 公司"Veraweld"系统的升级版本;挪威 Acergy 集团的"Seaway Polaris"号起重铺管船上则配备了法国 Serimmax 公司的 Saturnax 双炬自动焊接设备;美国 CRC-Evans 公司在其网站上则公开宣称 P260 系列外焊接机(P260 external welder)、J-lay 夹具(J-Iay clamp)和管道坡口机(pipe facing machine)可以用于管道铺设,该公司于 2010 年 8 月与 Subsea 7 公司达成战略合作协议,为后者研发配备 J 形管道铺设用自动焊机和焊缝检测设备。

从自动焊机相对于待成形焊缝的位置来看,在基于管铰张紧模式的 J 形铺管焊接作业设备可以分为两类,一类是包括焊接轨道和焊接小车在内的焊接作业设备位于待成形环形焊缝的下方,如挪威 Acergy 集团"Seaway Polaris"号起重铺管船上的 J 形铺管焊接作业模式即属于此类,如图 4 – 122 所示,从图中可以清楚地看出采用的是法国 Serimax公司的 Saturnax 双炬自动焊接设备;另一类是包括焊接轨道和焊接小车在内的焊接作业设备位于待成形环形焊缝的上方,如荷兰 HMC 公司的"DCV Balder"号深水建造船配备的"Veraweld"双炬焊接站作业模式即属于此类,如图 4 – 123 所示,从图中可以清楚地看出采用的是 Vermaat Technics B. V. 公司的"Veraweld"双炬焊接站。

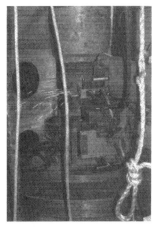

（a）焊缝成形

（b）焊缝检测

图 4 – 122　挪威 Acergy 集团"Seaway Polaris"号起重铺管船上的 J 形铺管焊接作业

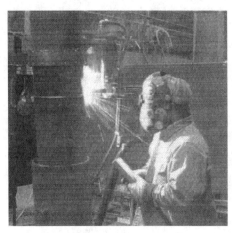

<table>
<tr><td>（a）陆上工艺试验研究</td><td>（b）船上作业场景</td></tr>
</table>

图 4 - 123　荷兰 HMC 公司的"DCV Balder"号深水建造船配备的"Veraweld"双炬焊接站

2）海底管道干式焊接维修

受环境的影响，水下管道焊接维修过程复杂、难度大、维修精度低，因此到目前为止，已经工程化的水下维修设备较少，仅有水下干式焊接维修技术。水下干式高压焊接维修技术适用范围广，技术含量高，维修速度快，安全可靠，维修质量高，并且修复后的管道完整性好。国际上，水下干式高压焊接维修技术已趋于成熟。在国内，海洋石油工程股份有限公司承担的国家 863 计划"水下干式管道维修系统"重大专项课题已研制成功，并已在依托工程中获得成功应用。干式舱体是基于舱架一体结构型系统，由内外舱体、脐带、液压系统、供气系统、配电系统、摄像监控系统、通信系统组成，如图 4 - 124 所示。

图 4 - 124　海底管道干式焊接维修系统

利用水下干式焊接维修设备机械水下管道维修时，如果管道损伤较小，可以进行不停产维修，此时应对破损点进行必要的临时封堵，上下游应采取一定的降压措施。然后利用水下高压吹泥设备将海管破损点两端各吹出 8～10 m 长的维修作业段，该作业段长度应满足管道水下切割和干式维修舱的作业需要。如果跨度太大，应对海管用沙袋进行支撑。

维修作业段吹泥完毕后,需要进行管道表面的处理,对于单层管带配重层的海底管道,首先利用水下金刚石锯沿海管环向将混凝土配重层切开约 0.5 m 的开口,然后利用液压铲清除配重层和防腐层。对于双重保温原油管道,则需剥离外管,并清除内外管之间的聚氨酯泡沫保温层。管道表面处理完毕后,操作人员需通过 Seaking DFP 声呐系统、水下电视监控系统以及 DGPS 系统引导干式舱 H 形框架就位于待修管道上,然后利用 H 形框架上的液压位置微调系统使干式舱本体与管道实现精确定位。关闭舱门后通过橡胶密封圈泄漏点两端的管道实施密封操作,然后向舱内充入略大于水深压力的高压气体将水排出,形成稳定的高压干式环境,并在干式舱内由潜水焊工在海管上焊接一个开孔封堵三通,并进行试压检测。将干式舱充水并移位至破损点右侧 5 m 处,重新进行上述作业,直至完成作业。撤离干式舱,利用破损点左、右各 5 m 处的焊接三通,在水下实施湿式开孔封堵作业。

当管道发生严重损伤或断裂时,只能进行停产维修,维修前的吹泥准备工作与局部损伤维修作业时相同。针对海洋管道的损伤情况考虑替换段预制的尺寸,并在水上预制一段相应长度的新管段。干式舱就位后,在干式舱内的潜水焊工对管道进行组对,并按照批准的焊接程序进行水下干式高压焊接。焊接完成后利用 UT 或磁粉法进行高压焊缝的 NDT 检验。检验合格后对管道进行必要的防腐处理。

修复完成后,利用与干式舱就位相反的步骤,回收干式舱系统,并按照业主要求及管道实际运营情况对修复后的整条管道进行试压,记录结果。海管整体试压合格后,对作业区域用沙袋回填、恢复,以防海水冲刷造成海洋管道的振动或局部受力过大而造成新的损坏。

思考题

4.1　水下电焊条应具备哪些特性?

4.2　水下手工电弧焊的焊前准备需要做哪些工作?

4.3　水下手工电弧焊的焊接参数该如何选择?

4.4　LD - CO_2 焊接时熄弧的技术要领是什么?

第5章 水下焊接缺陷及水下焊接质量检测

任何焊接缺陷,都破坏焊接接头的连续性,降低接头的机械性能。在水下还将引起腐蚀破坏的加剧。潜水焊工必须了解焊接过程中缺陷的形成原因、特点及控制方法,避免产生超出规定的焊接缺陷。

5.1 焊接缺陷概述

水下焊接是在特殊环境中的焊接,除了受到水下环境压力的巨大影响外,还受到水的直接影响,海流和潮汐使潜水焊工的稳定性变差,行动不便,给水下焊接操作带来困难,因此,水下焊接就更容易在焊接过程中产生各种焊接缺陷。

5.1.1 焊接缺陷的定义

焊接接头中的不连续性、不均匀性以及其他不健全性等欠缺,统称为焊接缺陷。当不连续的尺寸或密集度超过了一定的限值,即形成缺陷。焊接缺陷是由于不完善焊接施工造成的,妨碍焊件的使用性能使焊接接头的质量下降、性能变差,也可以认为是由于原有或积累的影响,使焊件或产品结构不能满足最低验收标准或规程的一种或多种不连续性。

5.1.2 焊接缺陷的分类

(1) 根据焊接缺陷的位置分类。焊接缺陷根据存在的位置分类可分为外部缺陷和内部缺陷两大类。

a. 外部缺陷 外部缺陷是指位于焊缝金属外表面的缺陷,即指用肉眼能够观察到的明显缺陷或用低倍放大镜和检测尺等能够检测出来的缺陷,如焊缝尺寸不符合要求、咬边、焊瘤、弧坑、烧穿、下塌、外部气孔、表面裂纹等。外部缺陷大多是由于操作工艺不当造成的,缺陷处易产生应力集中,影响焊接结构的使用寿命。

b. 内部缺陷 内部缺陷位于焊缝金属的内部,内部缺陷主要包括裂纹、未熔合、未焊透、气孔、夹杂物、成分偏析等。内部缺陷需要用无损探伤方法、金相方法或破坏性试验来检验。

(2) 根据焊接缺陷的性质分类。根据焊接缺陷的性质,可分为裂纹、孔穴、夹杂物、未熔合、未焊透、形状缺陷以及其他缺陷。国家标准《金属熔化焊焊缝缺陷分类及说明》GB 6417—86对每一类焊接缺陷的特点及分布形态进行了说明。同时国际焊接学会目前采用通用的缺陷字母代号来简化标记焊接缺陷。

（3）根据焊接缺陷的几何形状分类。根据焊接缺陷的几何形状分类,可分为面积型缺陷和体积型缺陷。裂纹、未熔合、未焊透均属于面积型缺陷,气孔、夹杂物属于体积型缺陷。面积型缺陷比体积型缺陷对焊接结构的危害更为严重。

5.1.3　焊接缺陷的危害

焊接缺陷的存在,不仅破坏了接头的连续性,而且引起应力集中,缩短结构使用寿命,严重的会导致结构的脆性破坏,引发焊接结构事故,直接影响焊接结构的安全运行和使用。焊接缺陷的主要危害有以下两个方面:

（1）引起应力集中　应力集中是指受力构件由于外界因素或自身因素几何形状、外形尺寸发生突变而引起局部范围内应力显著增大的现象。焊缝中存在的缺陷如咬边、未焊透、气孔、夹渣、裂纹等,不仅减小了焊缝的有效承载截面积,削弱了焊缝的强度,更严重的是在焊缝或焊缝附近造成缺口,由此产生很大的应力集中。当应力值超过缺陷前端部位金属材料的抗拉强度时,材料就会开裂,开裂端部又成为应力集中源,使缺陷不断扩展,直至产品破裂损坏。

（2）造成脆性断裂　构件未经明显的变形而发生的断裂称为脆性断裂,材料的脆性是引起构件脆断的重要原因。在焊接中很多缺陷如裂纹、气孔、未熔合等会造成脆性结构的脆性破坏。

5.2　水下焊接缺陷及控制

水下焊接是在特殊环境中进行的焊接工艺方法。尽管 LD‒CO_2 半自动焊比较好地解决了水下能见度差的问题,但是,多数情况水下焊接作业是在能见度为零或能见度比较差的水中进行的,这大大影响了潜水焊工焊接技能的充分发挥。另外,水下焊接除受到水压力的影响之外,潜水焊工还受到水的直接影响。由于在水下人的稳定性较差,行动也不方便,尤其在水流大和风浪高的环境下,这些因素给水下焊接操作带来极大的困难,因此,水下焊接比在陆地上焊接更容易产生焊接缺陷。

不论何种类型的焊接缺陷都会破坏焊接接头的连续性,使焊接接头的性能降低。在水下,焊接缺陷还会引起腐蚀破坏的加剧。为了预防焊接缺陷的产生,潜水焊工必须了解一些水下焊接过程焊接缺陷形成的特点,并掌握防止缺陷产生的措施。

水下焊接缺陷的类型与陆地焊接缺陷基本相同,只是不同类型的焊接缺陷产生概率与陆地焊接缺陷有差异。常见的水下焊接缺陷有未熔合、未焊透、夹渣、裂纹、咬边、焊缝尺寸偏差、焊瘤、气孔和烧穿。下面具体介绍水下焊接缺陷的产生原因与控制方法。

5.2.1　焊接裂纹

1）裂纹的形态及产生的原因

焊接裂纹种类繁多,产生的条件和原因各有不同。有些裂纹在焊后立即产生,有些裂纹在焊后延续一段时间才产生,甚至在使用过程中,在一定外界条件诱发下才产生。裂纹既出现在焊缝和热影响区表面,也产生在其内部。可以从以下不同的角度对焊接裂纹进行分类。

（1）按焊接裂纹的分布形态分类。在裂纹产生的区域上有焊缝裂纹和热影响区裂纹；在相对于焊道的方向上有纵向裂纹和横向裂纹，纵向裂纹的走向与焊缝轴线平行，横向裂纹的走向与焊缝轴线基本垂直；在裂纹的尺寸大小上有宏观裂纹和微观裂纹；在裂纹的分布上，有表面裂纹、内部裂纹和弧坑（火口）裂纹；相对于焊缝垂直面的位置上，有焊趾裂纹、根部裂纹、焊道下裂纹和层状撕裂等。

（2）按裂纹产生的机理分类。按裂纹产生的机理分类能反映裂纹的成因和本质，可分为热裂纹（包括结晶裂纹、液化裂纹和多边化裂纹）、冷裂纹（包括延迟裂纹、淬硬脆化裂纹、低塑性脆化裂纹等）、再热裂纹、层状撕裂和应力腐蚀裂纹等。

裂纹是在焊接应力作用下，接头中局部区域的金属原子结合力遭到破坏所产生的裂缝，具有尖锐的缺口和长宽比大的特性，是焊接结构中最危险的缺陷。在焊接生产中由于钢种和结构类型不同，可能出现各种裂纹，焊接结构和容器突然破坏造成灾难性事故大部分都是由焊接裂纹引起的。裂纹对焊接结构的危害如下：

a. 减小了焊接接头的工作截面，因而降低了焊接结构的承载能力。

b. 构成了严重的应力集中，裂纹是片状缺陷，其边缘形成了非常尖锐的切口，具有高的应力集中，既降低结构的疲劳强度，又容易引发结构的脆性破坏。

c. 造成泄漏。由于承受高温高压的焊接锅炉或压力容器，用于盛装或输送有毒的、可燃的气体或液体的各种焊接储罐和管道等，若有穿透性裂纹，必然发生泄漏，在工程上是不允许的。

d. 表面裂纹能藏污纳垢，容易造成或加速结构的腐蚀，留下隐患，使结构变得不可靠。

e. 延迟裂纹产生的不定期性以及微裂纹和内部裂纹易漏检。漏检的裂纹即使很小，在一定条件下会发生扩展，这些都增加了焊接结构在使用中的潜在危险，若无法监控便成为极不安全的因素。

2）焊接热裂纹的控制

热裂纹是在金属凝固时的高温下产生的，它的特征是沿奥氏体晶界开裂。热裂纹是焊接生产中比较常见的一种缺陷，从一般常用的低碳钢、低合金钢到奥氏体不锈钢、铝合金和镍基合金等都有产生焊接热裂纹的可能。根据所焊金属材质的不同（低合金高强钢、不锈钢、铸铁、铝合金和某些特种金属等），产生热裂纹的形态、温度区间和原因也各有不同。一般将热裂纹分为结晶裂纹、液化裂纹和多边化裂纹三类。

（1）结晶裂纹概述　焊缝金属在凝固结晶末期，在固相线附近，因晶间残存液膜使塑性下降所造成的热裂纹称为结晶裂纹，又叫凝固裂纹，是最为常见的热裂纹之一。只产生在焊缝中，沿奥氏体晶界开裂，多呈纵向分布在焊缝中心，也有呈弧形分布在焊缝中心线两侧，而且这些弧形裂纹与焊缝表面波形呈垂直分布。通常纵向裂纹较长、较深，而弧形裂纹较短、较浅。结晶裂纹的形态如图 5-1 所示。

结晶裂纹的形成是因为在结晶后期已凝固的晶粒相对较多时，残存在晶界处的低熔相尚未凝固，并呈液膜状态散布在晶粒表面，割断了一些晶粒之间的联系。在冷却收缩所引起的拉伸应力作用下，这些远比晶粒还要脆弱的液态薄膜承受不了这种拉伸应力，就在

图 5-1　结晶裂纹的形态

晶粒边界处分离形成了结晶裂纹。

（2）防止结晶裂纹的措施　防止产生结晶裂纹主要应从冶金和工艺两个方面着手，其中冶金措施更为重要。

a. 冶金措施。

（a）控制焊缝中硫、磷、碳等元素的含量。应尽量限制母材和焊接材料中硫、磷、碳的含量，同时通过焊接材料过渡锰、钛、锆等合金元素，克服硫的不良作用，提高焊缝抗热裂纹的能力。重要的焊接结构应采用碱性焊条或焊剂。

结构钢焊缝中的碳含量最好限制小于 0.10%，不要超过 0.12%，磷很难用冶金反应控制，只能限制其来源。

对于不同材料，还有各不相同的有害杂质，应注意共存成分的相互影响。

（b）改善焊缝金属的一次结晶。改善焊缝一次结晶，细化晶粒可以提高焊缝金属的抗裂性。常用的方法是向熔池中加入细化晶粒的元素，如钼、钒、钛、铌、锆等，即变质处理。

（c）调整熔渣的碱度。焊接熔渣的碱度越高，熔池中脱硫、脱磷能力越强。因此，焊接一些重要的结构时，应采用碱性焊条或焊剂。

b. 工艺措施。

a）合理选择焊接工艺参数。焊接工艺的影响是多方面的，主要需要控制以下几部分：

（a）控制焊缝形状。焊接接头形式不同，将影响到接头的受力状态、结晶条件和热量分布等，因而热裂纹的倾向也不同。表面堆焊和熔深较浅的对接焊缝抗裂性较好；熔深较大的对接焊缝和角焊缝抗裂性能较差。

（b）预热、降低热输入。预热能减慢冷却速度，对于降低裂纹倾向比较有效；由于熔池过热易促使热裂，所以应降低热输入。

（c）采用碱性焊条和焊剂。碱性焊条和焊剂的熔渣具有较强的脱硫能力，因此具有较高的抗热裂能力。

b）选用正确的焊接接头形式。在接头设计和焊接顺序方面尽量降低接头的刚度和拘束度。如设计上减小结构的板厚，合理布置焊缝，采用多层焊，避免应力集中。

c）合理安排焊接顺序,降低焊接应力。

3）焊接冷裂纹及控制

焊接冷裂纹是焊接中最为普遍的一种裂纹,它是焊后冷却至较低温度下产生的,主要发生在低合金钢、中合金钢、中碳钢和高碳钢的焊接热影响区。在个别情况下,如焊接超高强钢或某些钛合金时,冷裂纹也出现在焊缝金属上。冷裂纹可能在焊后立即出现,也可能经过一段时间后出现,开始时少量出现,随时间延长逐渐增多和扩展。不是在焊后立即出现的冷裂纹称为延迟裂纹。

（1）冷裂纹的起源多发生在具有缺口效应的焊接热影响区或物理化学性能不均匀的氢聚集局部区。冷裂纹有时沿晶界扩展,有时是穿晶扩展,这取决于焊接接头的金相组织、应力状态和氢含量等。冷裂纹较多的是沿晶为主兼有穿晶的混合型断裂。冷裂纹的分布与最大应力方向有关。纵向应力大,出现横向冷裂纹;横向应力大,出现纵向冷裂纹。

根据被焊钢种和结构的不同,冷裂纹大致可以分为三类:淬硬脆化裂纹（或称淬火裂纹）、低塑性脆化裂纹和延迟裂纹。

a. 淬硬脆化裂纹　一些淬硬倾向很大的钢种,焊接时即使没有氢的诱发,仅在应力的作用下就能导致开裂。焊接含碳量较高的 Ni - Cr - Mo 钢、马氏体不锈钢、工具钢以及异种钢都有可能出现这种裂纹,完全是由于冷却时发生马氏体相变而脆化造成的。

b. 低塑性脆化裂纹　某些塑性较低的材料冷至低温时,由于收缩而引起的应变超过了材料本身所具有的塑性储备或材质变脆而产生的裂纹。

c. 延迟裂纹　焊后不立即出现,有一定潜伏期,具有延迟现象。延迟裂纹取决于钢种的淬硬倾向、焊接接头的应力状态和熔敷金属中的扩散氢含量。

（2）焊接冷裂纹的产生是焊缝中的氢含量及其分布、钢种的淬硬倾向、焊接接头的拘束应力状态三大因素交互作用达到一定程度时形成的。

a. 氢的作用　氢是引起高强钢焊接时形成冷裂纹的重要因素之一,具有延迟的特点,通常将氢引起的延迟裂纹称为"氢致裂纹"。焊接热影响区中氢的浓度足够高时,能使具有马氏体组织的热影响区进一步脆化,形成焊道下裂纹;氢的浓度稍低时,仅在有应力集中的部位出现裂纹,容易形成焊趾和焊根裂纹。

b. 钢种的淬硬倾向　焊接时,钢种的淬硬倾向越大,越容易产生冷裂纹。焊接接头的淬硬倾向主要取决于钢中的化学成分、焊接工艺、结构板厚度及冷却条件等。钢的含碳量越高、合金元素越多,淬硬倾向越大;冷却速度越快,淬硬倾向越大。

c. 焊接接头的拘束应力　焊接时的拘束情况决定了焊接接头处的应力状态,产生和影响拘束应力的主要因素如下:

（a）焊缝和热影响区在不均匀加热和冷却过程中的热应力。

（b）金属相变时由于体积的变化而引起的组织应力。

（c）结构在拘束条件下产生的应力:结构形式、焊接位置、施焊顺序及方向、部件自身刚性、冷却过程中其他受热部位的收缩以及夹持部位的松紧程度都会使焊接接头承受不同的应力。

（3）焊接冷裂纹的控制主要从以下几方面进行:

a. 控制组织硬化　尽量选择碳当量或冷裂纹敏感系数小的钢材,淬硬倾向越小,产生冷裂纹的可能性越小。碳是对冷裂纹倾向影响最大的元素,近年来各国都致力于发展低碳、纯净和多元化合金化的新钢种。

b. 限制扩散氢含量　采用低氢或超低氢焊接材料,焊条和焊剂严格保管,不能受潮,焊前必须严格烘干,烘干焊条现场使用时应放在保温筒内,随取随用。

c. 提高焊缝金属的塑性和韧性　通过焊接材料向焊缝过渡一些提高焊缝塑性和韧性的合金元素,如钛、铌、钼、钒、硼、碲或稀土元素等,利用焊缝的塑性储备来减轻热影响区的负担,从而降低整个焊接接头对延迟裂纹的敏感性。

采用奥氏体焊条焊接某些淬硬倾向较大的中、低合金高强度钢,可以较好地防止延迟裂纹。

d. 控制预热温度和道间温度　焊前预热可以有效降低冷却速度,改善接头组织,降低拘束应力,并有利于氢的析出,可有效防止冷裂纹,这是焊接生产中常用的方法。

预热温度的确定主要应考虑钢的强度等级、焊条类型、板厚、坡口形式和环境温度等因素。在开坡口的多层多道焊时,还要注意道间温度,道间温度应不低于预热温度。

e. 控制焊接热输入　增加焊接热输入可以降低冷却速度,从而降低延迟裂纹倾向。但焊接热输入过大,会使热影响区晶粒粗大,反而会降低接头的抗裂性能;焊接热输入过小,又会使热影响区形成淬硬组织从而使延迟裂纹倾向增加。因此,对于不同的母材,应正确选用焊接热输入。

f. 后热和焊后热处理　后热的作用是避免形成淬硬组织及使氢逸出焊缝表面,防止裂纹产生。对于延迟裂纹倾向性大的钢,应进行消氢处理,即在焊后立即将焊件加热至250～350 ℃,保温 2～6 h 后空冷。消氢处理的目的主要是使焊缝金属中的扩散氢加速逸出,大大降低焊缝和热影响区中的氢含量,防止产生延迟裂纹。

对于焊后进行热处理的焊件,因再热处理过程中可以达到去氢的目的,故不需另做消氢处理。但是,焊后若不能立即热处理而焊件又必须及时去氢时,则需及时做消氢处理,否则焊件有可能在热处理前的放置期间产生裂纹。

g. 控制拘束应力　从设计开始,以及在施焊工艺制订中,均应考虑力求减小刚度或拘束度。选择强度级别比母材略低的焊条,正确制订焊接工艺,严格控制焊接热输入,合理选择预热温度,必要时应进行后热和消氢处理。

5.2.2　焊接未熔合

1) 未熔合的形态及原因

水下焊接时,由于钢板的温度低、冷却速度快,较陆地焊接更容易产生未熔合。焊接时熔池金属在电弧力作用下被排向尾部而形成沟槽,电弧向前移动时沟槽中又填进熔池金属,如果这时槽壁处的液态金属层已经凝固,填进的熔池金属的热量不能使金属再熔化,则形成未熔合。未熔合常出现在焊接坡口侧壁,形成侧壁未熔合,如图 5-2 所示;出现在多层焊的层间形成层间未熔合,如图 5-3 所示;出现在焊缝的根部形成根部未熔合,如图 5-4 所示。这些未熔合在焊缝表面看不到,必须借助超声波或射线检测才能检查到。

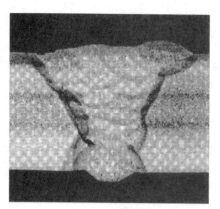

图 5-2　侧壁未熔合

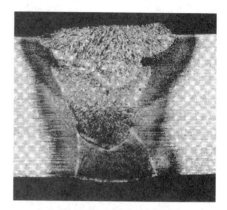

图 5-3　层间未熔合

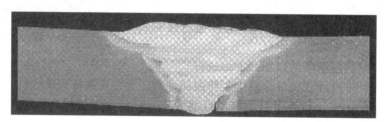

图 5-4　根部未熔合

　　平焊时,未熔合多发生在沿母材的坡口面或多层焊的层间。横焊时,未熔合多发生在沿母材的上、下坡口面和焊道的层间,沿上坡口面的每层焊道边缘处也容易产生未熔合现象。自动焊时由于母材厚度太大而焊丝又不摆动或摆动幅度不够大,从而造成离焊丝较远的沿坡口面某些部位温度过低,形成未熔合。这种现象多发生在沿母材坡口面的两侧位置。

　　未熔合对承载面积的减小非常明显,应力集中也比较严重,破坏了焊缝的连续性,极大地降低了焊接接头的机械性能,其危害仅次于裂纹。

　　产生未熔合的原因是焊接热输入太低、电弧发生偏吹、操作不当、坡口侧壁有锈蚀和污物、焊层间清渣不彻底等。此外,焊接电流太大而焊接速度又太慢,导致焊丝熔化后的铁水流向离熔池较远的地方,铁水与周围的母材接触,覆盖在低温焊道表面,也会造成未熔合;还有一种情况就是坡口较宽时焊丝摆动幅度不够大而导致焊道两侧温度低,焊丝熔化后的铁水被快速降温后覆盖在坡口上造成未熔合。

　　2）焊接未熔合的控制

　　防止未熔合的主要措施是熟练掌握焊接操作技术,注意运条角度和边缘停留时间,使坡口边缘充分熔化以保证熔合。

　　（1）采用正确的焊接工艺参数。焊接电流要适当,如果电流太大,会造成焊丝熔化过快,熔化的铁水会流到焊丝的前面覆盖到焊道表面上,由于焊道表面温度太低,使覆盖在上面的铁水来不及与母材熔合就已凝固,造成未熔合;反之,熔池太小,熔池周围温度过低,也会在熔池边缘造成未熔合。其次是控制焊接速度,焊接速度宜快不宜慢,应依据焊丝直径、电流大小以及坡口形式和焊接位置等确定合适的焊接速度。

（2）选择合适的焊接角度平焊时，焊枪应与焊缝横向垂直，与焊缝纵向即焊接方向有一个向前约20°的倾角。如果是手工立焊，焊枪应与焊缝横向垂直，而与焊接方向有0°～10°的倾角。横焊时由于二氧化碳焊不产生熔渣，对熔池没有托举作用，容易使熔化的铁水向下流，产生未熔合，因此焊枪角度应与焊接方向垂直，而与母材的夹角不能太小，否则容易产生上坡口面的未熔合。

（3）保证焊丝摆动幅度，焊接时应根据母材厚度和坡口形式保证一定的焊丝摆动幅度，尤其是在平焊和立焊时，在母材厚度较大的情况下，焊丝摆动和摆动幅度尤为重要。

（4）依据母材厚度确定焊接层数，尽量多层多道焊要严格控制每一层的厚度，这也与焊接速度有关，焊接速度较快的焊层厚度小，能避免未熔合；焊接速度慢，每一焊层的厚度会增加，易产生未熔合。

（5）加强坡口及层间清理。

5.2.3 焊接未焊透

1）未焊透的形态及原因

未焊透是焊接接头根部未完成熔透的现象，单面焊和双面焊时都可能产生未焊透缺陷。细丝短路过渡二氧化碳气体保护焊时，由于工件热输入较低也容易产生未焊透现象。未焊透也是一种比较危险的缺陷，其危害仅次于裂纹。图5-5和图5-6为层间未焊透和根部未焊透的示意图。

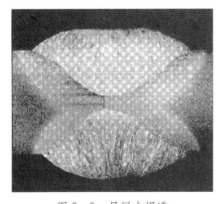
图5-5 层间未焊透

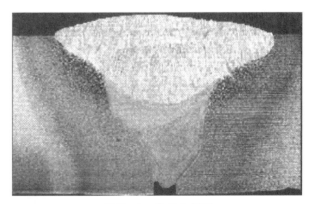
图5-6 根部未焊透

形成未焊透的主要原因是焊接电流小、焊接速度过快、坡口尺寸不合适或焊丝未对准焊缝中心等。具体包括以下几方面：

（1）焊接电流偏小，焊速过快，热输入小，致使产生的电阻热减小，使电弧穿透力不足，焊件边缘得不到充分熔化。

（2）焊接电弧过长，从焊条金属熔化下来的熔滴不仅过渡到熔池中，而且也过渡到未熔化的母材金属上。

（3）焊件表面存在氧化物、锈、油、水等污物。

（4）在管道焊接时，管口组装不符合要求，如管口组装间隙小、坡口角度偏小、管口钝边太厚或不均匀等。

（5）焊件散热过快，造成熔化金属结晶过快，导致与母材金属之间得不到充分熔合。

（6）焊条药皮偏心、受潮或受天气影响。

（7）操作人员技术不熟练，如焊条角度、运条方法不当，对控制熔池经验不足等。

（8）接头打磨和组装不符合要求。

2）未焊透的控制

（1）选用合理的坡口形式。手工二氧化碳焊采用大坡口小间隙比小坡口大间隙更便于操作，有利于提高焊透性。采用衬垫的对接焊缝，为使根部完全熔透，不带钝边的坡口比带钝边的更好，衬垫与零件之间应留有膨胀间隙。为保证接头根部焊透，焊缝结构设计应避免焊丝不能到达的死角。

（2）选用正确的焊接电流和焊接电压。在进行 T 形接头的二氧化碳气体保护焊时，由于平焊位置难以施焊，可将其置于横焊位置进行焊接。

（3）管道焊缝未焊透的防止。在大型管道建设中，管道焊缝未焊透缺陷是不允许存在的。检测中一旦发生未焊透，应立即判定为不合格。管道焊缝未焊透缺陷的防止措施如下：

a. 在满足焊接工艺的前提下，选择焊接电流、管口组装间隙、钝边、坡口角度的最佳组合。

b. 清理干净焊接表面的氧化物、铁锈、油污等杂质。

c. 在焊缝起焊与接头处，可先用长弧预热后再压低电弧焊接，焊缝根部应充分熔合。

d. 每次熄弧后，用角向磨光机对接头进行打磨，其打磨长度一般为 15～20 mm，且形成圆滑过渡。

e. 进行根部焊接时，要严格控制熔孔直径，对要求单面焊双面成形的焊缝，操作者应将熔孔直径始终控制在 2.5～3 mm，并保持匀速运条，这样才能使内焊缝成形美观，符合质量要求。

5.2.4　焊缝气孔

1）焊缝气孔形态及产生的原因

（1）气孔是焊接熔池在结晶过程中由于某些气体来不及逸出残存在焊缝中形成的，是焊接头中常见的缺陷，在碳钢、高合金钢、有色金属焊接接头中都可能产生气孔。焊缝中的气孔不仅削弱焊缝的有效工作截面积，同时也会带来应力集中，显著降低焊缝金属的强度和韧性，对动载强度和疲劳强度更为不利。在个别情况下，气孔还会引起裂纹。图 5 - 7 和图 5 - 8 为典型的焊缝内部气孔和表面气孔示意图。

（2）气孔属于体积型缺陷，对焊缝的性能影响很大，主要危害有下述三个方面：

a. 导致焊接接头力学性能降低　气孔的存在会降低焊缝的承载能力。因为气孔占据了焊缝金属一定的体积，使焊缝的有效工作截面积减小，降低了焊缝的力学性能，使焊缝的塑性特别是冲击韧性降低很多。

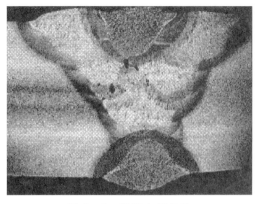

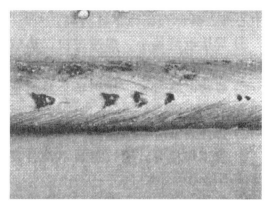

图 5-7　焊缝内部气孔　　　　　　　　图 5-8　焊缝表面气孔

b. 诱发焊接裂纹的产生　如果气孔穿透焊缝表面,特别是穿透接触介质的焊缝表面,介质存在于孔穴内,当介质有腐蚀性时,将形成集中腐蚀,孔穴逐渐变深、变大,以致腐蚀穿孔而泄漏,从而破坏了焊缝的致密性,严重时会引起整个金属结构的破坏。如果是焊缝根部气孔和垂直气孔,可能造成应力集中,成为焊缝开裂源。

c. 影响焊缝的疲劳性能　在交变应力的作用下,气孔对焊缝的疲劳强度影响显著。但如果气孔没有尖锐的边缘,则一般认为不属于危害性缺陷,并允许有限度地在焊缝中存在。但按照规范中的规定进行评定,超过规范要求时必须进行返修处理。

(3) 影响焊缝中产生气孔的因素很多,主要有冶金因素和工艺因素两个方面:

a. 冶金因素主要包括熔渣的氧化性、药皮或焊剂的成分、保护气体的气氛、水分及铁锈等。

(a) 熔渣氧化物的大小对焊缝是否产生气孔具有很重要的影响,无论是酸性焊条还是碱性焊条焊缝,当熔渣的氧化性增大时,由 CO 引起气孔的倾向是增加的,而氢气孔的倾向是降低的;相反,当熔渣的氧化性减小时(还原性增加),氢气孔的倾向增加,而 CO 气孔的倾向降低。

(b) 焊条药皮和焊剂的影响。一般酸性焊条药皮中存在的较强氧化物(如 SiO_2、MnO、FeO、MgO)与氢化合产生稳定的不溶于液体金属的 OH(稳定性稍低于 HF),占据氢而达到去氢的目的;碱性焊条药皮中含有很多的碳酸盐,它们受热分解析出 CO_2 可通过反应生成 OH 去氢,但 CO_2 的氧化性较强,如还原不足时,有可能产生 CO 气孔。

(c) 一般碱性焊条和高锰高硅焊剂中含有萤石,焊接时反应生成 HF,HF 是一种稳定的气体化合物,可以有效地降低气孔的倾向。

(d) CaF_2 对防止氢气孔很有效,但是,焊条药皮中含有较多的 CaF_2 时,一方面影响电弧的稳定性,另一方面也会产生可溶性氟化物,影响焊工的健康。

(e) 铁锈及水分的影响。母材表面的氧化皮、铁锈、水分、油污以及焊接材料中的水分,都是导致气孔产生的原因,尤以母材表面的铁锈影响最大。铁锈一方面对熔池金属有氧化作用,另一方面又析出大量的氢。由于增加了氧化作用,在结晶时就会促使生成 CO 气孔,铁锈中的结晶水在高温时分解出氢气,溶入熔池金属后,增加了生成氢气孔的倾向。

(f) 焊条受潮或烘干不足而残存的水分,会增加产生气孔的倾向。

b. 工艺因素是指焊接工艺参数、电流种类以及操作技巧等。

a) 焊接电流增大，虽能延长熔池存在时间，但使熔滴变细，比表面积增大，熔滴吸收的气体较多，反而增加了气孔的倾向。使用不锈钢焊条时，当焊接电流增大时，焊芯的电阻热增大，会使药皮中的一些组成物（如碳酸盐）提前分解，保护效果变差，因而也增加了气孔的倾向。

电弧电压增大，弧长增大，熔滴过渡的路径增大，保护效果变差，易使空气中的氮侵入熔池，使焊缝出现氮气孔。特别是焊条电弧焊和自保护药芯焊丝电弧焊对这方面影响最为敏感。

焊接速度过大，熔池的结晶速度加快，易使气泡的逸出速度小于结晶速度，使气泡残留在焊缝中而形成气孔。

b) 电流种类和极性对焊缝产生气孔的敏感性有影响。实践证明，在使用未经烘干的焊条焊接时，采用交流电源容易产生气孔；采用直流正接，氢气孔较少；采用直流反接，氢气孔最少。所以，碱性低氢钠型焊条焊接时必须采用直流反接。

c) 工艺操作方面的影响：

（a）焊前没有仔细清理焊丝及母材坡口表面以及焊缝两侧 $20\sim30\,mm$ 范围内的铁锈、油污等。

（b）对所用焊条、焊剂未严格按规定烘干，烘干后放置时间过长。

（c）焊接工艺不合理，如焊接电流、电弧电压、焊接速度过大，低氢钠型焊条未采用短弧焊及直流反接等。

2）焊缝气孔的控制

从根本上说，防止焊缝形成气孔的措施在于限制熔池溶入或产生气体，以及排除熔池中存在的气体。控制气孔的产生主要从以下几方面进行：

（1）消除气体来源。

a. 表面处理对钢件焊前应仔细清理焊件及焊丝表面的氧化膜或铁锈以及油污等。对于铁锈一般采用砂轮打磨、钢丝刷清理等机械方法清理。有色金属铝、镁对表面污染引起的气孔非常敏感，因而对焊接工件的清理有严格要求。

b. 焊接材料的防潮和烘干。各种焊接材料均应防潮包装与存放，焊条和焊剂焊前应按规定温度和时间烘干，烘干后应放在专用烘箱或保温筒中保管，随用随取。低氢焊条对吸潮最敏感，吸潮率超过 1.4% 就会明显产生气孔。

c. 加强防护。目的是防止空气侵入熔池引起氮气孔。应引起注意的有以下几方面情况：①引弧时常不能获得良好保护，低氢焊条引弧时易产生气孔，就是因为药皮中造气物质 $CaCO_3$ 未能及时分解生成足够的 CO_2 保护所致，焊接过程中如果药皮脱落、焊剂或保护气中断，都将破坏正常的保护。②气体保护焊时，必须防风，保护气体纯度对焊接质量有较大的影响，气体流量也是影响保护效果的重要参数，气体流量太大时，不仅造成浪费，而且会产生紊流，将空气卷入保护区，降低保护效果；反之，氩气流量过小时，保护气体挺度不够，排除周围空气的能力弱，同样保护效果变差。

（2）正确选用焊接材料。

a. 适当调整熔渣的氧化性，如为减小 CO 气孔的倾向，可适当降低熔渣的氧化性；为减小氢气孔的倾向,可适当增加熔渣的氧化性。

b. 铝及其合金氩弧焊时,在氩气中添加氧化性气体二氧化碳或氧气,但含量必须严格控制,因为过量会使焊缝明显氧化。

c. 有色金属焊接时,更应注意脱氧。焊接纯银时应采用含有铝和钛的焊丝和焊条;纯铜氩弧焊时也不用纯铜焊丝。

(3) 控制焊接工艺。

控制焊接工艺的目的是创造熔池中气体逸出的有利条件,同时也应有利于限制电弧外围气体向熔融金属中溶入。

对于反应型气体而言,首先应着眼于创造有利的排出条件,即适当增大熔池在液态的存在时间;对于氢和氮而言,也只有气体逸出条件比气体溶入条件改善更多,才有减少气孔的可能性。由此,焊接工艺参数应有最佳值,而不是简单的增大或减少。

在横焊或仰焊条件下,因为气体排出条件不利,将比平焊时更易产生气孔。向上立焊的气孔较少,向下立焊的气孔则较多,因为此时熔融金属易向下坠落,不但不利于气体排除,且有卷入空气的可能。

5.3　水下焊接质量检测方法

水下焊接质量检测就是在水下对焊接结构的入水部分进行质量检查,以发现结构表面或内部存在的各种缺陷或隐患,提供清除缺陷和分析隐患的依据,从而确保水下结构运转的可靠性和使用的安全性。

水下焊接质量的检测可以分为外部缺陷检测、内部缺陷检测、成分和组织缺陷检测、性能检测。外部缺陷检测是通过肉眼或者使用不超过 5 倍的放大镜,对焊接结构的表面进行检测,主要检测焊接结构的尺寸、结构形式、焊缝表面质量等。内部缺陷检测主要采用无损检测的方法对结构的内部缺陷进行检查。根据 ISO 18173:2005《无损检测通用术语和定义》,无损检测(non-destructive testing,NDT)是不断开发和应用的技术方法,以不损害预期实用性和可用性的方式来检查材料或零部件,其目的是发现、定位、测量和评定;评价完整性、性质和构成;测量几何特性。

随着现代工业的发展,对产品质量和结构安全性、使用可靠性提出了越来越高的要求,由于无损检测技术具有不破坏试件、检测灵敏度高等优点,所以其应用日益广泛,目前无损检测广泛应用于锅炉、压力容器、机械、冶金、石油天然气、化工、航空航天、船舶、管道、电力、建筑等。

常用的无损检测方法有以下几种:

(1) 辐射方法(X 和 γ 射线)　射线照相检测、射线透视检测、计算机层析成像检测、中子辐射照相检测。

(2) 声学方法　超声检测、超声脉冲回波法、超声透过法、超声共振、声发射检测、电磁声检测、声冲击、声振动。

(3) 电磁方法　磁粉检测、涡流检测、漏磁检测。

(4) 表面方法　渗透检测、目视检测。

（5）泄漏方法　泄漏检测。

（6）红外方法　红外热成像检测。

化学成分和组织缺陷检测主要采用化学分析法、光谱分析法、金相检查法、电镜检查等。性能检测方法主要包括拉力试验、冲击试验、弯曲试验、扭转试验、疲劳试验、高温性能试验等。

5.3.1　外观检查

外观检查是焊接接头检查的一种手续简便而又应用广泛的检验方法，是产品检验的一个重要内容。厚壁焊件多层焊时，每焊完一层焊道也要用这种方法进行检查，以防将前一焊层的缺陷带到下一层焊道中。

外观检查主要是发现焊缝外形尺寸上的偏差、焊缝表面的缺陷以及焊后的清理情况。外观检查是用肉眼、借助检查工具或用低倍镜（不大于 5 倍）观察焊接工件，以发现未熔合、裂纹、表面气孔、夹渣、咬边、焊瘤等表面缺陷，以及观测焊缝外形和尺寸的检查方法，在进行外观检查之前，必须将焊道表面及其附近清理干净。

1）外观检查方法的分类

对管道焊缝接头的外观检查可以分为直接外观检查和间接外观检查两种方法。

（1）直接外观检查　直接外观检查是指用眼睛充分接近被检查的焊接件，直接观察和分辨焊接缺陷的形貌。一般目视距离为 400～600 mm。在检查过程中，可以采用适当的照明，利用反光镜调节照射角度和观察角度，或借助于低倍放大镜进行观察，以提高肉眼发现和分辨焊接缺陷的能力。

（2）间接外观检查　当眼睛不能充分接近被焊构件时，可以采用间接的外观检查方法，例如，在检查直径较小的管子及煤制的小直径容器内表面的焊缝时，就必须借助于工业内窥镜等进行，这些设备的分辨能力至少应具备相当于直接外观检查所获得检查效果的能力。

2）焊接缺陷的检查

进行外观检查之前，必须将焊缝附近母材上所有的飞溅及其他污物清理干净。在清除熔渣时，要注意熔渣的覆盖情况和飞溅的分布情况，根据这两种情况可以粗略地判断缺陷的位置和性质。因此，应在该处仔细地检查是否有裂纹。

所有的焊缝及热影响区附近应无裂纹、焊瘤、夹渣等缺陷，气孔、咬边应符合有关规定。

多层多道焊时，根部焊缝是外观检查的重要部位，这是因为根部焊缝的截面尺寸较小，既要承受收缩时产生的应力，又要承受随后各层焊道施焊时所产生的部分应力，而且根部焊道直接焊在冷态金属上，热影响区易产生淬硬层，因此，根部焊道是外观检查的重要部位。

对于低合金高强度钢的焊缝，其外观检查在焊后检查一次，目的是检查是否产生延迟裂纹。对未填满的弧坑也应特别仔细地检查，以发现可能出现的弧坑裂纹。

5.3.2　水下超声波检测

水下超声波检测（UWUT），是最重要的水下无损检测方法之一。海洋工程结构的水下安装或修理时需要进行大量的水下焊接,焊缝的质量往往较陆上要差得多,必须借助于UWUT 手段以检测焊缝内部的质量。在平台、海底管线等结构件的运行过程中,为了掌握内部缺陷的扩展情况,也要进行 UWUT。

超声波检测是一种利用超声波在介质中传播的性质来判断工件和材料的缺陷和异常的方法。超声波是一种看不见、听不到的弹性波,在自然界和日常生活中普遍存在,目前已经被广泛应用于科学、工程和医学众多领域。人耳能听到的声音频率为 16 Hz～20 kHz,而超声波检测装置所发出和接收的频率要比 20 kHz 高得多,一般为 0.5～25 MHz,常用频率范围为 0.5～10 MHz。超声波是一种机械振动所产生的波,物体在一定位置附近做来回往复运动称为振动,振动是波动产生的根源,波动是振动的传播过程。所以超声波必须依赖于做高频机械振动的声源和弹性介质的传播,超声波的传播过程包括振动状态和能量的传播。

UWUT 的主要对象是固定式导管架平台管节点焊缝等海洋结构件。由于 T、K、Y管节点焊缝结构的特殊性,使用 UWUT 的技术难度陡增。下面以管节点焊缝的检测为例,对 UWUT 的工艺过程和技术要点进行分析。

1) 目视检查与水下清理

在 UWUT 之前,应由 UWUT 人员[或水下目视检查(UWVT)人员]对被检管节点焊缝进行目视检查,并对探测面进行清理。目视检查的内容包括节点的编号是否符合所检测计划内容,表面的腐蚀状况以及海生物的情况等。水下清理的范围要满足以两次反射波检测的要求(通常为包括焊缝在内的一条宽度为 160～240 mm 的带状区域),经过清理后的表面应该光滑而无锈迹、油漆涂层或海生物残留。

2) 尺寸检查

管节点的实际尺寸往往与图纸的标准值有一定偏差,尤其是厚度会因为腐蚀而减小,探伤前必须实测。用数字式水下超声波测厚仪在主支管上分别选择 4 个位置,每一个位置上做出标记,测量三次后求平均值,分别予以记录并与图纸的数据相对照。

3) 特殊焊缝截面的绘制

在获得管节点主支管的实际厚度及其他有关参数以后,应在陆上完成特殊焊缝截面的绘制等准备工作。考虑到管节点的对称性一般要在 0～6 点范围内做出七个特殊焊缝截面。在每一个截面做成以后,要在图中标出有关参数,同时,画出探头在探测面上的极限移动范围以及声束的途径。

4) 探伤仪、探头及试块的选择与调节

依据事先进行的有关试验与勘测。探伤仪、探头及试块的选择与调节通常在陆地上完成。

(1) 探伤仪的选择　鉴于水下超声波设备十分昂贵,我国大部分单位拥有的数量有限。因此可供选择的余地也较小。目前用得最多的是德国 Krautkrammer 公司生产的USMZ 型以及英国油田检验服务公司生产的 SUPS‐1 型水下超声波仪。不管选择什么型号,探伤仪的性能一般要达到如下要求:水平线性误差不大于 1%,垂直线性误差不大于 5%,仪器与探头的组合灵敏度余量大于 40 dB,同时还要求衰减器增益控制器精度为任意相邻 12 dB 之内误差在 1 dB 之内,步进级每档不大于 2 dB,总调节量应大于 60 dB。

（2）探头的选择与测试　原则上要达到检测灵敏度、声程距离、分辨力和耦合稳定性之间的最佳效果。一般选择小尺寸、高频率的探头。探头有多种规格，以互相补充，也应配备数个直探头（条件允许时使用）。探测前应对探头的入射点、折射角等指标进行实际测试。

（3）试块的选择　采用 IIW 和 IIW2 标准试块，用以检测探头入射点、折射角和校验扫描速度。

采用 APIRP 2X A 级对比试块或其改进型试块，用以调整探测灵敏度和制作距离波幅曲线。

（4）调节仪器扫描速度　必须依据探测范围调节扫描速度，使得声束在有效声程内的情况在示波屏上得以完整体现，以避免漏检。按照所选用的探头折射角度以及支管的壁厚，通过对特殊截面图形的声束模拟与测量。探测范围一般为 1.5 跨距声程，T、K、Y 管节点焊缝超声波探伤扫描速度采用声程调节法，考虑到水下判读方便，扫描速度通常为 1∶1 或 1∶2。

（5）探伤灵敏度调节　在控制显示器和观察显示器的面板上同时制作距岗-波幅曲线，其中在观察显示器制作的 DAC 曲线要求准确。除 API 试块外，特殊情况下也可以制作工件模拟试块。

将 APIRP 2X A 级对比试块中 $1.6\,mm \times 1.6\,mm \times 38\,mm$ 方槽反射的最大回波调整得到的 DAC 100% 曲线定为基准灵敏度。灵敏度补偿量的确定通常考虑材质、曲率以及耦合等因素，需要进行有关试验，一般取 12 dB。

（6）综合校正　在调节好所用探头的入射点、折射角以及仪器的扫描速度后，须在 IIW 试块上进行综合校正。在完成 DAC 曲线制作后，必须对 DAC 曲线进行校验（一般至少校验 2 点），如有误差应及时修正。每次探伤结束后，还应及时对探头入射点、折射角和 DAC 曲线进行校验。

（7）耦合剂　海水即为天然耦合剂，因此所有在陆上进行的调节和测试，必须采用海水耦合。

5）水下探测

（1）探测面与探测方向　与陆上类似道理，T、K、Y 管节点焊缝的 UWUT 通常采用斜探头在支管侧进行，有条件时辅以主管侧探测（由于需要进行表面清理而往往较难做到）。必须注意的是，要保证波束中心线与焊缝的长度方向垂直，从而提高缺陷的检出率。

（2）粗探伤　为了缩短水下操作时间、避免漏检以及对焊缝内的缺陷情况有较全面的了解，一般用比探伤灵敏度高 8 dB 的灵敏度进行粗探伤。发现有超标信号，用油笔在焊缝上做标记并与陆上技术人员联系。陆上技术人员根据 UWUT 人员所报告的超标信号的钟点位置以及探头距焊缝边缘距离，迅速对照特殊焊缝截面图判断是否为主管底波、根部反射或缺陷回波，然后指挥 UWUT 人员进一步探测。

（3）精探伤　以探伤灵敏度所进行的精探伤旨在进一步判明由陆上技术人员判断的"缺陷反射信号"是否确由缺陷所引起，并对缺陷的性质、位置、大小及长度进行测量。

与陆上 T、K、Y 管节点焊缝超声波探伤有着较大的区别，UWUT 人员对于不同性质的缺陷态度是大不一样的。一旦判明"缺陷反射信号"系由"点缺陷"所引起,且信号值不是很大,一般就不再追查下去了。深入的探查主要针对"线性缺陷",通常用 20 dB 法测定缺陷的指示长度。

这样做其实是很有道理的,因为对小缺陷的返修(主要通过水下焊接手段,而水下焊接的质量与陆上是无法相比的)往往会导致产生更大的缺陷。但所发现的"小缺陷"必须记录下来,作为下次检测的重点。

(4) 验证　对所发现的"线性缺陷"进行验证,可以采用更换探头的办法,或采用轻度打磨方法)(打磨深度不超过厚度的 10%)。与水下无损探伤检查(UWMT)类似,打磨的方法只能在技术负责的检测监督员/验船师批准下实施,并且负责这项工作的潜水焊工必须具有打磨操作资格。如果缺陷距离表面较近,检测监督员可以建议进一步向下打磨 2~3 mm 以将其除去。多数情况是在缺陷两端使用打孔标记机打上不超过 1 mm 课的标记,以便下一步处理。

5.3.3　水下磁粉检测

磁粉检测是根据被磁化的工件表面磁粉所形成的痕迹(磁痕)进行判断。实际上,形成痕迹的原因很多,并不是只有缺陷才会引起磁粉聚集形成磁痕,所以检测中对形成的磁痕进行可靠分析,检出缺陷,而又不致漏判、误判。磁粉检测中通常把磁痕分为三类:由缺陷漏磁场产生的磁痕称为相关磁痕;由非缺陷漏磁场产生的磁痕称为非相关磁痕;由其他原因(非漏磁场)产生的磁痕称为假磁痕。

(1) 假磁痕　假磁痕可能是以下原因造成的:工件表面粗糙;工件表面氧化皮、锈蚀和油漆斑点、剥落处边沿容易滞留磁粉;工件表面存在油脂、纤维等脏物,都会黏附磁粉;磁悬液浓度过大、施加磁悬液方式不当。

假磁痕的磁粉堆积比较松散,在分散剂中漂洗可失去磁痕。如果是工件表面状态引起的假磁痕,可在工件表面上找到其原因。其他原因引起的假磁痕,当擦去磁痕,对其进行检验时原来的假磁痕一般不会重复出现。

(2) 非相关磁痕　非相关磁痕是由漏磁场产生的,但它不是有害缺陷的漏磁场,其产生的原因有以下几个方面:

a. 工件截面突变。

b. 工件磁导率不均匀。工件磁导率的差异会产生漏磁场,这是由于低磁导率处难以容纳高磁导率处同样多的磁通量而穿出表面,它将产生宽松、浅淡和模糊的磁痕。

c. 磁写。已被磁化的工件与铁磁性材料接触、碰撞部位会有磁力线溢出工件表面,形成漏磁场,它所形成的磁痕称为磁写。这种磁痕一般是松散、模糊的,线条不清晰。

d. 磁化电流过大。磁化电流过大会使工件过度饱和,这时磁通密度超过了材料能够容纳的极限值,多余的磁通将溢出工件表面,形成杂乱显示。

(3) 相关磁痕。

a. 裂纹　裂纹的磁痕一般磁粉堆积密集,沿裂纹走向显示清晰,磁痕中部稍粗,端部尖细。裂纹的种类很多,管道焊缝主要形成的是焊接裂纹,焊接裂纹的磁痕一般浓密,清晰可见,有直线状、弯曲状和辐射状。磁粉检测是发现各种表面裂纹效果最好的方法之一，不管它们的成因有多大差别，但磁粉堆积密集，轮廓清晰，容易发现。如果是内部裂纹，随着与表面距离的增大，磁痕将逐步松散，吸附的磁粉量减少，宽度变大，轮廓取向模糊。

b. 发纹　发纹是原材料中一种常见缺陷，钢中的非金属夹杂、气孔在轧制、拉拔过程中随金属变形伸长形成细细的发纹。发纹通常沿着金属流线方向，深度浅，宽度小，呈直线状。磁痕细而均匀，有时呈断续状，尾部不尖，抹去磁痕，肉眼不可见。

c. 夹杂　夹杂是冶炼、铸造、焊接等工艺中的一种常见缺陷，是工艺或操作不当而残留在工件中的非金属或金属氧化物，可以是单个，也可以成群出现，一般为分散的点状或短直线状。磁痕较浅，不清晰。

思考题

5.1　水下焊接的主要缺陷有哪些？

5.2　水下焊接的热裂纹该如何控制？

5.3　水下焊接的焊缝气孔是如何形成的？

5.4　常用的无损检测方法主要有哪几种？

第6章 水下切割技术

水下切割是指在水下使用某种工艺方法和手段,来破坏材料(金属或非金属)的连续性,达到切割材料的目的。

6.1 水下切割技术的分类及特点

自 20 世纪初,水下切割技术首先在德国应用于拆除沉船、桥梁等水下障碍物以来,各种水下切割的工艺方法和设备已逐渐发展起来。到 80 年代,随着近海自然资源开发取得迅速进展,水下切割与水下焊接一样日益显得需要而受到重视。因此,世界各国进行了大量的试验研究,力求找到安全可靠、切割效率高的切割方法和设备。

当前,世界各国正在采用和研究的水下切割方法有燃料-氧切割法、电弧切割法、电-氧切割法、熔化极水喷射切割法、聚能爆炸切割法、热割矛切割及热割缆切割法、铝热剂切割法、等离子弧切割法、机械切割法、高压水切割法等。从应用的广度来说,电-氧切割法仍然是世界上应用最多的一种水下切割法。

上述各种水下切割方法,若按其基本原理和切割状态来看,大体上可归纳为两大类,即水下热切割法和水下冷切割法。所谓水下热切割法,就是利用热源对金属进行加热,使其熔化,或在纯氧气中燃烧,并采取某种措施将熔化金属或熔渣去除而形成切口的切割方法。如氧-火焰切割、电弧切割、电-氧切割等。在热切割法中,若按切割原理可分为氧化切割(如氧-火焰切割)、熔化切割(如电弧切割)和熔化-氧化切割(如电-氧切割)三种。所谓水下冷切割法,是利用某种器具或某种高能量,在金属处于固态下直接破坏分子间的连接而形成切口的切割方法,如机械切割法、高压水切割法等。水下切割分类如图 6-1 所示。

我国水下切割技术发展较晚,20 世纪 50 年代,我国将水下切割技术与水下焊条电弧焊技术一起从国外引进。60 年代,研制出水下切割条——特 304,沿用至今。70 年代,开发了熔化极水喷射切割、聚能爆炸切割、等离子弧切割。但到目前为止,水下电-氧切割依然是应用最广泛的一种水下切割技术。

6.1.1 水下冷切割

水下冷切割是利用机械能或动能对工件切割的一种技术,基本可以适用于所有材料的切割,但其对工件的尺寸、形状有要求。利用水下冷切割技术获得的割口缝宽较窄,割口面平整,热变形较小。常见的水下冷切割技术包括机械切割、聚能爆炸切割、高压水切割。

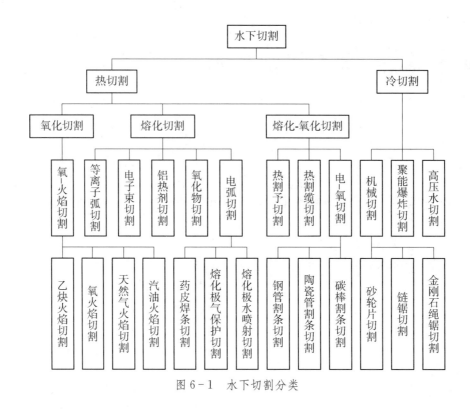

图 6-1　水下切割分类

1）机械切割

水下机械切割是利用铣刀、车刀等工具对被切割件进行挤压破坏并实施切割。根据驱动系统的不同，可将水下机械切割系统细分为液压功率驱动系统、气动功率驱动系统和电动功率驱动系统。

总的来说，机械切割在切割过程中不对工件加热，工件的材质性能变化小，切割材料也不局限于金属材料。机械切割易于实现自动化，切割过程相对于其他切割方式环保，但设备体积大，投资较多，切割速度也较慢。

2）高压水切割

高压水切割技术是对工件进行连续高压水流冲击而实现工件的切割，该技术工作噪声小，割缝狭窄，割口整齐；属无刀切割，设备价格较低、故障率低。超高压水射流技术是目前较为先进的一种高压水切割技术，该技术是在水中加入金刚砂、铜矿渣等磨料颗粒后增压，形成一股高速磨料液流，水流速度为 600～1 000 m/s，切割效率显著提高。水下高压水切割技术在国外已被应用多年并形成了系列化产品，最初在 20 世纪 70 年代，由美国的 Ingersoll Rand 公司在 Alton 建立了第一套工业应用装置。在国内关于水下高压水切割技术，特别是其在深水条件作业的研究尚鲜见报道。

3）聚能爆炸切割

水下聚能爆炸切割是 20 世纪 60 年代由陆地爆炸切割发展而来。利用炸药爆炸产生的能量对基体进行切割。早期水下爆炸切割技术采用的是接触爆炸装药，即在构件周围直接安放炸药，通过爆炸产生能量将工件撕裂，获得的割口很不规则，一般在后续进行加工时需二次切割。近些年来成型装药爆炸切割技术由于其切割成型精密得到了快速的发展,将炸药装在软金属管(铜、铝等)中后引爆,通过爆炸后产生的高速金属质点切割工件。

水下聚能爆炸切割受水压的影响很大,随着水深增大,炸药的爆速和猛度会迅速减小,因此需要更多的装药量。在 10 m 水深处(0.1 MPa)爆速降低 11%、猛度降低 10%;在 30 m 水深时(0.3 MPa),爆速降低 26%、猛度降低 33%、爆破效果显著降低。同时,由于水下可视性差,对炸药定位设置的要求也较陆地高很多。

6.1.2　水下热切割

水下热切割技术是通过加热工件使其熔化或在氧气中燃烧,并将熔化的金属及熔渣去除的一种技术。水下热切割技术对被切割材料有一定要求,但对被切割工件的形状要求较少。值得注意的是在水压、湍流等复杂条件的影响下,水下电弧并不稳定。利用水下热切割技术获得的割口缝宽较大,割口粗糙,热变形较大,在进行如水下焊接、水下安装等操作之前一般需要再加工。水下热切割技术包括熔化切割、氧化切割、熔化-氧化切割和水下药芯割丝电弧切割。

1) 熔化切割

水下熔化切割是利用热源将材料加热熔化并去除,有水下电弧切割、水下等离子弧切割、水下激光切割和水下烟火切割等。

(1) 水下电弧切割。水下电弧切割主要利用焊条或焊丝的电弧燃烧与金属反应完成切割过程。根据电极的种类电弧切割又可分为药皮焊条切割、熔化极气体保护切割和熔化极水喷射切割等。

药皮焊条切割技术使用的设备与水下手工电弧焊的设备一致,但切割时电流密度更高。理论上只要焊条含有防水涂层,即可用于水下切割。该技术仅由电弧熔化作用完成,需要潜水焊工操作电极做拉锯运动将熔化金属排除,对潜水焊工的操作有较高要求;同时在水下焊条过热严重,需要频繁更换。

熔化极气体保护切割技术解决了药皮焊条切割过程中药皮焊条严重过热导致频繁更换的问题,通过使用连续的焊丝来增加实际工作时间,提高切割效率。研究表明,熔化极气体保护切割过程中熔化金属有流向电弧周围的趋势,在切割过程中有产生大量割渣在割口边缘形成"挂渣"的可能性。

熔化极水喷射切割技术由日本四国工业技术试验所开发,使用惰性气体保护金属极切割设备,将通惰性气体改为通高压水流,通过水流将切割熔渣排除。熔化极水喷射切割技术具有切割速度快、切割电压低等优点。这主要是由于喷水将熔化的金属迅速冲走,电弧移动速度快,同时割丝侧面是电弧的主要产生区,使电弧熄灭时间缩短,有效工作时间增加。

(2) 水下等离子弧切割。水下等离子弧切割是以高能量密度的等离子弧为热源,将待切割金属局部熔化,并以高速等离子气流将熔化金属吹落而形成割口。

等离子弧切割使用的设备基本与等离子弧焊接一致,但切割时使用的电流和气流更大,具有切割能力较强、切割速度较快、切割质量较好、切割热影响区较小等优点,水下等离子弧切割技术主要存在的问题有等离子弧随水压增加而起弧困难,电弧有效功率降低;

易出现"双弧",切割效率降低;等离子弧切割工作电压达 180 V,施工安全性有待检验。

20 世纪 60 年代,美国和意大利用等离子割炬在水深 1~7 m 范围内拆除了核反应堆容器中具有放射性的部件,这是水下等离子切割的第一个实际应用;英国皇家军备研究和发展中心研究了深水等离子弧切割特性,并在模拟装置中成功地完成了 370 m 水深的等离子弧切割。

20 世纪 90 年代,哈尔滨焊接研究所对水下空气等离子切割技术展开研究,攻克了深水引弧困难等技术难题,开发了成套设备,随后又开发了遥控水下等离子自动切割技术,该技术已在 2000 年初完成我国首次核设施退役中大厚度活化部件水下切割任务。如今国内已研制出水中超声频脉冲切割系统,将超声频电源与等离子弧切割电源并联,实现了对等离子切割电弧的超声频脉冲调制,使水下等离子弧切割割口成形得到显著改善。

(3)水下激光切割。激光水下切割技术是一项共性材料加工技术,由于具有切割速度快、切缝窄、切割质量好等优点,比较适用于核设施解体、沉船打捞快速解体和海洋工程等领域。目前对水下激光切割的研究较多集中在水下 20 m 以内的环境中。

(4)水下烟火切割。烟火切割是利用烟火药燃烧产生的高温熔融金属射流来实现切割,由于该烟火药的主要成分为铝热剂,因此又称为铝热剂切割。尽管在切割质量及精度上不能与其他切割方法媲美,但烟火切割凭借设备体积小、质量轻、运输携带方便,且无须外加能源等优点,在战场抢修、自然灾害抢险救援等要求快速反应的场合能对妨碍救援的连接件实现高效率切割。

烟火切割设备在水下也能实现点火及稳定燃烧,因此水下烟火切割可用于切割水下电缆、钢结构件以及沉船打捞与海上救援等水下抢险救援作业。以铝热剂为基础的烟火药燃烧后得到的熔渣会包裹或堵塞在被切割材料表面,导致出现"挂渣"现象,阻碍了切割的进行,因此在钻孔等场合或切割混凝土、花岗岩、陶瓷等非金属材料场合效果欠佳,并且应控制烟火药燃烧产物中液态熔渣量在较低的水平,既要避免"挂渣"现象,又要保证熔融金属的射流效果。

烟火切割已具有从单纯高温高热的熔化切割向化学腐蚀方向发展的趋势,即除了发挥铝热剂的产热效果外,利用氧元素或氟元素对金属或非金属产生的氧化腐蚀、氟化腐蚀等作用提高切割效率,拓展了该方法的应用场合。

2)氧化切割

氧化切割技术是利用预热火焰加热待切割物到达燃点,通氧维持基体燃烧并放热继续该过程。目前氧化切割技术主要是氧-火焰切割,这种方法通常用于切割低碳钢、低合金钢和容易氧化的材料,但对于有色金属(钛除外)和耐腐蚀钢不适宜。由于基体氧化速度快,该方法切割速度较快,设备简单,无触电危险,但切割后得到的割口粗糙,其切割质量和效率与燃料有关,且可燃气体的安全问题仍需考虑。水下切割使用的可燃气体需要满足在低温和水压下不液化的要求,目前常见的燃料有乙炔、碳氢化合物、液化氢和液体燃料等。

3)熔化-氧化切割

熔化-氧化切割是利用热源对基体加热至其燃点,并使基体氧化燃烧,同时吹落燃烧产生的熔渣和熔化金属而完成切割的方法。目前比较常见的熔化-氧化切割有水下热割矛切割、水下热割缆切割和水下电-氧切割。

(1) 水下热割矛切割。热割矛是一根装满钢丝的钢管,一端通气一端出气,通过对钢管出气端加热至钢丝燃点后通氧,使钢管放热燃烧切割材料。钢管内除了填充钢丝还可以填充各种金属合金,如镁、铝等。若被切割材料易氧化,则被切割材料与氧反应产生的热也是切割所需热源的提供者;若被切割材料不易氧化,则切割所需的热全都由热割矛提供。该方法既可切割非金属也可切割金属。水下热割矛切割目前主要存在的问题是未消耗的氧可能与分解出的氢反应发生爆炸,这成为限制其深水应用的主要原因之一。

(2) 水下热割缆切割。热割缆是用细钢丝围绕中心孔旋转制成的空心缆,中心孔通气。通过对热割缆出气端预热到燃点,然后供氧气使热割缆燃烧,放出的热量使工件熔化,从而达到切割目的。

(3) 水下电-氧切割。该技术通过空心电极的氧气一方面氧化放热,另一方面吹落熔化的金属,与氧-可燃气体切割均是目前最常见的切割方法。切割过程直接在水中进行,无须额外加入保护气体,设备较为轻便。由于电极在电弧的加热下会快速烧损,因此开发了铸铁钢管、陶瓷管、碳棒管等材料的电极来延长切割电极的使用寿命。

水下电-氧切割技术经过近一个世纪的发展已经普遍应用于水下切割作业中。该方法操作简单,即使在可见度差的情况下也可以切割易于氧化的材料,如低碳钢和合金钢;不锈钢、铸铁、铜或铝也可切割,但主要靠熔化切割,所以效率比较低,而且对操作者的技术有一定的要求。

4) 水下药芯割丝电弧切割

该方法由巴顿焊接研究所率先提出,药芯割丝化学成分对切割效果至关重要。在切割过程中药芯反应释放大量气体排开周围水,形成一个较稳定的气体空腔,确保电弧稳定燃烧,利用电弧热熔化待切割金属;药芯反应释放氧气,使得熔融金属在氧气环境中燃烧转变为氧化渣,从而被吹落形成割口。

由于切割过程中药芯割丝更换频率低,提高了切割效率;并且切割过程中药芯反应提供所需气体,因此无须气体保护、无须额外供氧,极大地简化了水下切割设备,提高了水下切割过程的安全性。

6.2 水下电-氧切割

水下电-氧切割技术,虽然是一种传统的水下切割技术,但由于这种切割方法设备简单,使用方便灵活,适应性广,切割效率高,操作技术易于掌握,安全可靠,在国内外仍然被广泛地采用。水下电-氧切割在水下生产设施的修建中,在公路铁路桥梁和港口建设中,特别是在海难救助打捞和拆除水下金属结构等水下工程中起着重要的作用。如我国在打捞"阿波丸"沉船工程中,沉船解体总面积近 $5\,000\,\text{m}^2$,船体钢板切割总长度约为 $2\,400\,\text{m}$,其主要的切割手段还是水下电-氧切割技术。

水下电-氧切割技术的使用水深已超过 $150\,\text{m}$,其可能切割的厚度也在不断增加。曾采用支撑切割法切割 $55\,\text{mm}$ 钢板,可以一次割透,切割速度为 $18\,\text{m/h}$ 以上;如采用加深切割法切割,则切割厚度还可以增加。以往,水下电-氧切割,由于割缝质量不高,多用于水下破坏性切割。随着这种切割技术水平的不断提高,设备和材料的不断改进,现已开始用于水下焊接切割作业,如北海油田曾在 90 m 水深处,采用这种切割技术切除了报废管道外,完成了换管焊接作业,也曾采用水下电-氧切割进行焊接坡口的切割作业。所以,水下电-氧切割技术依然是水下切割技术中不可缺少的、行之有效的工艺方法。

水下电-氧切割技术最初采用的是使用实芯焊条加单独氧气喷嘴或侧附氧气管进行切割,切割时喷嘴或侧附管必须置于割条后面,这就给水下切割作业带来了困难,切割效率和质量都比较低。随着管状割条技术的发展,氧气可以从割条的中心孔道直接吹向熔化金属。这样,不仅给实际施工操作带来了方便,而且进一步提高了氧气利用率,从而使水下电-氧切割技术获得广泛应用。

6.2.1 水下电-氧切割技术特性

水下电-氧切割亦称水下电弧-氧切割,系通过电割刀上的空心电割条,对切割件通电,在利用电弧的高温熔化被切割金属的同时,经空心电割条,给予有力的氧气助燃并吹除金属熔液和烧残的氧化物,使金属露出赤热表面与氧气起化学反应。由于电弧熔化、氧化反应和气流吹除残渣是同时进行的,所以当电割条在熔蚀和氧化时,被切割金属的表面也在逐步凹陷。随着电割条的继续插入和氧气的不断供应,被切割金属表面的凹陷继续加深,直至最后被割穿。金属被割穿后,将电割条提起至金属表面,再沿预定方向移动,即可连续进行切割。

水下电-氧切割适用于能导电的金属材料,但主要是用来切割易氧化的低碳钢和低合金高强钢。水下电-氧切割法的优点是设备简单,操作方便。只要掌握一点技巧,在不良视线环境下,也能切割易于氧化的材料。这种方法已在我国水下工程中广泛采用。

引弧以及电弧燃烧的不连续是影响切割过程稳定性的重要因素,还将影响水下电弧半自动和机械化切割的焊条材料和电能消耗、切口质量等。

水下电弧放电,早期研究关注的是不超过 125 A/mm² 的较小电流密度、较短弧长和不高于 40 V 的较低电弧燃烧电压,在这种情况之下,电弧燃烧恶化的主要原因是焊丝熔滴过渡以及燃烧电弧内部气泡周期性破裂;相反,水下切割电弧恶化的主要原因则是割口导致的电弧长度的不停变化。前面所述的因为熔滴过渡和气泡破裂导致的较短弧长的不稳定性,对于切割而言,已经成为次要因素。为此,重点进行较长电弧燃烧稳定性的研究。

燃烧电弧长度和穿透力是评价电弧稳定性的基本依据,对于某种厚度的金属而言,穿透力定义成为切割形成孔洞所需要的时间。

众所周知,电流越大,电弧伸展可能性越大。但是,水下引弧初步实验以及进一步的电弧燃烧实验表明,空气中焊接所表现的规律性,对于水下电弧放电而言不再足够充分,对于长弧尤其如此。所以,因为长弧燃烧困难,不可能采用已经研发的用于水下焊接的药芯焊丝或者用于钢材 MAG 焊接的实心焊丝,来实施电流大于 125 A/mm² 的水下切割,采用实心焊丝进行切割的效果尤其差。

实验结果的发生,是因为焊丝缺少含量适当的电弧稳定元素。显然,实心焊丝切割,即使少量的气泡也影响过程稳定;相反,药芯焊丝化学成分变化范围相当宽广,从而,实心焊丝没有进一步用于实验之中。

在水下焊接比较性实验之中发现（见图 6 - 2），如果药芯焊丝为造气性碳酸盐并且添加了电离促进元素，如 $Ba(OH)_2 \cdot 8H_2O$ 等钡氢氧化物、Na_2SiO_3 等钠硅酸盐，那么能够建立电弧稳定放电和燃烧的条件，具体表现为引弧稳定以及长弧。此时，电流密度为 $150 \sim 200\ A/mm^2$，短路电流为 530 A，静水压力表压 p_{ex} 为 0.1 MPa（见图 6 - 3），即相当于 10 m 水深。

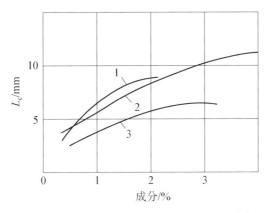

1—Na_2SiO_3；2—$Ba(OH)_2 \cdot 8H_2O$；3—正常未添加电离促进元素。

图 6 - 2 药芯焊丝成分对切割电弧燃烧长度的影响

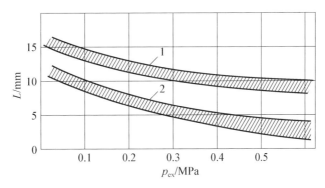

1—水下焊接；PPS - AN1 型焊丝；2—实验焊丝。

图 6 - 3 燃烧电弧长度与水压的关系

在水下环境大电流密度条件之下，获得的实验效果表明，通过改变焊接参数，实现增加电弧穿透力和电弧切割效率目标的可能性很大。

电弧穿透力用从引弧到金属完全烧透所需的时间来描述，该参数主要依赖于水压和钢板厚度。如果电流恒定，那么随着水压增加，电弧穿透时间缩短，这是因为电弧燃烧电压梯度增加和弧柱电流密度增加导致的热量集中以及电弧功率增加。

通过改变焊丝药芯化学成分，可以实现对水下电弧放电条件的控制。包括氧气在内的造气元素，不仅形成围绕电弧的气泡和熔池氧化物，而且形成等离子流，而后者对于熔池的气体动力学效应能够促进被切割金属熔透。

实现无须供氧的药芯焊丝切割材料和设备的任务目标,与促进该技术的应用效率是一致的,有必要获得的数据包括药芯焊丝切割机理、切割过程特征、金属厚度影响、水压以及其他参数对生产效率的影响。

因为水及焊丝成分分解形成的不透明气泡的存在和围绕电弧跳跃,直接观察切割电弧是困难的。这也就是药芯焊丝机理研究重点集中于割口形状、割口边缘距离、电弧电压 U_a 以及切割电流 I_c 等间接因素的原因。这些数据不足以解释水下切割电弧现象,但是,确切的概念已经建立。

6.2.2　水下电-氧切割设备及材料

1) 切割电源

水下电-氧切割的电源与电弧切割的电源相同,一般也选用陆上定型生产的直流弧焊电焊机,只是功率大些,一般额定输出电流应不小于 500 A。常用的水下切割发电机主要有 AX1 - 500、AX8 - 500 等型号。另外,ZDS - 500 型水下焊接电源及 ZXG - 500 型弧焊整流电源也可用于水下切割,尤其是 ZDS - 500 型水下焊接电源,是船上专用弧焊电源,具有防水、防潮、防震性能,超载能力强,容易引弧,电弧稳定,可提高切割效率。直流弧焊电焊机的正极用 1 根地线接于切割件,负极用 1 根导线接于电割刀。这样接法能使切割件的温度较高,易于切割;而电割刀的温度较低,不易损坏。导线和地线一般采用截面积为 $70\sim100\,\mathrm{mm}^2$ 的电缆。导线、地线和电割刀等都必须绝缘良好,防止漏电。被切割金属必须彻底清除铁锈、油污、海蛎子等所有不洁物。在电割刀与电焊机之间的线路上,加设一只闸刀开关,放在潜水台附近,由专人管理。

2) 切割炬

水下电-氧切割炬应满足下列技术要求:

(1) 割炬从夹割条处起到握柄中心的距离应为 $150\sim200\,\mathrm{mm}$。割炬在水中的质量一般为 $500\sim1\,000\,\mathrm{g}$。

(2) 割炬头部应设有自动断弧装置,以防烧坏割炬头部。

(3) 割炬应有回火防止器等装置,防止炽热的熔渣阻塞气体通道,并烧损氧气阀。

(4) 割炬与电缆和氧气管的连接装置必须方便可靠,并能保证连接的牢固性和气密性。割炬的割条夹紧装置应简便,并具有一定的夹紧力。

(5) 氧气阀开启和关闭应灵活自如,开启 15 000 次后仍能保持气密。在 0.2 MPa 压力下不漏气。

(6) 割炬带电部分必须包敷绝缘护套,其绝缘电阻不得小于 35 MΩ,在工频 1 000 V 交流电压下不得击穿。

(7) 割炬气密性要好,在 1.5 MPa 气体压力下无泄漏。

(8) 氧气压力为 0.6 MPa 时,最大供气量不小于 1 400 L/min。

(9) 在割炬构件的外表面,应进行镀铬或镀银等防腐蚀处理,镀层不得有发脆、脱壳等缺陷。

如图 6 - 4 所示,是我国目前广泛使用的 SG - Ⅲ 型水下电-氧切割炬的结构示意图。实践证明,这种割炬是比较适用的。如注意保养,使用寿命也比较长。但割炬头部的割条插孔使用一段时间以后与割条接触性能会变差,往往在此处产生电弧,导致割炬损坏。另外,使用时间长了,绝缘性能也逐渐降低,切割过程中会有漏电现象产生,危及潜水焊工的安全。因此,对割炬要经常检查,发现有损坏的零件,要及时维修或更换。

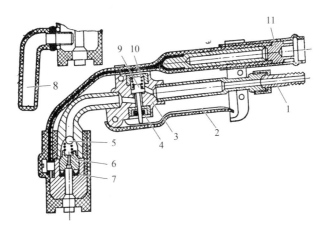

1—氧气胶管接头;2—开阀气柄;3—阀体;4—开启用阀杆;5—回火防止球;
6—回火防止器座;7—密封垫;8—夹紧螺钉;9—氧气阀头;10—气阀回位弹簧;11—电缆接头。

图 6-4　SG-Ⅲ 型水下电-氧切割炬结构示意图

潜水焊工进行水下切割时,先压电割刀上的氧气阀杆,使氧气经割条喷出,并使割条头顶住割件,然后通知水面人员合上闸刀开关,即开始电割。如果电割条离开切割件,则须放松氧气阀杆,同时通知水面人员,脱开闸刀开关,切断电流;否则会浪费氧气并将引起电解,使电割刀逐渐被侵蚀掉,且对潜水焊工也不安全。

3) 切割电缆及断电开关

水下电-氧切割中使用的电缆,应是耐海水腐蚀的橡胶套多股铜芯的船用电缆。电缆截面积一般为 $70\sim100\ mm^2$,其长度可根据水深而定,一般比从电源到工位之间的距离还需加长 20 m 左右。如果水的流速较大,电缆还要加长一些。如果没有船用电缆,可用陆上焊接电缆代替,但要经常检查,发现橡胶套老化龟裂时,要及时更换,以防漏电。

连接电源和割炬的电缆,俗称"把线",连接电源和被切割件的电缆,俗称"地线"。为安全起见,把线上接一个断电开关,以便根据潜水焊工的要求及时供电或断电。断电开关可用闸刀开关,也可用自动断电器。

4) 供氧气系统

水下电-氧切割使用瓶装氧气,由氧气瓶、减压器、氧气管所组成的供气系统供给。

(1) 氧气瓶　一般氧气瓶容积为 40 L,瓶质量 60 kg,外圆直径为 219 mm,高1450 mm。外表涂成天蓝色,并用黑漆注明"氧气"字样。氧气瓶是一种高压容器,额定压力是 150 atm。使用氧气瓶应注意下列事项:

使用时必须放置平稳可靠,不得与其他气瓶混在一起,特别是严禁与可燃气瓶或液体燃料容器放在一起。

氧气瓶应离开火源 5 m 以上,离开一般热源 1 m 以上,严防烈日曝晒和火烤。

氧气通道不得沾染油脂,尤其是在氧气瓶阀门处。

不得将瓶内氧气全部放空,至少应留 1～2 个表压,以便在再装氧气时吹除灰尘和避免混进其他气体。

瓶外要装防震橡胶圈,搬运时要轻装轻卸,避免撞击,严禁抛滑。

氧气瓶需定期做水压检验,不合格的应及时检修或停止使用。

（2）减压器　减压器是用来将氧气瓶中高压氧气降低到工作需要的压力,并保证工作时氧气压力基本稳定。减压器上有两只压力表,分别指示瓶内气体压力和工作气体压力。

减压器的种类较多,按作用原理可分为正作用式和反作用式;按降压级数可分为单级的和多级的。在水下切割中一般多用单级反作用式减压器。

使用减压器时应注意如下事项:

a. 安装减压器前,需先打开氧气瓶阀门,利用氧气吹掉阀嘴上的杂质。操作时,氧气瓶阀嘴不得朝向人体。

b. 检查各接头是否拧紧,有无滑牙现象。调节螺钉应处在松开的位置。

c. 装好减压器后再开启氧气瓶阀,查看压力表是否工作正常,各部分有无漏气现象,待一切正常后,再接氧气胶管。检查漏气的方法:放开调节螺钉,在各接头处涂肥皂水,观察有无气泡产生,以判断是否漏气。

d. 减压器如沾染油脂,必须擦净后再使用。

e. 减压器冻结时,不允许用火烤,可用热水或蒸汽解冻。

f. 当发现减压器有自流现象时,即调节螺钉松开时,低压表仍自动上升,这可能是由于减压器中的活门或活门座上有污物,或它们的接触面不平,促使高压气体向低压室渗流。此时要将污物清除,用细砂布将活门磨平,如发现活门座有裂纹时,要及时更换。自流现象的产生,也可能是副弹簧损坏而导致压紧力不足所引起的,此时应更换副弹簧。

（3）氧气胶管　目前,国内进行水下电-氧切割用的氧气胶管,大多是采用陆地上所用的氧气胶管,工作时与切割把线扎在一起。一根胶管长约 30 m,在较深水域工作时,需将两根或三根接起来使用。但其接头不太牢靠,而且增加气体阻力。所以,有关科研单位正在研制水下电-氧切割专用电缆。该电缆内有通孔作为氧气通路,供给切割用氧。

5）水下割条

目前,水下电-氧切割所采用的水下割条,主要有无缝钢管割条、陶瓷管割条及碳棒割条等。

（1）无缝钢管割条　无缝钢管割条,是用无缝钢管作为芯,外涂矿物质涂料作为药皮或包塑料纤维膜。药皮主要起防水、绝缘和稳弧作用。割条的防水性能可通过两个途径实现:一是将防水剂加在药皮中,烘干后自具防水性;二是割条烘干后再涂一层防水剂,达到防水目的。割条的结构示意图如图 6-5 所示。

割条芯的外径一般为 6～10 mm,内孔直径为 1.25～4 mm。割条长度为 350～400 mm。实践证明,切割效率与割条内径有很大关系。在相同条件下,割条内径增加,切

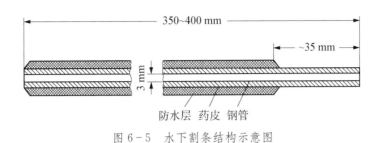

图 6-5　水下割条结构示意图

割速度增加,如表 6-1 所示。

表 6-1　切割 10~12 毫米厚钢板的切割效率

切割钢板厚度/mm	电割条外径/mm	电割条内径/mm	氧气压力/MPa	工作电流/A	每根割条切割时间/s	每根割条切割长度/cm	每根割条耗氧量/m³
10~12	6	1.25	6.5	240	55	24	0.18
10~12	7	2	6.5	260	61	28	0.3
10~12	8	3	7	340	61	32	0.35

　　加大割条内径使切割速度提高,这可能是由于氧量的增加,使氧化速度加快,同时对熔化的金属和熔渣的吹力加大,使它们从切缝中迅速排除的结果。国外有用外径 10 mm、内径 4 mm 的割条,切割大厚度钢板效果良好。但是对于海上作业,氧气的供应是很困难的,过大的耗氧量是不适宜的,故一般不采用大内径割条。国产水下割条牌号为特 304,外径为 8 mm,内径为 3 mm,长度为 400 mm,属钛铁矿型厚药皮割条,其质量系数为 20%。实践证明,这种割条的综合性能不亚于美、日等国家产的割条。但这种割条的切割速度并不太快,在试验条件下,一般不超过 25 m/h,在实际水下切割施工中,一般不超过 20 m/h。

　　割条药皮中加入适量的金属粉,可以提高割条的导电性,稳定电弧,同时可大大提高割条本身的氧化反应热,从而提高切割速度。药皮中加铁粉的效果最好,其次是镁粉和铝粉。这些金属粉单独加入钛铁矿型药皮中时,铁粉不宜超过 35%,镁粉和铝粉不宜超过 10%。加入太多,药皮涂敷性能下降,药皮强度和防水性能也降低。如果同时加入几种金属粉,其比例要适当降低。

　　加有金属粉的药皮,应适当增加质量系数,但不宜超过 30%,否则会使涂敷性能变坏。这种药皮中加有铁粉的割条已研制成功,并投入生产。

　　在特殊情况下,如急需水下切割而又无现成的割条时,则可用外径 6~8 mm、内径不大于 4 mm 的钢管或废割条芯自制代用割条。其方法有下列几种:

　　a. 用塑料薄膜条缠绕在钢管外面,代替药皮起防水和绝缘作用。为增强其防水性能,在缠好塑料薄膜后,再浸敷一层赛璐珞-丙酮溶液,数分钟后即可使用。

　　b. 用纸条缠绕在钢管外面,厚度约 0.5 mm,用赛璐珞-丙酮溶液浸敷。为确保绝缘性能,要连续浸敷两次。如果没有赛璐珞-丙酮溶液,可用电工胶布包扎,但效果差些。

　　自制代用割条不宜放置过久,否则绝缘性能达不到使用要求。

（2）陶瓷管割条　为了提高割条寿命,缩短非生产时间,可采用难熔或难氧化的物质作为割条芯,如石墨管(亦称碳棒)或陶瓷管。用陶瓷管作为割条芯的割条称为陶瓷管割条。

陶瓷管割条具有较高的抗氧化能力和良好的导电性。割条的一般规格,外径为 $12\sim14$ mm,内径为 3 mm,长度为 $200\sim250$ mm。一根割条可使用 $40\sim60$ min。同时,这种割条质量也轻,便于搬运和携带。

陶瓷管由金刚砂和矽碳化合物组成。制造时要经过高温烘焙,使其不致太脆。另外,外表上喷涂一层 0.8 mm 厚的金属,以增加陶瓷管强度。在陶瓷管一端约 32 mm 长的范围内,应磨成直径与割炬相匹配的尺寸,作为夹头端,其余部分用绝缘材料涂敷或用水密绝缘材料包缠,成为陶瓷管割条。陶瓷割条的外层金属不仅增加了割条强度,也提高了水下割条的导电性和引弧性能。切割时,外层金属先与被切割件接触。由于电流的集肤效应,大部分电流从外层金属流向被切割件。电弧也先在外层金属与被切割件之间产生,外层金属先熔化。同时,电弧和熔化金属对割条端部的金钢砂进行预热,从而使金钢砂导电性增加。这时,切割电流不仅从陶瓷管割条的外层金属流动,而且也从陶瓷管流动,电弧移向割条端部,稳定燃烧。

这种割条虽然经久耐用,但在单位纯切割时间内的切割速度低于无缝钢管割条,电弧稳定性也比无缝钢管割条差。因此,在作业时间紧迫,只要一两根割条就能完成任务时,还是采用无缝钢管割条为宜。

（3）碳棒割条　用石墨或碳棒制造的管作为割条芯的割条称为碳棒割条。碳棒割条一般外径为 $10\sim11$ mm,内孔径为 $1.6\sim2$ mm,长度为 $200\sim300$ mm。外表也镀上一层金属,通常是镀铜。因为碳棒割条的抗压强度较低,为防止割条端部不被割炬夹头夹碎,在割条的一端装上一个黄铜端子。切割时,将端子插入夹头内。为了绝缘,在镀铜外面再涂一层绝缘层,绝缘层可用塑料,也可用树脂。

这种割条的使用寿命很长,200 mm 长的碳棒割条,其工作时间可比 400 mm 长的无缝钢管割条工作时间长 $10\sim12$ 倍,但比陶瓷管割条短一些。

为减少氧气对碳管内孔的氧化,在碳管内孔压进一玻璃管,使氧气不与碳管内孔接触,从而提高了碳棒割条的使用寿命。

碳棒割条即可切割厚度达 100 mm 的碳素结构钢,也可切割铸铁、紫铜和其他有色金属。

6) 氧气

氧气在常温常压下是一种无色、无味的气体,其分子式为 O_2。氧气的液化温度为 -182.96℃,液态氧呈浅蓝色。

氧气本身并不能燃烧,但它是一种极为活泼的助燃气体,能与很多元素化合,生成氧化物。这种燃烧现象,随压力增高和温度升高而增强。因此,高压氧严禁与油脂或易燃物质接触,以避免由于激烈的氧化而导致易燃物质自燃,发生爆炸事故。

水下切割中使用的氧气,一般是以瓶装供应。将氧气压缩为 $120\sim150$ atm,装入氧气瓶内,以备使用和贮运。

氧气纯度对切割质量和效率有直接影响。工业用氧气纯度分为两级:一级不低于 99.2%,二级不低于 98.5%。

6.2.3　水下电-氧切割工艺

1) 水下电-氧切割参数

影响水下电-氧切割质量和效率的工艺参数主要有氧气纯度和氧气压力、切割电流、切割倾角(简称切割角)。采用不同的割条和切割不同的材质,对其切割质量和效率的影响也不同。

(1) 氧气纯度及氧气压力　氧气在水下电-氧切割中是不可或缺的,在切割过程中担负着重要作用。氧气不仅可以起到气体吹除的作用,而且可以和被割元素在高温条件下发生燃烧反应,并发出大量的化学反应热,用于加热和熔化被割金属。水下电-氧切割时氧气的纯度非常重要,在《美国海军水下焊割手册》中,明确指出:氧气的纯度必须大于99.5%。纯度越低,切割速度越低。纯度每降低10%,切割速度就会下降25%左右;如果纯度小于95%,则切割过程就不能进行。所以说,在水下电-氧切割过程中,不能使用空气或其他气体代替氧气。

氧气压力是影响水下切割效率和切割质量的另一个关键因素。一般来说,切割氧气压力的大小与被割金属的材料和厚度有关。对于同种材料而言,氧气压力是随着板厚的增加而增大的,并且在一定范围内,适当增加氧气压力有利于提高水下切割效率和切割速度。如果氧气压力过小,容易产生割不透、割缝边缘毛糙等现象,进而大大影响切割效果和切割速度,如图 6-6 所示。

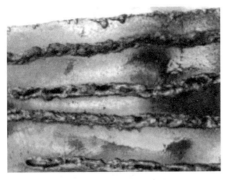

(a) 氧气压力过低时的切割效果　　　　(b) 氧气压力合适时的切割效果

图 6-6　氧气压力对切割效果的影响

在水下电-氧切割时,氧气压力还要考虑水深及氧气管的长度。一般来说,水深每增加 10 m,氧气压力应增加 0.1 MPa。氧气管越长,对氧气的阻力就越大,氧气压力也应适当增大一些。需要说明的是,切割氧气压力并不是越大越好,即在水下电-氧切割时,割条内径相当于直筒型喷嘴,在氧气通过割条内径时,切割氧气流达到一定值后,可切割的板厚也会达到最大值,切割效率最佳;如果再提高氧气压力,则反而会造成切割的板厚减小,切割的速度减慢。

(2) 切割电流　水下电-氧切割电流的选择是根据电缆导电截面积及长度的大小和被割板厚而定,其中电缆的导电截面积和长度对电流的影响不是主要的,被割金属的厚度才是选择切割电流的依据。如图 6-7 所示,当切割电流选择过小时,电弧的穿透能力不足,容易产生割不透的现象,割缝不整齐,并且易发生引弧困难、续弧阶段产生粘条和短路等,造成焊接过载及烧损,切割效率降低;当切割电流选择合适时,切割电弧稳定,引弧和续弧阶段都很容易,切割的割透能力增强,割缝比较整齐,切割效率高;一旦电流选择过大,则容易使割条过热、割条熔化速度过快、药皮提前爆裂等,并且切割过程中熔池过宽,熔化金属在割缝背面易发生粘连,从而造成割穿而不透的现象,反而降低切割效率。

（a）切割电流过小　　　　　　（b）切割电流合适　　　　　　（c）切割电流过大

图6-7　切割电流大小对切割效果的影响

（3）切割角　切割角是水下作业潜水焊工经常忽略的一个重要参数。与水下焊接角度不同,水下电-氧切割时割条与钢板割缝垂直线间的夹角称为切割角。实践经验证明,切割角的大小与切割速度有一定的关系,切割速度会随着切割角的变化而变化,但切割角的选择主要还是取决于被切割板的厚度。通常来说,被切割板的厚度越大,切割角就越小。如果切割角选择不当,也会影响水下切割效果。如图6-8（a）所示,如果切割角过大,则切割时切割火焰明显集中在钢板上方,也就意味着钢板没割透;如图6-8（b）所示,切割角合适时,切割火焰大部分集中在钢板的下方,钢板被割透,切割可以顺利进行。

（a）切割角过大　　　　　　　　　　（b）切割角合适

图6-8　切割角对切割效果的影响

2）实际工程应用中切割参数的选择

在海南东方油田对水下油井导管架进行切割的施工过程中,切割水深平均为70 m,钢管管架的壁厚约为6 mm,如图6-9所示。

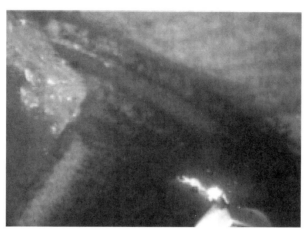

图 6-9　水下切割油井导管架

根据切割电流选择的经验公式,切割电流为 280～300 A,考虑水深及电缆线长度的影响,实际工程中切割电流选择为 300 A。根据切割氧气压力的经验公式,切割氧气压力应选为 0.6～0.7 MPa,在考虑氧气管阻力和水深因素的影响后,实际工程中切割氧气压力选择为 1.1 MPa。由于被割结构为管状,所以在选择切割角时,起割阶段应与管壁成切线,在起割完成后逐渐减小切割角,以加快切割速度,提高切割质量。

3) 水下电-氧切割操作方法

(1) 水下电-氧切割电路和气路的连接。水下电-氧切割的电路连接方法与水下药皮焊条手工电弧焊的电路连接基本相同,只是采用正接法,即地线接电源正极,割炬接负极。这种接法可使割条熔化速度慢些,被切割件熔化快些,从而提高切割效率。

气路的连接与水下 LD-CO$_2$ 焊接法中的二氧化碳气路连接方法基本一样,只是中间没有加热器。

(2) 水下切割操作程序。

a. 切割前的准备:

(a) 切割前潜水焊工应首先对切割作业现场进行调查,仔细了解被切割物件的周围环境情况、结构特点,表面状态。根据调查情况,制订切割实施方案。

(b) 按切割方案对拟定的切割线进行清理,去除表面海生物、泥沙、厚锈层,以及不利于切割操作的障碍物等。

(c) 接好电、气路,并进行检查,使之处于完好状态。备足消耗性材料,如氧气、割条等。

b. 下潜切割:准备工作完毕后,潜水焊工便可下潜到切割作业点。割炬可由潜水焊工自己带到切割地点,也可由水面工作人员通过信号绳递给潜水焊工。割条可放到妥善的容器内由潜水焊工带到水下,放到拿取方便的地方,也可装入特制的小口袋中,系在身上。潜水焊工首先要使自己处于稳定、方便、安全的位置上,然后一手握住割炬,一手持割条并将它夹入割炬夹头内,拧紧螺钉将割条固定,握住割炬,使割条接近切割点,准备引弧切割。引弧前,如无自动供氧装置,要先开启割炬上的氧气阀门,给一个较小的气流,以防引弧时堵塞割条内孔。然后通知供电,引弧切割。

引弧方法可与水下手工电弧焊引弧一样,可用划擦法,也可用触动法。引弧后,金属还未被割穿时,潜水焊工应稳定住割炬,直到割穿后再开始沿切割线正常切割。当割条消耗到离钳口 30 mm 左右时停止切割,通知停电,更换割条,再继续切割,直至割完。

c. 切割后检查和补割:切割结束,必须对割缝进行检查,看是否有漏割或未完全割透,如有上述现象,需补割。判断是否有漏割和未完全割透现象,可采用下述方法:

(a) 在可见度较好的水中,可通过观察切割时喷射的火焰和熔渣的方向来判断。当工件没割透时,暗红色的火焰向割条方向反射,喷出的氧气也因受阻而从正面上浮,使割条周围的水剧烈搅动。相反,如果被切割件已割透,熔渣随气流向背面冲出,火焰中的红色减退,而微带蓝绿色,气流通畅,气泡少,水的波动声也小。

(b) 在可见度低的浑水中切割时,潜水焊工不易观察火焰和熔渣喷射情况,可凭感觉或经验来判断。如割缝未割透,气流受阻,对割炬反冲力增大,割炬跳动现象加剧,若连续割透,这种跳动现象较弱,感到平稳。

(c) 对已割完的割缝,可用细铁丝或薄铁片等插入割缝中沿割缝检查,如通行无阻,则表明已全部割透。

(d) 在切割过程中,通过观察或对割炬跳动的感觉察觉到未割透时,要及时补割,以减少割后检查、补割等辅助潜水时间。

(3) 基本操作方法。

a. 起割点的操作　一般说来,水下切割过程多从被切割件的边缘开始,向中间切割,直至切断。但有时受结构特点或环境所限,需从中间起割。由于起割点所处的位置不同,起割方法亦不尽相同。

(a) 从边缘开始切割的操作:从被切割件边缘开始切割时,首先将割条端部触及被割件边缘,并垂直于切割面。割条内孔应在工件边缘棱线上并靠里面一些。最好采用触动法引弧。此时不要移动割条,待工件边缘形成凹形口后再慢慢向中间移动,开始正常切割。也可在边缘附近(离边缘棱线不远于 10 mm)引弧,引弧后迅速向边缘移动,使之在边缘形成凹口,然后再向中间切割。

(b) 从中间开始切割的操作:从中间起割,比从边缘起割容易些。此时将割条触及工件,并使之与工件的切割面角度为 $80°\sim85°$。采用触动法或划擦法引弧。引弧后原地不动,直至割穿后再开始正常切割。

b. 正常切割的基本操作　这里所说的正常切割,系指起割处形成起始切口后的切割过程,其基本操作方法有以下三种:

(a) 支撑切割法:所谓支撑切割法,就是在引弧形成起始切口后,割条倾斜并与切割面保持角度为 $80°\sim85°$。利用割条药皮套筒支撑在被割件的表面上,割条移动时,始终不离开被割件,如图 6-10(a)所示。这种切割法既可自左向右,亦可自右向左。也可靠在规尺上切割,操作方便,效率较高。支撑切割法适用于中、薄板。

(b) 维弧切割法:所谓维弧切割法,就是起始切口形成后将割条提起,离切割面约 $2\sim3$ mm 并与切割面保持垂直,沿切割线均匀地向前移动,始终维持电弧不熄灭,如图 6-10(b)所示。这种切割法仅适用于厚度在 5 mm 以下的钢板,而且由于潜水焊工在水下保持

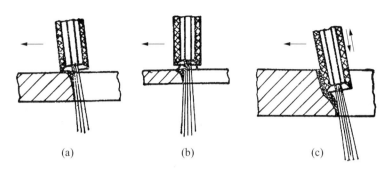

图 6-10　水下电-氧切割基本操作方法示意图

身体稳定性较困难,不易保持电弧稳定。同时,切割质量也略低于支撑切割法。因此,这种切割法一般不用。

(c) 加深切割法:所谓加深切割法,就是在切割过程中,割条不断伸入割缝中,使割缝不断加深,如拉锯状,直到割穿为止,如图 6-10(c)所示。加深切割法适用于采用支撑切割法一次不易割透的厚板或层板。操作时,割条上下动作要协调均匀,以保持电弧稳定燃烧。

(4) 各种位置的切割技术。

a. 平割操作技术　平割时,工件处于潜水焊工下方,潜水焊工俯身向下切割。根据板厚和结构特点,选用不同的切割法。可从边缘开始切割,也可从中间开始切割。对平割而言,一般从边缘开始切割为佳。

割条在切割过程中运行方向有三种,一是自左向右,这是最常采用的一种方向,此时,割条一般是向前倾斜,即向右倾斜,类似拖着割条进行切割,如图 6-11(a)所示;二是自右向左运行,此时,割条向后倾斜,即也向右倾斜,类似推着割条前进,如图 6-11(b)所示;三是自前向后运行,引弧后,潜水焊工向后退着切割。

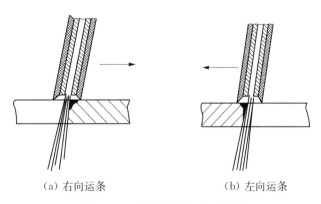

(a) 右向运条　　　　　　(b) 左向运条

图 6-11　平割操作方法示意图

切割时,为使割缝不偏离切割线,可借助规尺(也称靠模)或规绳(也称标绳)来掌握方向。即沿预定切割线放一只塑料或木制的规尺或拉一根规绳。潜水焊工一只手扶持规尺或规绳,一只手持割炬,并将割条靠在规尺上,用支撑法切割。对于切割大工件,规尺和规绳同时使用,用规绳掌握总方向,借助规尺沿切割线一段一段切割。

b. 横割和立割操作技术　凡是被割件的切割表面与水平面垂直或近似垂直时,都要横割或立割。这两种位置的切割,潜水焊工无须俯身。

横割时,可采用自左向右和自右向左两种运条方向,而立割时一般只采用自上而下的运条方向。

横割时,如工件上端处于自由状态,为防止工件割断后塌落砸伤潜水焊工,切割前应先在工件上端割出穿缆孔,拴上钢缆,用工作船上的吊车吊住,然后再切割。如将要割下来的工件较大,则不要将工件完全割断,在边缘处留下一点,以确保吊车未起吊之前,该块工件不致自由移位。待潜水焊工整理好切割装具,并撤离工作点出水或躲到安全地方后,再起动吊车,用吊车将预留的那一小部分拉断。如图6-12(a)所示。

立割时,一般都是自上而下进行切割,类似平割中的后退切割法。如工件下端是固定的,立缝全部割通后工件不至于倒下,可从上边缘开始切割,一直割到底。如下端是悬空的,割缝全部割通后,工件就会倒塌或移位,易伤害潜水焊工。这时起割点不要选在边缘上,要在上端留下一小部分。这部分应能足以保证将要割下来的工件不致移位。待其他部分全部割通后,再切割这部分,或用吊车将这部分拉断,如图6-12(b)所示。

如工件既需横割、又需立割,则最好先进行预留段的立割,然后再横割,而且要逐块解体,其顺序如图6-12(c)所示。

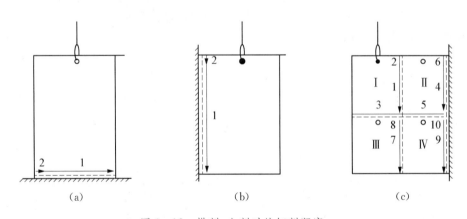

图6-12　横割、立割时的切割顺序

c. 悬空位置切割操作技术　在水下切割施工中,许多工件处于悬空位置,如直接切割,则潜水焊工处在悬空状态下作业,这种作业危险性很大,效率也低。为此,首先,应使潜水焊工稳定住身体,能安装工作台的可尽量安装,若不能安装工作台的则可制成一只吊篮,让潜水焊工站在吊篮中切割。若来不及制作吊篮,则也可利用缆绳稳定住身体。

吊篮结构尺寸和固定扶持缆绳的方法,可根据被割件结构和所处环境而定。如切割板状结构、船体结构和竖直管等,只需制作一个简单吊篮即可。如切割水平管时,则吊篮的结构应复杂些,便于操作。

此外,应注意切割顺序。一般结构横割和立割时,应自上而下逐块切割。而水平管的切割要严加注意,一般从时针的2点或10点的位置开始切割,切割到6点,然后再从10

点或 2 点的位置开始切割,在 6 点的位置与前一条割缝割通。最后切割 10 点到 2 点间的一段距离,如图 6-13 所示。

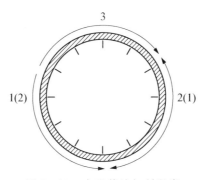

图 6-13　水平管的切割顺序

在切割 10 点到 2 点间的一段距离时,如吊篮已不适用,则潜水焊工可站到割缝割通后不移动的钢管端进行切割。如钢管直径较小,可选 11 点或 1 点位置为起割点,也可选在更靠近 12 点的位置。但是,无论从哪起割,都要在钢管的上半周处留一段距离,最后切断或留一小段最后用吊车拉断。

总之,悬空切割作业是较困难的,应根据被割件的结构特点、环境和水文状况采取有效措施,给潜水焊工创造良好的工作条件,确保安全,提高工作效率。

6.2.4　水下电-氧切割应用实例

1）水下电-氧切割在海上风电项目中的应用

在海上风电项目在施工建设时,对导管架基础未能沉桩至设计要求标高的钢管桩进行水下切割。为确保导管架能够按设计要求进行安装,对沉桩完成后钢管桩高于设计标高部分进行水下切割。针对近海区海上风电项目,导管架基础桩基施工中因拒锤而需要进行工程桩水下切割的问题,切割采用水下电-氧切割与金刚钻石链锯切割相结合方法。钢管桩直径为 2.4 m,作业水深为 25～30 m。

(1) 本次施工作业的主要内容。

a. 定位切割线。根据要求基准切割线在水下精确测量定位,使用相关测量仪完成钢管桩周长限位线标记,安装切割限位卡箍以保证切割精度。

b. 水下切割。使用水下切割设备对钢桩在限位线上进行切割,切割工具选用水下电氧切割设备与金刚链切割工具。在钢桩顶部选择对称两个点使用电氧切割的方式,开割两个孔(满足 8T 卸扣安装并吊装的要求),完成顶部钢桩悬挂固定于固定架上,防止后续链锯切割完成时的钢桩移位和安全保障。钢桩于导向架外侧方向开割一个孔(满足 8T 卸扣安装并吊装的要求),该孔与吊机连接,用于切割完成后将桩头移除。

(2) 水下-电氧切割作业工具及安装。

a. 链锯限位卡箍定位测量。

(a) 根据设计要求在钢管桩外侧,找到一个标高点根据。

（b）这个标高点参照钢管桩上最近的环形焊缝,画出 8 个标高点(标高点如与环形焊缝重叠,则应避开向下开环形焊缝 10～20 mm,以切割机安装位置为第 1 个点,每 45°为 1 个标高点)。

（c）根据支撑架的设计,在钢管桩上安装一个限位架(定位架)。

（d）把主支架安装在限位架上(限位架的位置已定高)。

（e）利用水平尺和下支撑点,调节切割线和 8 个标高点一致。

b. 钢管桩限位切割装置组成。

（a）切割机,链锯主机。

（b）链锯绳。

（c）收紧固定装置。

（d）上支撑点(橡胶板)。

（e）下支撑点,可微调支架角度。

（f）链锯绳导向轮(每 10 cm 一个定位,导向轮可随割线进度逐步调整,以确保链锯处于不被卡住的角度)。

（g）主支架(上面安装固定切割机)。

c. 链锯安装步骤。

（a）先将半边管卡预安装在切割基准线,潜水焊工在水下配合用收紧器固定管卡;再吊装另半边管卡到安装位置,潜水焊工在水下配合对另半边管卡固定,用螺栓穿引两个管卡后初步固定,调整管卡的水平度与切割基准线误差,微调至可接受范围误差,紧固管卡螺栓完成安装。

（b）确认管卡限位切割线符合范围要求后开始安装金刚石链锯,使用吊机将其吊装入水,由潜水焊工引导到安装位置,然后由潜水焊工将其安装在管卡链锯架安装位置上,相对固定并调整精确位置。

（c）在链锯架的 180°钢桩位置链子切割线上,使用电氧切割将钢桩切割 10 cm 宽度,作为链锯绳起始的口子。

（d）设置好链锯长度,预设扭劲,安装完成后,检查确认链子在预设切割标准线上,保证链子在同一个水平面上。

（e）将链锯切割机下方外侧的两个轮子,回收到最高处。

（f）液压管标记编号,潜水焊工判断现场水流情况,当水流条件允许时,对应接头连接液压管线并确认无误;支撑架的支撑螺杆缩回到最短。

（g）测试运行链锯切割机各项功能。

（h）准备若干扁形楔块,在完成切割后的钢管桩割缝里插入并敲紧楔块,防夹链锯,保障持续正常运转切割。

（i）安装并调整摄像头角度,对准切割处。

（j）测试运转动力马达和上下驱动马达(停机)。

（k）安装链锯到导向轮上,确认后启动上下动作的驱动马达,链锯预张紧。在切割达到将近一半之后,开始调整外置定滑轮,由潜水焊工确认链锯绳符合调整角度时不间断,根据需求调整,逐步向链锯架方向左右同步调整定滑轮。

（l）潜水焊工清理脐带，上升 10 m 回避并观察链锯正常进行。

（3）水下电-氧切割过程。

a. 水面连接设备并测试，割把线做长度标记。

b. 潜水焊工将地线夹在钢桩上，割把线入水保持畅通和直线状态，并相对固定在所需的切割位置上。

c. 潜水焊工准备完成后，通知潜水监督开氧开电，根据物件结构特点，需采取保底割线水平方式，保证在限位线误差范围内切割。

d. 为防止切割时产生爆炸风险，切割点或割把线上方不得有任何遮挡物。

e. 潜水焊工切割时，每换一根割条，先用手扇动水流，减少可燃气体聚集。

f. 切割至即将完成时，特别是剩余最后 10 cm 长度以内时，吊机要有正常吊力（初定 10 t）。切割至断开时，潜水焊工快速避让远离至安全范围，等到割下钢桩吊除后回收切割工具到甲板。

（4）水下电-氧切割作业注意事项。

a. 海上风电项目的水下桩切割采用的水下电-氧切割作业是在受限空间内作业，属于潜水高风险作业，作业前，潜水监督应认真地确认是否存在气体聚集的可能。并针对本次作业制订专项 JSA。

b. 切割吊耳时需严格按照事先制订的顺序切割；作业时，潜水焊工应时刻关注吊耳内部及周边是否有气体聚集，如发现气体聚集应该马上暂停作业。用消防水清理聚集气体后方可再次启动作业。

c. 潜水焊工下水作业时，潜水监督应确认待命潜水焊工已经准备到位。机电员应坚守岗位并确保通信畅通，在收到水下异常信号时第一时间关停切割设备。

d. 在水下作业时由于海况等环境因素的影响，使得钢管桩的切割工作变得尤为困难。因此在选择切割工具时，尽量避免选择安装复杂的切割工具。制订合理的作业方案及作业工艺，以提高项目的完成效率。

6.3　水下氧-可燃气体切割

水下氧-可燃气体切割技术于 1908 年最早在德国被采用，当时采用的是氧-乙炔割炬，如同在空气中的操作来进行水下切割。由于周围水的迅速冷却，抵消了所必须的预热作用，因此用通常的割嘴是很难进行切割的，同时也很难保持喷嘴到工件之间所需的精确距离。然而，多年来还是使用这种方法进行了少量的水深小于 8 m 的切割。1925 年水下氧-可燃气体切割方面得到了重大突破，当时美国海军发展了一种用压缩空气做外幕的氢-氧割炬，以用于海上打捞操作。虽然这些年来进行了一些小的修改，但这种割炬至今仍是氧-可燃气体切割割炬的基本形式。

6.3.1　水下氧-可燃气体切割技术特性

水下氧-可燃气体切割的原理与空气中的氧-火焰切割技术是一样的，它是利用可燃气体（乙炔、丙烷、液化石油气、天然气等）与氧燃烧（火焰）产生的热将工件表面加热到一定的温度后（该温度高于熔点），喷出高纯度、高流动速度的切割氧，使工件表面燃烧生成熔渣，并释放出大量的热。工件燃烧释放的热、高温的熔渣以及气体火焰产生的热不断加热工件的下层和切口前缘，使之达到燃点（工件在氧中的燃烧温度，称为工件的燃点），直至工件的底部。同时切割氧流将熔渣吹走，从而形成切口将工件切割分离。

6.3.2　水下氧-可燃气体切割设备及材料

（1）割炬。水下氧-可燃气体切割所采用的切割设备，整体上与空气中的氧-火焰切割设备是相同的。只是对水下割炬的附加设计要求是，必须使割嘴的周围有维持一个气幕的设备，以避免水减弱火焰的预热作用。

用于水下切割的氧-可燃气体切割割炬已发展成两种基本形式：一种是依靠燃烧后的气体形成气幕进行防护，另一种是使用了压缩空气幕，后一种应用得更为普遍，它的结构示意图如图 6-14 所示。气幕中通常包含有压缩空气、氧或氮，这些气体从喷嘴的顶端周围喷射出来，把割嘴保护在气幕中。防护罩使火焰燃烧稳定，同时从切割区把水排除。防护罩同时还可用作间距装置，借以调节喷嘴端部与工件之间的距离。对水下切割来说这是必须的，因为切割是在照明很差的条件下进行的，加上操作者穿了一套潜水服，行动受到限制。防护罩上有长孔，使燃烧过的气体能逸出上浮到水面。应用短的割炬从而能减少喷射气体对周围水的反冲。

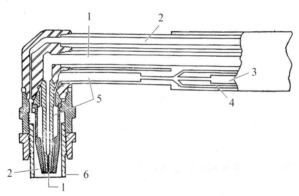

1—切割射流氧气；2—空气；3—氧气；4—氢气；5—氧氢混合气体；6—防护罩。

图 6-14　水下氧-可燃气体割炬结构示意图

（2）可燃气体。可燃气体是指在水下压力状态下所使用的气体，其基本要求是不液化和化学稳定性。

a. 乙炔。在浅水（水深小于 5 m）中使用是很合适的，因为它的火焰稳定，温度也比氢、丙烷或其他碳氢化合物高。在水深较大时，由于乙炔的分解和回火而有爆炸的危险，所以不能使用。

b. 碳氢化合物。丙烷和类似的碳氢化合物，根据水的不同温度，能够用于 20～50 m 的水深，这些气体的气化压力受到温度的强烈影响。

c. 氢。氢是水下切割最常使用的可燃气体，它可用于水深 1 000 m 以上。为了防止热量的迅速散失和克服水的静压力,氢-氧水下割炬需要气体的压力:氢为 1.3 MPa,氧为 0.5 MPa。为了补偿深度需要的附加压力约为 0.01 MPa/m,补偿气管长度损失所需的压力为每 10 m 0.01~0.02 MPa。

d. 液体燃料。液体燃料虽然能够在水下应用,但只是在第二次世界大战前和大战期间有过少量应用。尽管氧-汽油和氧-挥发油的水下割炬是非常有效的,但是因具有一定的危险性而妨碍了在水下切割中的推广。1962 年,研究者介绍了一种新型的氧-汽油割炬,并报道在水深 60 m 处具有良好的应用结果。

6.3.3　水下氧-可燃气体切割工艺

(1) 影响水下氧-可燃气体切割的因素。影响水下氧-可燃气体切割过程(包括切割速度和质量)的主要因素有切割氧的纯度、切割氧的流量、流速和压力、切割氧流的形状、切割倾角、预热火焰的功率、被切割金属的成分和性能等。

在水下氧-可燃气体切割过程中,切割氧流起着主导作用。一方面,它要使金属燃烧;另一方面,又要把燃烧生成的熔渣从切口中吹除。因此有关切割氧流的一些参数,如纯度、流量、流速、压力以及氧流形状是影响切割过程的主要参数。

a. 切割氧的纯度。与水下电-氧切割的一样,切割氧的纯度越高,燃烧反应的速度越快,切割速度就能越快。若氧气纯度差,不但切割速度大为降低,切割质量变差(表现为切割面粗糙、切口下缘粘渣),而且氧气消耗量增加。如氧气纯度若从 99.5% 降低到 98%,则切割速度将下降 25%,而耗氧量增加 50%。一般认为,氧气纯度低于 95%,就不能进行切割。而要获得无粘渣的气割切口,则氧气纯度需达到 99.5% 以上。

b. 切割氧流量。为了完成水下切割,需要向反应区提供足够数量的氧气。氧气流量不足,金属就不能充分燃烧,容易造成粘渣,且切割速度变慢。氧气流量太大,将使金属冷却,容易造成粘渣,甚至造成金属预热不够,而使切割中断。

随着氧流量的增加,切割速度逐渐增大。对于获得质量良好的切割,随着氧流量的增加,切割速度逐渐增大,但超过某个界限值(F 点),气割速度反而降低。因此,对某一钢板厚度存在一个最佳氧流量值,此时不但切割速度最高,而且切割面质量最好。

c. 切割氧压力。随着切割氧压力的提高,切割氧流量相应增加,清除粘渣的能力增强,因此能够切割的厚度随之增大。但压力增大到一定值,可切割厚度也达到最大值,再增大压力,可切割的厚度反而减小。用普通割嘴气割时,在压力较低的情况下,随着压力增加,切割速度提高;但当压力超过 0.3 MPa 以后,切割速度反而下降。用扩散形割嘴气割时,如果切割氧压力符合割嘴的设计压力,则压力增大时,由于切割氧流的流速和动量也增大,所以切割速度比普通割嘴也有所增加。

d. 切割氧流(风线)形状。为了使切口宽度沿厚度方向上下一致,获得良好的切割质量,要求切割氧流在尽可能长的范围内保持圆柱形状,边界线清晰,且挺直有力。如果风线粗、边界线混浊,则不仅切割速度降低,而且切割面质量恶化,切口下缘沾染熔渣。

e. 切割倾角。随着切割倾角的增大,切割速度加快,当切割倾角达到某一极限角度时,切割速度达到最大值,如继续增大切割倾角,则切割速度反而下降。割嘴种类和被切割钢板厚度均影响切割速度达到最大值时的切割倾角。

f. 预热火焰功率。若火焰过强,可能出现切口上边缘熔塌,并有珠粒状熔滴沾染,切割面质量变差,切口下边缘粘渣等;若火焰过弱,将减慢切割速度,易发生切割中断、回火、后拖量增大等问题。

g. 钢板初始温度与表面状态。钢板的初始温度高,可以加快切割速度,显著减少气割氧消耗量。

钢板的表面存在较厚的氧化皮、黄锈等脏物时,将使切割速度下降,严重时会使切割中断。

h. 熔渣黏度。熔渣黏度低,流动性好,易于被切割氧吹走,切割速度就能加快。

(2) 水下氧-可燃气体切割参数。气割的工艺参数包括预热火焰功率、割嘴号码、氧气压力、切割速度、割嘴到工件距离以及切割倾角等。

a. 预热火焰功率。预热火焰的作用主要有两个:一是把金属工件加热到金属在氧气中燃烧的温度,即金属的燃点,并始终保持这一温度;二是使钢材表面的氧化皮剥离和熔化,便于切割氧流与金属接触。因此预热火焰功率是影响气割质量的重要工艺参数。

根据氧与乙炔混合比例的不同,氧-乙炔预热火焰可以分为中性焰、碳化焰和氧化焰三种,如图 6-15 所示。

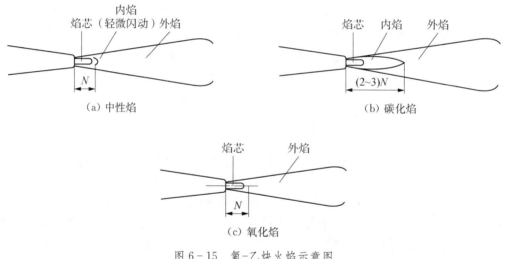

(a) 中性焰　　(b) 碳化焰　　(c) 氧化焰

图 6-15　氧-乙炔火焰示意图

(a) 乙炔与氧的体积比为 1~1.1 时,混合气体完全燃烧时所形成的火焰称为中性焰。它是由焰芯、内焰(微微可见)和外焰组成的,如图 6-16(a)所示。焰芯呈尖锥形,色白而明亮,轮廓清楚;内焰呈杏核形,蓝白色,并带深蓝色线条,微微闪动,内焰紧靠焰芯末端;外焰外侧为蓝白色,向内逐渐变为淡紫色或橙黄色。焰芯的温度并不是很高,约 950 ℃,内焰的温度最高,外焰的温度高于焰芯,但低于内焰,为 1 200~2 500 ℃。

(b) 乙炔与氧的体积比小于 1(一般为 0.85~0.95)时,混合气体不完全燃烧时所形成的火焰称为碳化焰。整个火焰长而软,它也是由焰芯、内焰和外焰组成的,如图 6-16(b)所示,这三部分可以明显区分。焰芯呈灰白色,内焰呈淡白色,外焰呈橙黄色。碳化焰的最高温度低于 3 000 ℃。

(c) 乙炔与氧的体积比大于 1(一般为 1.2～1.7)时,混合气体不完全燃烧时所形成的火焰称为氧化焰。整个火焰长度以及焰芯的长度均明显缩短,只能看到焰芯和外焰两部分,如图 6-16(c)所示。焰芯呈蓝白色,外焰呈蓝紫色,火焰挺直。氧化焰的最高温度高于中性焰。

因碳化焰长而软,易于使切口边缘增碳,因此气割时预热火焰应选用中性焰或轻微的氧化焰。预热火焰的功率应根据工件厚度、割嘴种类和质量要求选用。预热火焰的功率要随着板厚增大而加大,割件越厚,预热火焰功率越大。氧-乙炔预热火焰的功率与板厚的关系如表 6-2 所示。

表 6-2　氧-乙炔预热火焰的功率与板厚的关系

板厚/mm	6～25	25～50	50～100	100～200	200～300
乙炔消耗量/(L/min)	6.7～9.2	9.2～12.5	12.5～16.7	16.7～20	20～21.7

使用扩散形割嘴和氧帘割嘴切割厚度 20 mm 以下的钢板时,火焰功率应选大一些,以加速切口前缘加热到燃点,获得较高的切割速度。

切割碳含量较高或合金元素含量较多的钢材时,预热火焰的功率要选择大一些。

用单割嘴切割坡口时,因熔渣被吹向切口外侧,为补充热量,要加大火焰的功率。气体火焰切割的预热时间应根据被割件厚度而定。

液化石油气或者天然气较乙炔热值低,火焰温度低,预热时间长,宜将火焰调节成氧化焰,待开始切割后再恢复到中性焰,这样可以缩短预热时间,提高切割效率。

b. 割嘴号码。割嘴号码需要根据被割工件的厚度选择,可根据割嘴制造厂的说明书选用。合理地选择割嘴号码,可以获得最快的切割速度和最好的切割质量。

c. 切割氧压力。切割氧的压力不能过低,也不能过高。若切割氧压力过高,则切口过宽,切割速度降低,不仅浪费氧气,使切口表面粗糙,而且还对被割件有强烈的冷却作用;若切割氧压力过低,会减慢气割过程中的氧化反应,吹不掉切割过程中形成的熔渣,在割缝背面形成难以清除的熔渣黏结物,甚至不能将工件割穿。切割氧气压力可根据厚度来选择。

氧气的纯度对选择气割氧气的压力也有一定的影响,氧气纯度增加,切割氧的压力可以适当降低。

在实际切割工作中,最佳切割氧压力可用试放风线的办法来确定。对所采用的割嘴,当风线最清晰且长度最长时,这时的切割氧压力即为合适值,可获得最佳的切割效果。

d. 切割速度。切割速度与工件厚度、割嘴形式有关,一般随工件厚度增大而减慢。切割速度必须与切口内金属的氧化速度相适应。切割速度太慢会使切口上缘熔化,太快则后拖量过大,甚至割不透,造成切割中断。合理的切割速度应使后拖量比较小。在实际切割操作时,切割速度可根据熔渣火花在切口中落下的方向来掌握,当火花呈垂直或稍偏向前方排出时,即为正常速度。在直线切割时,可采用火花稍偏向后方排出的较快速度。图 6-16 是气割速度对后拖量的影响。合适的气割速度可以保证气割质量,降低氧气的消耗量。

e. 割嘴到工件表面的距离。割嘴到工件表面的距离根据工件厚度及预热火焰长度来确定。割嘴高度过低会使切口上缘发生熔塌及增碳,飞溅时易堵塞割嘴,甚至引起回火。割嘴高度太高,一是热损失增加,预热火焰对切口前缘的加热作用减弱,预热时间加长;二是切割氧流因扩展变粗,动能下降,冲击力降低,排渣能力降低,影响切割质量;三是割嘴高度太高,切割氧在进入切口之前经历的距离较大,周围空气等对切割氧的稀释作用增加,导致进入切口的氧纯度也降低,造成后拖量和切口宽度增大,在切割薄板场合还会使切割速度降低。

通常火焰焰芯离开工件表面的距离应保持在 3~5 mm 的范围内,这样,加热条件最好,而且渗碳的可能性也最小。如果焰芯触及工件表面,不仅会引起切口上缘熔化,还会使切口上缘渗碳的可能性增加。

f. 切割倾角。割嘴与割件间的切割倾角直接影响气割速度和后拖量,所以只能在直线气割时被采用,不能用于曲线的气割,也就是说手工曲线切割时,割嘴应垂直于工件。切割倾角的大小主要根据工件厚度而定,工件厚度在 30 mm 以下时,可采用 20°~30°的后倾角,工件厚度小于 18 mm 时,后倾角可增大到 40°;工件厚度大于 30 mm 时,起割时采用 5°~10°前倾角,割透后割嘴垂直于工件,结束时采用 5°~10°的后倾角。割嘴的切割倾角如图 6-17 所示。

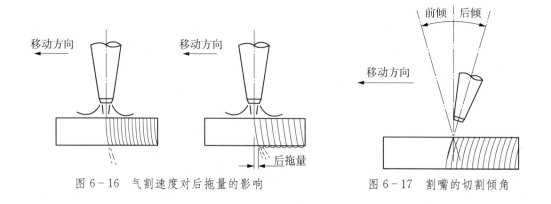

图 6-16　气割速度对后拖量的影响　　　　图 6-17　割嘴的切割倾角

6.3.4　水下氧-可燃气体切割应用实例

在水下氧-可燃气体切割应用中,由于乙炔气压力超过 1.5 atm,在高温条件下就易发生爆炸,所以,虽然乙炔火焰虽有温度高达 3 100 ℃的优点,但在水下切割中仍不能广泛应用。

氢气对压力增高的影响不敏感。用氢-氧切割法切割金属时,割缝(或称切口)整齐,但难以操作,同时储气瓶用得较多,运输不便,所以氢-氧水下切割法,采用者较少。

汽油-氧切割法用于水下切割金属的速度比氢-氧切割法快得多,且可切割较厚的金属(不小于 100 mm),但操作困难,劳动强度大,且在闭塞的或流水不畅通的水域内,当汽油用得过多时,未燃的汽油上升至水面,漂浮在施工现场周围,影响环境。

燃料-氧切割法只适用于切割普通低碳钢和低合金钢;不锈钢和生铁则难以切割,

因为它们不易被氧化。对于非铁金属（如铜、紫铜或铝）只能通过熔化来切割。这种切割法的操作技术比电-氧切割要求高，而切割速度比电-氧切割低，且受水深的影响也较大。

燃料-氧切割法适用于切割钢缆和锚链，因为它无电气方面的危险；又由于它具有熔化混凝土、玄武岩及其他非金属材料的能力，因此，可用于水下切割钢筋混凝土的构件。

6.4 其他水下切割技术

6.4.1 熔化极水喷射水下切割

（1）熔化极水喷射水下切割技术原理。熔化极水喷射水下切割是利用高压水流将被电弧熔化了的电极和工件熔化金属吹掉而形成切口的切割方法，其原理如图 6-18 所示。熔化极水喷射水下切割法属熔化切割，可切割所有金属，而且不仅可进行半自动切割，也可进行自动切割。

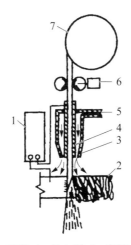

1—切割电源；2—工件；3—喷嘴；4—导电嘴；5—高压水；6—送丝机；7—割丝盘。

图 6-18 熔化极水喷射水下切割原理示意图

（2）熔化极水喷射水下切割设备。

熔化极水喷射水下切割法的配套设备由切割电源、电缆（组合电缆盘及接地电缆盘）、水下送丝箱、供高压水系统及割枪等部分组成。熔化极水喷射水下切割主要采用半自动方式。国内已有专用切割设备供应。

熔化极水喷射水下切割的电源与陆用熔化极气体保护电弧焊电源基本相同，为自然平特性的弧焊整流器，只是功率较大，额定输出电流一般为 $500\sim1500$ A。

水下送丝箱与 LD-CO$_2$ 焊接用水下送丝箱相似。水下切割时，要随潜水焊工带到工作地点。

高压水可从陆上通过长输管线提供给切割炬。亦可将高压水泵放置到水下工作地点附近,通过短管直接提供给切割炬,这样效果较好。

可用普通焊丝做切割丝(电极)。为降低切割成本,亦可用普通镀锌铁丝,可用规格为 1.6～4.0 mm。作为切割电极的切割丝是连续供给的,从而提高了生产效率。表 6-3 列出 GSS-800 型熔化极水喷射水下切割设备的主要技术参数。

表 6-3   GSS-800 型熔化极水喷射水下切割设备的主要技术参数

输入电源	3 相电压/V	380
	频率/Hz	50
	额定输入电流/A	100
	额定输入容量/kW	65
切割电源	电源特性	直流,自然平特性
	最大切割电流/A	800
	额定负载持续率/%	60
	空载电压调节范围/V	50～70
割炬及送丝箱	割丝直径/mm	2.5
	送丝速度/(m/min)	4～9
	送丝软管长度/m	4
	割丝盘装丝量/kg	约 15
	供气压力/MPa	0.8
高压水泵	电动机功率/kW	3
	工作水压/MPa	0.6～1.0
外形尺寸(长×宽×高)/mm	主机	2 120×1 120×1 615
	组合电缆盘	1 552×1 620×1 805
	接地电缆盘	1 452×1 370×1 655
	送丝箱	600×360×660
质量/kg	主机	1 300
	组合电缆盘	1 000
	接地电缆盘	8 000
	送丝箱	50

这种切割设备能在水深 60 m 处对厚度为 10～28 mm 的碳素钢、不锈钢、铜、铝等金属进行半自动切割,特别适用于水下打捞、海底采矿及海底石油输送管道铺设等工程的水下金属切割。采用直径 2.5 mm 的割丝切割,切口宽度为 4～5 mm。

(3) 熔化极水喷射水下切割材料。现用的熔化极喷射水下切割法采用的割丝有实芯割丝和药芯割丝。

实芯割丝采用二氧化碳气体保护电弧焊用的焊丝或铝丝,常用的直径为 2.4 mm。

采用二氧化碳气体保护电弧焊焊丝做割丝切割时,有以下特点:

a. 水深对所能切割的厚度及切割厚度的影响不大。

b. 随着电弧电压增高,切口变宽,甚至下部扩展成喇叭形。若水深每增加 100 m,电弧电压增大 5~10 V,则能获得与在浅水中切割时同样的切口形状。

c. 喷射水的压力应随水深的增加而增大,适宜的水压相当于水深的静水压力再加 0.5 MPa(切割低碳素钢)或 0.35 MPa(切割铝)。

d. 铝比低碳钢容易切割。因为铝的熔点低,很少发生电弧短路,所以在同样板厚和相同的切割电流条件下,切割铝的速度要比低碳素钢快 50%。

e. 切割低碳素钢时,切口下缘粘渣较多;切割铝时粘渣较少且可以用钢丝刷除去,这是由于在切割过程中生成了脆性的铁铝合金。

采用铝丝做割丝切割低碳素钢时,切口下缘不粘渣,切口面光洁。但为了获得与用二氧化碳气体保护电弧焊焊丝切割时相同的切割电流,送丝速度应加快,这往往会超出标准型 MIG 焊送丝速度的范围。

药芯割丝采用低碳素钢 MIG 焊接所用的药芯焊丝,常用直径为 2.4 mm。熔化极水喷射水下切割采用药芯割丝既可切割碳素钢,也可切割不锈钢及铝。

6.4.2　水下等离子弧切割

水下等离子弧切割是利用高温高速等离子气流加热熔化待切割材料,并借助高速气流或水流把熔化材料排除形成切口,直至切断该材料。由于等离子弧难以在电极和工件之间形成,必须利用高频或直接接触方式首先在铸极和喷嘴之间引燃引导电弧(亦称小弧),然后再转移过渡到铸极和工件之间。目前用于水下金属材料切割的等离子弧切割枪,都是转移弧形式的。

(1) 水下等离子弧切割电源。水下等离子弧切割用电源与陆上等离子切割电源大体上相似,只是空载电压需要高些,功率要求大些。

为适应水下等离子弧切割的特殊要求,水下等离子弧切割电源采用可控硅晶体管开关及整流器。用水冷却,具有陡降的外特性,在弧长(电弧电压)变化时能保证切割参数及电弧稳定;而且从"小弧"过渡到切割电弧时能按照自然间断特性平稳地达到给定的电流值,而不产生冲击电流。该电源在控制电路中考虑到能把空载电压降低到 110 V 并获得手工电弧焊所需的外特性曲线,使之也可用于水下手工焊接。表 6-4 列出了典型水下等离子弧切割电源的主要技术参数。

表 6-4　典型水下等离子弧切割电源的主要技术参数

额定负载持续率 60%,切割周期 10 min 时切割电流/A	300~600
空载电压/V	180
切割电流为 600 A 时最大工作电压/V	140
"小弧"电流/A	50
"小弧"电源空载电压/V	180

（2）水下等离子弧切割割炬。水下等离子弧切割与陆上用的割炬不同之处如下：

a. 在喷嘴外面增设了一个外罩，其间通以冷却水或气体，形成水帘（或气帘），阻止水进入电弧区，使电弧能稳定燃烧，同时也防止了因海水的电解而影响正常切割。

b. 各连接部分具有良好的水密性。

c. 具有耐高压的绝缘性。

PM 型水下等离子弧切割割炬结构如图 6-19 所示。用于在海水中切割的 PM 型割炬外形尺寸为 $150\,mm\times350\,mm\times35\,mm$，质量为 $2.5\,kg$。另有一种 KB 型割炬，用于在淡水中切割，外形尺寸为 $160\,mm\times370\,mm\times40\,mm$，质量为 $2.5\,kg$。

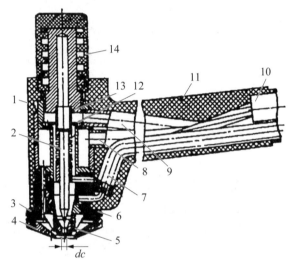

1—枪体；2—电极；3—隔热套；4—外喷嘴；5—镶套；6—内喷嘴；7—导线；
8—导电管；9—气管；10—水管；11—手柄；12—支承环；13—夹紧套；14—密封帽。

图 6-19 PM 型水下等离子弧切割炬示意图

为确保各连接部位的水密性，常采用糊状有机硅黏结剂。这种材料在室温下就发生硫化，然后变成橡胶状物质，具有防潮隔热及良好的绝缘性能，能在较大温度范围（$-55\sim300\,℃$）内保持良好的密封性能。

为防止因空气进入工作气体通道在引弧时烧坏电极，在进气管连接处需安装逆向阀，借助工作气体的压力开启阀门，逐出暂存的空气。

对于 PM 型割炬，当电源的空载电压为 $180\,V$ 时，在海水中对其进行了漏电测试，最高的漏电电压为 $10\,V$，在盐的质量分数为 $1.7\%\sim2.0\%$ 的海水中使用是安全可靠的。这两种割炬的喷嘴既可用淡水也可用压缩空气进行强制冷却，可在水深 $52\,m$ 以内进行碳素钢、不锈钢及铝合金的水下切割。

（3）水下等离子弧切割材料。可用作等离子气的气体主要有氮气、氩气和氢气的混合气体、氧气、压缩空气。用于形成屏蔽的保护气体有二氧化碳、氩气、氮气和压缩空气。使用不同的离子气，相应的电极材料也不同。一般情况下，等离子气为氮气、氩气和氢气的混合气体时，应选用钨电极；等离子气为氧气或压缩空气时，应选用铬电极。由于水下切割时需要的电流较大,为增加电极的使用寿命,应采用水冷电极。

用氮气作为等离子气体时,虽然切割速度及质量都较高,但是损耗较快,操作人员也需要较高的技能,尤其在水深大于 40 m 处切割时,喷嘴也容易损坏。所以在深水中切割时宜选用氩气作为等离子气体,在浅水中切割时宜选用氩气和氢气的混合气体作为等离子气体。

(4)水下等离子弧切割速度。由于水下等离子弧受到水的冷却和压缩,比陆上等离子切割电弧稳定性差。为确保水下引弧顺利,切割过程稳定,需要较高的电弧电压和较大的切割电流。经验表明,切割相同厚度的金属材料,水下切割,比陆上切割时电弧电压提高 20%~50%,切割电流增加 1 倍以上。表 6-5 列出了几例核设施解体时遥控水下等离子弧切割参数。

表 6-5 遥控水下等离子弧切割参数

国家	材质	板厚/mm	水深/m	电弧电压/V	切割电流/A	切割速度/(mm/min)
意大利	碳素钢	76	1~7	210	982	250
美国	不锈钢	51~64	—	180	450~860	180~200
中国	不锈钢	80~100	1~8	230~250	705~960	70~103
中国	碳素钢	40	1~4	170~200	400~500	200~300

由于水下等离子切割速度、切口质量不亚于陆上等离子弧切割,而且噪声、弧光、烟雾及金属粉尘等对环境的污染比陆上等离子弧切割要小得多。因此,水面下(水深 100~200 m)等离子弧切割已被制造业广泛应用。

手工水下等离子弧切割技术尚未广泛应用。国外早在 20 世纪 70 年代已研制成功水下手工等离子切割专用割炬,试验水深为 10 m。潜水焊工在水下手工操作切割 6.35 mm 厚的不锈钢,切割速度达 1 800 mm/min;切割 12 mm 厚的板,切割速度达 840 mm/min。

思考题

6.1 水下电-氧切割技术的基本原理是什么?

6.2 水下割条的种类主要分为哪几种?

6.3 水下切割作业前的准备工作主要包括哪些?

6.4 悬空位置的水下切割操作技术要领是什么?

第7章 水下焊接与切割安全作业技术

水下焊接与切割是一项技术性较高、环境复杂恶劣、危险性极大的潜水作业,稍有疏忽大意,就可能造成事故,甚至危及生命。所以,潜水焊工或潜水焊工在进行水下焊接与切割作业时,除严格遵守《潜水及水下作业通用规则》,以及相关国家标准和技术规范外,还必须掌握水下焊接与切割中的安全作业知识,严格遵守水下焊接与切割中的安全规定,确保施工作业安全。

7.1 水下用电安全知识

7.1.1 电流对人体的伤害形式

电流对人体的伤害有电击伤、电灼伤和电磁场生理伤害三种形式。

(1)电击伤 电击伤是由于电流通过人体而造成的内部器官在生理上的反应和病变,如刺痛、灼热感痉挛、麻痹、昏迷、心室颤动或停跳、呼吸困难或停止等现象。电流对人体造成的死亡绝大部分是电击伤所致。

(2)电灼伤 电灼伤(电伤)是电流对人体造成的外伤,如接触灼伤、电弧灼伤、电烙伤等。

a. 接触灼伤是发生在高压触电事故时,电流通过人体皮肤的进出口处所造成的灼伤,一般进口处比出口处的灼伤更严重。接触灼伤面积虽较小,但深度可达三度。灼伤处皮肤呈黄褐色,可波及皮下组织、肌肉、神经和血管,甚至使骨骼碳化,由于伤及人体组织深层,因此伤口难以愈合,有的甚至需要几年才能结痂。

b. 电弧灼伤发生在错误操作或人体过分接近高压带电体而产生电弧放电,这时高温电弧如同火焰一样将皮肤烧伤,被烧伤的皮肤将发红、起泡、烧焦、坏死,电弧还会使眼睛受到严重伤害。

c. 电烙伤发生在人体与带电体有接触的情况下,在皮肤表面将留下与被接触带电体形状相似的肿块痕迹。有时在触电后并不立即出现,而是相隔一段时间后才出现,电烙伤一般不发炎或化脓,但往往造成局部麻木和失去知觉。

(3)电磁场生理伤害 电磁场生理伤害是指在高频电磁场的作用下,器官组织及其功能将受到损伤,主要表现为神经系统功能失调,如头晕、头痛、失眠、健忘、多汗、心悸、厌食等症状,有些人还会有脱发、颤抖、弱视等异常症状;其次是出现较明显的心血管症状,如心律失常、血压变化、心区疼痛等。如果伤害严重,还可能在短时间内失去知觉。

电磁场对人体的伤害作用是功能性的,并具有滞后性特点,即伤害是逐渐积累的,脱离接触后症状会逐渐消失。但在高强度电磁场作用下长期工作,一些症状可能持续成痼疾,甚至遗传给后代。

7.1.2　影响电流对人体伤害的因素

触电时,电流对人体的伤害程度与通过人体的电流强度、电流通电持续时间、电压、电流种类、人体电阻、电流通过人体的途径、人体健康状况等多种因素有关。

(1) 电流强度　通过人体的电流越大,人体生理反应就越明显,感觉也越强烈,从而引起心室颤动所需的时间越短,致命的危险性就越大。

按不同电流通过人体时的生理反应,可将触电电流分为以下三种:

a. 感觉电流:使人体有感觉的最小电流称为感觉电流。

实验表明,平均感觉电流,成年男性为 1.1 mA(工频),成年女性约为 0.7 mA(工频)。感觉电流一般不会对人体造成伤害,当电流增大时,感觉增强,反应变大,可能导致坠落等二次事故。

由于感觉电流在 1 mA 左右,所以建议小型携带式电气设备的最大泄漏电流为 0.5 mA,重型移动式电气设备的最大泄漏电流为 0.7 mA。

b. 摆脱电流:人体能自主摆脱的最大电流称为摆脱电流。

对不同的人摆脱电流不同,一般成年男性平均摆脱电流为 16 mA(工频),成年女性为 10.5 mA(工频)。

c. 致命电流:在较短时间内,危及人体生命的最小电流,即引起心室颤动或窒息的最小电流,称为致命电流。

一般情况下,通过人体的电流超过 50 mA 时,使人呼吸麻痹,心脏开始颤动,发生昏迷,并出现致命的电灼伤。当工频 100 mA 的电流通过人体时,可使人致命。

心室颤动的程度与通过电流的强度有关,不同电流强度对人体的影响如表 7-1 所示。

表 7-1　电流强度对人体的影响

电流强度/mA	对人体的影响	
	交流电/50Hz	直流电
0.6~1.5	开始有感觉,手指麻刺	无感觉
2~3	手指强烈麻刺,颤抖	无感觉
5~7	手部痉挛	热感
8~10	手部剧痛,勉强可以摆脱电源	热感增多
20~25	手部迅速麻痹,不能自主,呼吸困难	手部轻微痉挛
50~80	呼吸麻痹,心室开始颤动	手部痉挛,呼吸困难
90~100	呼吸麻痹,心室经 2 s 颤动即发生麻痹,心脏停止跳动	呼吸麻痹

(2) 电流通电持续时间　电流对人体的伤害与电流作用于人体时间的长短有着密切

关系。触电致死的生理现象是心室颤动,电流通过人体的持续时间越长,越容易引起心室颤动,触电的后果也越严重。

人的心脏每收缩扩张一次,中间约有 0.1 s 的间隙,在这 0.1 s 过程中,心脏对电流最敏感通电时间一长,重合这段时间间隙的可能性就越大,即使电流很小也会引起心脏颤动。另外,电流通过人体时间越长,由于人体出汗发热,电流对人体组织的电解作用,使人体电阻逐渐降低,在电压一定的情况下,会使电流增大,对人体组织破坏更厉害,后果更加严重。

(3)电压 当人体电阻一定时,作用于人体的电压越高,通过人体的电流就越大。随着作用于人体的电压升高,人体电阻急剧下降,致命电流迅速增加,对人体伤害更为严重。当 220~1 000 V 工频电压作用于人体时,通过人体的电流可同时影响心脏和呼吸中枢,引起呼吸中枢麻痹,使呼吸和心脏跳动停止。更高的电压还可能引起心肌纤维透明性变,甚至引起心肌纤维断裂和凝固性变。因此,电压越高,对人体生命的威胁越大。

(4)电流种类 人体对不同频率电流的生理敏感性是不同的,因而不同种类的电流对人体的伤害程度也有区别。常用的 50~60 Hz 工频交流电对人体的伤害最为严重;直流电对人体的伤害程度比交流电轻,高频电流对人体的伤害程度也不及工频交流电严重。但电压过高的高频电流对人体依然是十分危险的。

(5)人体电阻 人体触电时,通过人体的电流大小与人体电阻的大小有关(当接触电压一定时)。人体的电阻越小,流过人体的电流越大,伤害程度也越大。

人体电阻不是固定不变的,它的数值随着接触电压的升高而下降,并且与皮肤状态有关。

人体电阻主要包括人体内部电阻和皮肤电阻。人体内部电阻是固定不变的,与接触电压和外界条件无关;皮肤电阻(一般指手和脚的表面电阻)则随皮肤表面干湿程度及接触电压而变化。

影响人体电阻的因素较多,除皮肤厚薄有影响外,潮湿、多汗、表面伤痕或有导电的粉尘等,都会降低电阻。另外,接触面积增大、压力增大也会降低人体电阻。不同条件下人体电阻值的变化情况如表 7-2 所示。

表 7-2 不同条件下的人体电阻值

接触电压/V	人体电阻/Ω			
	皮肤干燥	皮肤潮湿	皮肤湿润	皮肤浸入水中
10	7 000	3 500	1 200	600
25	5 000	2 500	1 000	500
50	4 000	2 000	875	440
100	3 000	1 500	770	375
250	1 500	1 000	650	325

7.1.3 水下防止触电措施

发生危害电击时,通常具备三个条件:首先,电路中的电流必须在直流 40 mA 或交流

10 mA 以上,时间大于 20 s;其次,电气系统中必定存在故障;再者,受击者必定暴露在故障中。

要避免这种危险情况的最好办法是将人与任何潜在的故障电路隔绝,最普通的方法是使用接地故障断路器(GFI)。除此之外,还应注意如下事项:

（1）水下焊接与切割电流应使用直流电,禁止使用交流电。

（2）与潜水焊工直接接触的控制电器必须使用隔离变压器,并有过载保护。使用电压,工频交流时不得超过 12 V,直流时不得超过 36 V。

（3）要定期检查水下所用设备、焊钳及电缆等的绝缘性能及防水性能。

（4）潜水焊工进行操作时,必须穿戴专用的防护服及专用手套。

（5）开始操作前或在操作过程中需更换焊条或剪断焊丝时,必须通知陆上人员断开电路。

（6）在引弧、续弧过程中,应避免双手接触工件、地线及焊条(或割条)。

（7）注意接地线位置,不要使自己处于工作点和地线之间,如图 7-1 所示。否则,不仅容易发生触电事故,而且容易使潜水装具上的金属部件腐蚀,减少使用寿命,进而导致损坏而出现事故。

（8）在带电结构(有外加电流保护的结构)上进行水下焊接与切割操作时,应先切断结构上的电流,然后进行水下作业。

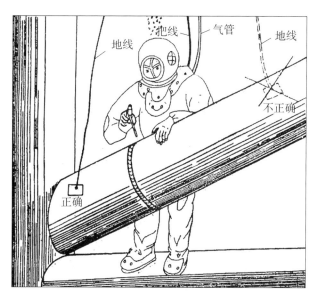

图 7-1 水下焊接与切割时地线位置示意图

7.1.4 触电的现场急救

触电的现场急救是整个触电急救工作的关键。当一定电流或电能量(静电)通过人体引起机体损伤、功能障碍甚至死亡,称为电击,俗称触电。轻度电击者可出现短暂的面色苍白、呆滞、对周围失去反应,自觉精神紧张,四肢软弱,全身无力。严重者可出现昏迷、心室纤颤、瞳孔放大、呼吸心跳停止而立即处于"临床死亡"状态。此时,如处理不当,则后果会极其严重。因此,必须在现场开展心肺复苏工作,以挽救生命。有报道指出,在 4 min

内进行复苏初期处理,在 8 min 内得到复苏二期处理者,其复苏成功率最大为 43％;而在 8～16 min 内得到二期复苏处理者,其复苏成功率仅为 10％;要是在 8 min 以后才得到复苏初期处理,则其复苏成功率几乎为 0。因此,一旦发生触电事故,必须在 4 min 内进行复苏初期处理,而在 8 min 内进行复苏二期处理;否则,生命极有可能无法挽救。

复苏初期处理的任务是迅速识别触电者当前状况,用人工方法维持触电者的血液循环和呼吸。

发生触电事故时,现场处理的第一步是使触电者迅速脱离电源,第二步是在实施现场心肺复苏术的同时,立即向当地急救医疗部门求救(拨打"120"急救电话)。

(1) 迅速脱离电源　发生触电事故后,要尽快使触电者脱离电源,这是对触电者进行急救最为重要的第一步。使触电者脱离电源一般有以下几种方法:

a. 切断事故发生场所电源开关或拔下电源插头。但切断单极开关不能作为切断电源的可靠措施,即必须做到彻底断电。

b. 当电源开关离触电事故现场较远时,用绝缘工具切断电源线路,但必须切断电源侧线路。

c. 用绝缘物移去落在触电者身上的带电导线。若触电者的衣服是干燥的,救护者可用具有一定绝缘性能的随身物品(如干燥的衣服、围巾)严格包裹手掌,然后去拉拽触电者的衣服,使其脱离电源。

上述方法仅适用于 220/380 V 低压线路触电者。对于高压触电事故,应及时通知供电部门,采取相应的急救措施,以免事故扩大。解脱电源时需注意以下几点:

a. 如果在架空线上或高空作业时触电,一旦断开电源,触电者因脱离电源肌肉会突然放松,有可能会引起高处坠落造成严重外伤。故必须辅以相应措施防止发生二次事故而造成更严重的后果。

b. 解脱电源时动作要迅速,耗时多会影响整个抢救工作。

c. 脱离电源时除注意自身安全外,还需防止误伤他人,扩大事故。

(2) 现场心肺复苏　触电者脱离电源后,应迅速在现场抢救。现场的心肺复苏是用人工的方法来维持人体内的血液循环和肺内的气体交换。通常采用人工呼吸法和体外心脏按压来达到复苏目的。

a. 呼吸停止的急救。如果触电者呼吸停止,应立即采取口对口人工呼吸法施救。人工呼吸的目的是用人工的方法替代肺的自主呼吸活动,使空气有节律地进入和排出肺脏,以供给体内足够的氧气,充分推出二氧化碳,维持正常的气体交换。口对口人工呼吸法是最简单有效的现场急救方法,其整个动作示意如图 7-2 所示。其操作方法如下:

(a) 触电者保持仰卧位,即头额躯干平直无扭曲,双手放于躯干两侧,仰卧于硬地上。解开衣领,松开紧身衣着,放松裤带,避免影响呼吸时胸廓的自然护张及腹壁的上下运动,如有呕吐物、黏液等,则必须先清除。

(b) 保持开放气道状态,使呼吸道通畅。用按在触电者前额上的手的大拇指和食指捏紧鼻翼使其紧闭,以防气体从鼻孔逸出。

(c) 抢救者做一次深吸气后,用双唇包绕封住触电者的嘴的外部,形成不透气的密闭状态,然后全力吹气,持续 1～1.5 s,此时进气量为 800～1200 mL。进气适当的体征:看到

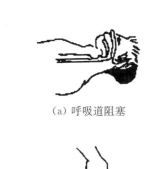

(a) 呼吸道阻塞

(b) 呼吸道畅通

(c) 清理口腔防阻塞

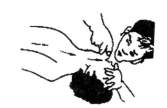

(d) 头部仰起,鼻孔朝天,呼吸道通畅   (e) 贴嘴吹气胸扩张   (f) 放开鼻孔好换气

图 7-2 口对口人工呼吸法的动作示意图

胸部或腹部隆起。若进气量过大或吹入气流过速反而可使气体进入胃内引起胃膨胀。

(d) 吹气完毕后,抢救者头稍侧转,再做深吸气,吸入新鲜空气。在头转动时,应立即放松捏紧鼻翼的手指,让气体从触电者肺部经鼻、嘴排出体外。此时,应注意腹部复原情况,倾听呼气声,观察有无呼吸道梗阻。

(e) 反复进行(c)(d)两步骤,频度掌握在每分钟 12~16 次。

b. 心跳停止的急救。心脏停止跳动的触电者必须立即进行体外心脏按压,以争取生存的机会。体外心脏按压法是指有节律地按压胸骨下半部,用人工的方法代替心脏的自然收缩,从而达到维持血液循环的目的。心脏按压位置如图 7-3 所示。

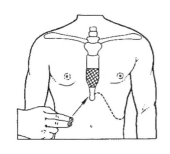 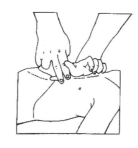 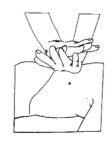

图 7-3 心脏按压位置

体外心脏按压操作步骤如下:

(a) 因为按压时用力较大,触电者必须仰卧于硬板或地上。另外,即使是最佳的操作,到达脑组织的血流也大为减少,如果头部比心脏位置稍高,将导致脑部血流量明显减少。

(b) 抢救者位于触电者一侧的肩部,按压手掌的掌根应放置于按压的正确压区。图 7-3 所示即为压区位置。

(c) 抢救者两手掌相叠,两手手指抬起,使手指脱离胸壁,两肘关节伸直,双肩位于双手的正上方。然后依靠上半身的体重和臂部、肩部肌肉的力量,垂直于触电者脊柱方向按压。

(d) 对正常身材的成年人,按压时,胸骨应下陷 4～5 cm,即充分压迫心脏,使心脏血液搏出。

(e) 停止按压,使胸部恢复正常形态,心脏内形成负压,让血液回流心脏。停止用力时,双手不能离开胸壁,以保持下一次按压时的正确位置。

(f) 每分钟需按压 80～100 次。

c. 双人操作复苏术。双人操作复苏术是由两名抢救者相互配合,进行口对口人工呼吸和体外心脏按压。操作时,一人位于触电者头旁保持气道开放,进行口对口人工呼吸,测试颈动脉有否搏动以判断体外心脏按压是否有效,在抢救一段时间后,判断触电者是否恢复自主呼吸和心跳。另一位抢救者位于触电者一侧进行体外心脏按压(即开放气道后,口对口吹气 1 次,再进行体外心脏按压 5 次,反复进行)。

d. 单人操作复苏术。当触电者心跳、呼吸均停止时,现场仅有一名抢救者,此时需同时进行口对口人工呼吸和体外心脏按压。其操作步骤如下:

(a) 开放气道后,连续吹气 2 次。

(b) 立即进行体外心脏按压 15 次(频率为 80～100 次/分)。

(c) 以后,每做 15 次心脏按压后,就连续吹气 2 次,反复交替进行。同时每隔 5 min 应检查一次心肺复苏效果,每次检查时,心肺复苏术不能中断 5 s 以上。单人心肺复苏术易学、易记,能有效地维持血液循环和气体交换,因此现场作业人员均应学会单人心肺复苏术。

7.2 水下焊接与切割操作中的安全防护

7.2.1 水下焊接与切割作业事故原因

(1) 水下环境使得焊接与切割过程要比陆上作业复杂得多,除焊接与切割技术本身外,还涉及潜水作业等诸多因素。而对焊接与切割过程有直接影响的有如下问题。

a. 能见度差(水对光线的吸收、反射、折射等作用),妨碍潜水焊接技术的正常发挥。

b. 水对焊缝的急冷效应,容易出现高硬度的淬硬组织。

c. 水下焊缝含氢含量一般都较高,很容易引起氢脆或白点、脆断斑点及冷裂纹等。

(2) 水下焊接与切割作业可能发生事故的原因如下:

a. 爆炸　由于被焊割构件存在有化学危险品、弹药等,或焊割未经安全处理的可燃易燃物的容器、管道,或切割过程中形成爆炸性混合气,引起的爆炸事故。

b. 灼烫　炽热金属熔滴或回火造成的烧伤,以及由于烧坏供气管、潜水服等潜水装具导致潜水病或窒息。

c. 电击　由于绝缘损坏漏电或直接触及电极等带电体引起的触电或因触电痉挛引起的溺水二次事故。

d. 物体打击　水下结构物件的倒塌坠落发生挤伤、压伤、碰伤和砸伤等机械性伤亡事故。

e. 其他　如作业环境的不安全因素如风浪等引起的溺水事故等。

7.2.2　水下焊接与切割作业注意事项

（1）水下焊接作业注意事项。水下电弧焊接的安全问题是非常重要的，若是疏忽大意或对这方面缺乏必要的措施，就可能发生伤亡事故，并且水下电焊较之陆地更为复杂。潜水焊工除了遵守一般潜水规则外，还必须遵守水下焊接安全规定。

水下焊接地区的周围，由于发生电离现象的缘故（特别在海水中）形成一个电场，位于船体附近的全部金属物体同样位于正极之下，潜水焊工工作时也同样在电场中，因此潜水焊工所穿的衣服及头盔必须有良好的绝缘，否则将会逐渐被腐蚀。绝缘物可用橡胶或涂有防潮性和绝缘性的油漆。在水中工作条件下，电压的安全限度不得超过 12 V，更高的电压可能发生危险。

所有导电部分必须加以周密的绝缘，夏天穿单衣时，潜水焊工应戴绝缘手套，水下电焊电路中最易触电的部分是电极夹钳和水中的电线。

故水下用的电焊把应采用绝缘材料制成，水中电线应在外层套有胶管，必须绝缘良好。如焊把未有良好的绝缘或是焊条不慎触及头盔，就容易烧穿触电，可能造成事故。

电弧引燃时，电压一般不得超过 35～40 V，更换焊条时，电压可能达到 70 V，所以潜水焊工在更换焊条时就有触电的危险，为了避免这种危险，在更换焊条时必须切断焊接电路。

为了安全和在很快的时间内切断焊接电路，常常在电路中串联一个自动开关。目前这种开关应用极广，灵敏度也很高，用自动开关代替人工的开关。如果没有自动开关，就应使用人工开关，此开关由电话员控制，由潜水焊工通知电话员通电、断电。

水下电弧发出刺眼的光亮，使人目眩，另外一部分紫外线来不及被水吸收，水下电焊人员长时间受电弧刺激，使眼膜受伤，也可能发生电光性眼炎。因此水下电焊人员也应有护目镜，但是这种护目镜的色度远比陆地用护目镜的色度要浅得多。所以水下电焊人员对护目镜色度的选择应根据水中透明度来决定。

（2）水下切割作业注意事项。水面支持人员应熟练掌握本职技术和水下切割的规律和特点，重视安全，并督促、支持潜水焊工（切割人员）执行有关水下切割安全操作的规定。切割用的水面设备如氧气瓶、电焊机等都须放在指定地方，使之固定，以防止滚动或坠入水中。

氧气遇油脂会燃烧、爆炸，所以要特别当心，手上沾有油脂或戴着沾有油脂的手套时不得开启氧气瓶阀。氧气和可燃气瓶不得放置在高温处，亦不得暴晒或撞击。严禁火种接近氧气及可燃气体。

所有电器、电缆、电割刀接头都要绝缘，防止漏电。在水下切割作业区进行切割时，不得进行会危及安全的其他作业。所有切割设备和器具都要经常检查。浸过海水的水下设备，用后必须用淡水冲洗，发现损坏或失灵的部件应及时修理或更换。

潜水焊工应高度重视安全，执行有关水下切割安全操作的规定，熟练掌握本职技术，包括水下切割技术。

潜水焊工必须熟悉切割水域的环境,了解当地水文气象等情况,熟悉水下切割设备的性能,了解被切割物体的结构。切割开始前,应清除易爆、易燃物质,排除一切可能危及安全的因素。

水下切割应分层进行,先切割上层,然后逐渐下移。每层切割时,应从最高处开始,然后向下移动,避免切割件、熔渣下坠,伤及潜水焊工或损坏潜水装具等。

在水下切割密闭容器时,应在切割前开好排气洞,不可直接用高温切割法切割密闭容器。

潜水焊工在水下切割时应通过潜水电话,与水面保持联系,把所遇到的异常情况及时报告潜水领导人。

在水下切割区域要进行爆破作业时,应及时通知所有潜水焊工于作业前出水。

7.2.3　水下焊接与切割作业安全措施

潜水焊工应经过专门的训练,不但应有潜水工作的技术,而且还必须有陆地各种焊接工艺的基础,方能掌握水下焊接及切割的技术,必须熟练地掌握这些工作的特点和设备的操作。

水下焊接及切割工作前,必须将工作对象的位置等情况了解清楚,根据掌握的资料,制订工作程序和工作计划,在制订计划时,应考虑潜水焊工的安全与方便工作。切割时应保证物件割断后,跌落不伤害潜水焊工,同时也应考虑被割断物品的吊起方便,并选择最方便、最经济的割断面。

开始工作前,潜水焊工对工作物的性质、工作地点、海底、水流情况都应做详细的调查及采取相应的措施,工作地点的照明非常重要,对工作效率和焊接质量都具有很重要的作用。

1) 准备工作安全措施

(1) 焊割炬(枪、把)在使用前应做绝缘、水密性和工艺性能等方面的检查,应先在水面进行试验。氧气胶管使用前应当用 1.5 倍工作压力的蒸汽或水进行清洗,胶管内外不得沾有油脂。供电电缆必须检验其绝缘性能。热切割的供气胶管和电缆每 0.5 m 间距应捆扎牢固。

(2) 潜水焊工应备有无线通信工具,以便随时与水面上的支持人员取得联系,不允许在没有任何通信联络的情况下进行水下焊割作业。潜水焊工人入水后,在其作业点的水面上半径相当于水深的区域内,禁止进行其他作业。

(3) 水下焊割前应查明作业区的周围环境,熟悉作业水深、水文、气象和被焊割物件的结构形式等情况。应当给潜水焊工一个合适的工作位置,禁止在悬浮状态下进行焊接操作。一般潜水焊工应停留在构件上或事先设置的操作平台上。

(4) 在水下焊割操作开始前,应仔细检查、整理供气胶管、电缆、设备、工具及信号绳等,在任何情况下,都不得使这些装备和潜水焊工自身处于熔渣溅落或流动的路线上。应当移去操作点周围的障碍物,将自身置于有利的安全位置上,然后与水面人员联系并取得同意后方可施工。

（5）当水下作业点所处的水流速度超过 0.3 m/s，或水面风力超过 6 级时，禁止水下作业。

2）预防爆炸安全措施

（1）水下作业前，必须彻底清除被焊/割结构内部的可燃、易爆物质。

（2）水下切割是利用氢或石油气与氧气的燃烧火焰进行的。未完全燃烧的剩余气体逸出水面，如果遇阻碍则会积留在金属结构内，往往形成达到爆炸极限浓度的气穴。因此，潜水焊工开始工作时，最好先从距离水面最近点着手，然后逐渐加大深度，以有利于避免未燃气穴的形成。水面工作人员和水下作业的潜水焊工在任何时候都要注意防止液体和泄露的气体燃料在水面聚集，以防仪器和水面着火。

（3）进行密闭容器、储油罐、油管和储气罐水下焊割工程时，必须预先按照燃料容器焊补的安全要求采取技术措施（包括置换、取样分析化验等）后，方可施焊，禁止在无安全保障的情况下进行这类作业。切割无油密闭容器时应开防爆孔。在任何情况下都严禁使用油管、船体、缆索或海水等作为焊机的回路导线。

3）预防灼伤安全措施

（1）水下焊接与切割作业过程中白炽金属熔滴可溅落相当长距离（约 1 m）。当飞溅落进潜水服的折叠处或软管时，有可能使之烧穿损坏。此外，还可能把操作者裸露的手面烧伤，因此施焊时应有所警惕。

（2）焊炬（枪）的点火器可在水面上点燃带入水下，或者带点火器到水下点火。前一种方法不太安全，其有可能造成操作者被火焰烧伤或烧坏潜水装备。因此，除特殊情况外，一般不采用前一种方法。

（3）潜水焊工在焊割作业时，应避免在自己的头顶上进行焊割作业，以免发生被溅落的金属熔滴灼伤或烧坏潜水装备。

（4）与普通割炬相比，水下割炬火焰能率明显加大，以此弥补切割部位消耗于水介质中的大量热量。焊机的电极端头也具有很高的温度。因而，在水下焊割作业中必须格外小心，避免由于自身活动不稳定而使潜水服及头盔被火焰或炽热的电极烧坏。

（5）水下切割的回火常发生于点燃割炬时，或更换空瓶和潜水焊工"下跌"时，后两种情况都造成了燃烧混合气压与切割炬承受的水柱静压力间失去平衡。即更换空瓶时气体压力短时间下降和潜水焊工带着割炬的"下跌"可能导致水压超过气压，迫使火焰返入割炬而造成回火。回火往往招致气体胶管着火，将夹在腋下或双腿间的软管烧坏，引起潜水服的烧坏。

（6）为了防止回火可能造成的危害，除了在供气总管处安装回火防止器外，还应在割炬与供气管之间安装防爆阀。防爆阀是由逆止阀和火焰消除器组成的。

（7）在潜水切割工作过程中，不得将割炬放在泥地上，以防割嘴渗入泥沙而堵塞。每日工作完成后，都应用淡水冲洗割炬并晾干。

4）预防电击伤安全措施

（1）水下必须使用直流弧焊电源。交流弧焊电源的感知电流、摆脱电流和致命电流均远远小于直流。同时，电流的频率不同，对人体的作用也不同。而工频为 50 Hz 的交流电对人体的威胁更大。

（2）保证带电设备与潜水装具的绝缘良好，避免潜水焊工裸露身体直接受到电击。带电设备由于长时间在水中浸泡，其绝缘层很容易受到破坏，造成漏电危险。

（3）避免身体重要部位直接受到电击。潜水焊工应穿戴好潜水服和绝缘手套，并将潜水装具绝缘处理，尤其是潜水面窗与领盘等部分增大电阻，从而保护潜水焊工。由于人体各部分的电阻并不是均匀的，头部和胸腔等部位的内阻比较小，只有 $100\ \Omega$ 左右，远低于两肢间的电阻 $500\ \Omega$，因此，如果潜水焊工的头部或前胸与后背之间受到电击，将带来致命的后果。

（4）作业过程中潜水焊工如果要更换割条或焊条，或者进行其他的作业时，一定要切断电流。如需继续进行作业，应将焊条放置在待焊位置后再通知接通电源。否则，弧焊电源 80 V 的空载电压将会造成比较大的危险。

（5）在开始焊接与切割前，应将地线牢固地固定在作业点附近、潜水焊工前方的区域，这样可避免电流流经潜水焊工身体，使潜水焊工成为电路的一部分。地线一定要牢固连接，若有困难可采用点焊的方法将地线固定。地线连接不牢是潜水焊工进行水下焊割作业时产生"麻电"的主要原因之一。

（6）潜水焊工手部如果有伤口应避免进行水下焊割作业。人体皮肤的电阻要远远高于从体内的电阻，如果手部有伤口则使人体的整体电阻下降很多。潜水焊工自身应有一个好的状态，这会增加潜水焊工的抵抗力，避免触电。同时，在淡水中作业发生触电的危险比海水中大。

（7）在切割电路中最好使用两闸刀开关，以便同时切割正极和负极的电流。若只有单闸刀开关，则应将其安装在焊钳和割钳一侧。

（8）保证弧焊电源外壳安全接地，整个焊接或切割电路安全、可靠地连接。保证电缆绝缘和防水。闸刀开关应保证导电良好，避免表面氧化，甚至产生"铜绿"。

5）预防物体打击安全措施

（1）水下焊接与切割作业时，应了解被焊割构件有无塌落危险。特别是进行装配点焊时，必须查实点焊牢固且无塌落危险后，方可通知水上松开吊索。而焊接临时吊耳和拉板，应采用与被焊结构相同的材料，并运用相同的工艺确保焊接质量。

（2）在水下切割时，当被割工件或结构要割断时，尤其是水下仰割或反手切割操作时，潜水切割工应给自身留出足够的避让空间，并且通知友邻操作人员避让，才能最后割断。

（3）潜水焊工在任何时候都要警惕，避免被焊割构件的坠落或倒塌压伤自身或压坏潜水装置、供气管等。

6）预防弧光辐射

水下焊接与切割时均会产生强烈的弧光辐射，弧光辐射主要由强烈的可见光和不可见的紫外线和红外线组成。弧光辐射在陆地上会对人体皮肤造成灼伤，并刺伤眼睛造成电光性眼炎，弧光辐射造成的伤害与照射时间成正比，与电弧至眼睛的距离平方成反比。

水下焊割时，由于水介质的存在会吸收大部分的紫外线与红外线，如光在清水中传播 1 m 被水吸收的量，相当于在空气中传播 1 000 m 被水吸收的量，所以水下电弧辐射不会对潜水焊工的眼睛造成严重伤害。但由于水下能见度较差，潜水焊工为看清焊割区保证作业质量,就可能尽量拉近眼睛与电弧的距离以看清焊割区情况,潜水焊工如长期受到弧光照射,则会使潜水焊工眼睛有疼痛感,可能会一时看不清东西,造成"晃眼",短时间丧失劳动力,甚至可能由此造成二次事故,所以必须加以重视。

为了预防水下弧光辐射造成的伤害,在有条件的情况下,潜水焊工应为潜水装具的头盔或面罩安装活动护目镜。如条件不允许,则可在潜水面窗的上部或下部贴一层颜色较深的玻璃纸,在作业时可以适当地调整头部来防止弧光辐射。另外,潜水焊工在操作时,也可以调整眼睛或身体的位置,利用焊条或割条遮挡住弧光,实际利用时效果也不错。

7.2.4　水下焊接与切割作业的组织与实施

良好的组织实施是进行水下焊接与切割作业的根本保证,只有做到了充分的焊接与切割前准备,设计好正确的实施方案,具备可靠的保障工作,才能最终安全、圆满、成功地完成任务。水下焊接与切割作业前,组织者应根据实际情况进行人员准备、技术准备和器材准备。

人员准备主要包括一个 8~10 人的水下焊接与切割小组(在实际工作中,此人数可能有所变动),如潜水监督 1 名、潜水焊工 2~3 名、潜水医生 1 名,足够的其他水面辅助及保障人员等。在选择潜水焊工时要根据作业特点如水深、水温、水流、地点、作业的位置和难度等来进行。潜水监督负责作业现场组织、协调和安全工作,焊接与切割工程技术人员主要负责作业的技术准备与焊接与切割器材的检验。其他人员由潜水监督负责安排,进行器材准备,配合潜水焊工着装和水面保障工作。

技术准备主要包括在制订作业实施计划前,应对作业现场进行实地考察,了解作业条件,明确作业要求;考察水下待作业结构的情况和金属的性质等;调查工作区域水深、流向、气象、能见度和作业现场周围的情况;做好固定待作业钢板及辅助器材等后勤保障工作;根据构件的厚度选择切割电流的大小和极性的调节;建造切割支撑工作平台,以便于作业施工;在流速大的情况下,潜水焊工在水下安装挡流装置及工作台、清理割线周围的铁锈及海生物等。

器材准备主要包括水下焊接与切割器材的准备,潜水装具的准备以及其他辅助器材的准备。水下焊接与切割器材主要包括电焊机、电缆线、闸刀、割把、割条、护目镜、橡胶手套等;潜水装具主要包括潜水服、头盔及潜水软管、潜水鞋、气瓶、压力表、面镜等。辅助器材包括照明灯具、线手套、胶带、扳手等工具。

总之,在进行水下焊接与切割作业前,准备工作越是充分,越能保证焊接与切割质量,提高焊接与切割作业的效率,同时越能保证焊接与切割作业的安全。

7.2.5　水下焊接与切割作业事故案例分析

案例一:美国华盛顿海军潜水学校的一名潜水焊工(学员)在 10 ft 水深的水槽内进行水下焊割训练时,身着美国海军 Mark V 深海潜水头盔,连体潜水服,新的橡胶手套,但是没有穿潜水鞋。当其要进行水下焊割,通知陆上供电控制闸刀通电后,这名潜水焊工(学员)突然昏倒。尽管迅速被拉出水面并进行紧急救治,但还是失败了。

该案例中,潜水焊工(学员)在进行水下焊割训练时,没有按照要求佩戴好潜水鞋等防护器材,导致在通电瞬间遭到电击,是一起典型的水下触电事故。

案例二:我国一海洋工程公司在某电厂码头对一沉井法兰进行水下切割时,由于没有预先探测沉井内部是否完全进水,盲目进行作业,导致该潜水焊工在切割过程中被吸附到沉井上,窒息死亡。

该案例中,该潜水焊工明显违反了水下切割作业的安全规范,没有事先开孔平衡压力,导致事故的发生。另外,水面的辅助人员也应注意保持与潜水焊工的通话联系,遇到危险时应及时采取应急措施予以营救。

案例三:我国一船厂建造的浮船坞在完成后。采用水下电-氧切割的方法对滑道底座和船坞本身进行水下切割分离。在切割过程中误将起辅助连接作用的钢缆割断,导致潜水焊工与滑道底座一起沉入海底,但没有造成潜水焊工重大伤害。

该案例中,潜水焊工在水下切割作业时,由于没有设置辅助平台加以支撑,导致作业时潜水焊工身体晃动,加上船坞与底座的间距较小,致使视线受到影响,所以发生了潜水焊工遇险的情况。

案例四:2014年4月16日上午,韩国一艘载有470余名乘客的"岁月(SEWOL)"号客轮在韩国西南海域发生浸水事故而下沉。事故发生后,韩国采取了多项措施对沉船进行援救。据韩国《中央日报》报道,一名参与"岁月"号客轮搜救的民间潜水焊工在进行水下船体切割作业时不幸遇难身亡。该潜水焊工于5月30日下午2点20分左右在水下用水下切割工具切割4层船尾多人间窗户的作业,准备打出一个宽4.8 m、高1.5 m的大洞,以方便搜索失踪者。在进行切割作业时发生爆炸。水面保障人员在听到冲击波和呻吟声后迅速将其拖至水面,发现该潜水焊工眼部和鼻腔出血,随即送入附近医院。但因抢救无效死亡。

该案例中,在整个水下电-氧切割过程中,潜水焊工采用了高纯度的氧气帮助水下切割,但高纯度的氧气除了参与化学反应外,还有大量用于吹除的没有消耗掉,加上水在高温条件下分解产生的氢和氧,一旦氧气和氢气大量聚集,遇到切割电弧就很容易产生爆炸。"岁月"号客轮水下切割的部位是4层船尾的房间,为密闭舱室。由于在客轮援救初期,为了给沉船中被困人员提供呼吸生存环境,救援人员向"岁月"号客轮注入了大量的氧气,导致被切割舱室内可能存在多余氧气,加上水下切割过程中残留的氧气和分解的氢气,因此发生了爆炸事故。

7.3   水下作业事故应急处置

实践表明,潜水及水下作业是一项受诸多因素影响且充满风险的重要工作。参与潜水及水下作业的相关人员,必须熟悉潜水作业安全要求、常见潜水疾病的发病原理及防治方法,熟悉水下作业安全操作规定、主要风险及事故危险产生的原因及处理措施。对于水下焊接和切割作业而言,可能存在的主要风险为:不同程度的电击、爆炸、灼烫、创伤、物体打击,以及因此而引起的溺水二次事故或减压病。

7.3.1　灼烫性事故

灼烫性事故可能出现在水下电焊、切割过程中,因产生的回火、熔渣、电弧或漏电所引起的。轻的往往伴有创面表皮脱落,基底部有坏死样肌肉组织,局部呈二度带有焦化性烧伤。随后 24 h 内可能先后出现水泡或出现轻度水肿,且伴有创面渗液。

对于灼烫性事故,现场应按烧伤处理,先涂抹药膏(如京万红烫伤药膏)并进行包扎。返回基地后,应到专业医院就医治疗。

7.3.2　创伤性事故

创伤性事故大多发生在各种水下切割作业过程中。现以水下高压水射流作业为例,简要阐述潜水焊工伤害事故的基本处置方法:

(1) 发生潜水事故的生产单位必须立刻抢救人员。

(2) 高压水射流所造成的伤害,看起来可能只是皮肤表面的轻微破裂,而且创口很小,但实际上可能大量的水已经通过小孔穿透皮肤,进入人体深层组织,由此造成的损伤是相当严重的。

(3) 如果伤员一开始就发现中等程度创伤,且继发感染,则可能导致内脏器官破裂。若伤员下腹部及关节处的损伤继发感染,则预后严重。

(4) 预后及损伤程度很可能发展到后继感染。因此,即便创口表面的损伤并不严重,且伤员无明确主诉,仍应尽快送医院进行外科检查。

(5) 对于受高压水射流伤害的潜水人员,向后方医院转送时应该随身携带一张注明事故性质的卡片,并按照专业医生的建议或要求进行应急处置。

(6) 若在现场无医生时,可先行包扎创伤,此后 4~5 天内密切观察伤员的症状和体征。如伤员有发烧、脉搏加快,并伴有持续疼痛且不断加剧,表明伤员的损伤情况严重。

(7) 当无法得到医生的诊治意见时,伤员可先行预防性口服抗生素。

(8) 发生事故的单位必须在规定的时间内及时向有关方面提交事故报告,基本内容应包括如下:

a. 事故发生的时间、地点、过程。

b. 事故中涉及伤亡,应写明伤亡者的姓名、年龄及其伤亡原因或损伤程度。

c. 事故中涉及船舶、潜水设备、作业器材,应写明船名、装具、器材名称和数量;事故当事人、目击者的姓名、住址和联系方法等。

7.3.3　放漂溺水

完成下潜的潜水焊工,身不由己地迅速浮到水面(或漂浮时被阻挂在障碍物上)的整个过程称为放漂。放漂的后果:潜水焊工患减压病,因潜水服胀破而使潜水焊工直沉入水底造成溺水,因排气过多而再次下沉发生挤压伤,撞及水面船只或其他物件而发生身体创伤,发生肺气压伤等,从而危及潜水焊工的生命。

当出现上述情况时,可采取以下处置措施:

(1) 水面人员应立即减少潜水焊工的供气量,同时拉住信号绳和胶管,防止潜水焊工下跌受压,并迅速设法救出水面。

（2）潜水监督应指导潜水焊工自救:关小腰节阀,再用手将前压铅向下拉,使头部向上,顶住排气阀放气,渐渐使双脚向下,恢复正常体态。

（3）如果放漂潜水焊工已失去控制能力,潜水监督应立即派一名较老练的潜水焊工协助解救,为放漂潜水焊工关小腰节阀,并协助他拉开袖口放气,使之恢复正常体位。必要时,协助放漂潜水焊工一起上升出水。

（4）对救助出水的潜水焊工应立即进行检查,或迅速将其送进加压舱,一边加压一边卸装。所加压力的大小,应视潜水深度、水下工作时间和劳动强度,以及放漂开始的深度和水面耽搁时间等情况而定。通常可将舱压力加到潜水焊工该次潜水的水底压力,放漂处理及援救的时间一并计入水下工作时间内,选择相应的减压方案进行减压。

（5）如果属于不减压潜水,则可安排该潜水焊工适当休息,但不要离开作业现场,继续进行观察。

（6）如果需要减压,则不论该潜水焊工有无症状,均应重新下潜,补施水下减压,且应采取延长方案减压。

（7）如果放漂后又伴有挤压伤、溺水或外伤的,则应对该潜水焊工采取相应的急救措施,并送后方医院治疗。

7.3.4　减压病

潜水减压病是指由于减压不当,潜水焊工在完成潜水作业上升出水,返回常压环境后会发生各种不适症状,轻则皮肤瘙痒难熬,关节疼痛,行走不便,重则呼吸受抑、手足麻痹,以致全然不能动弹,危及生命安全。

当出现上述情况时,可采取如下处置措施:

（1）在潜水减压过程中,潜水焊工应善于判断自己的各种感觉和所遇到的外界情况,并及时实事求是地向潜水监督报告,以便潜水监督和潜水医务人员共同研究分析情况,做出改变减压方法、修正停留深度、延长减压时间及采取相应应急措施的决定,防止减压病的发生。

（2）潜水焊工在水下工程作业之后,一旦出现减压病症状,必须立即进行现场水下或加压舱减压治疗。

（3）如潜水焊工的病情较重,应立即护送到距离最近且有高压舱的后方医院进行治疗。

思考题

7.1　影响电流对人体伤害程度的因素有哪些?

7.2　水下焊接与切割作业时如何预防水下电击伤?

7.3　体外心脏按压的操作步骤是什么?

7.4　如何进行水下焊接与切割作业的施工组织?

参 考 文 献

［1］ 焊接研究所. 水下湿式焊接与切割[M]. 北京:石油工业出版社,2007.

［2］ 续守诚,贝全荣. 水下焊接与切割技术[M]. 北京:海洋出版社,1986.

［3］ 宋宝天. 水下焊接与切割[M]. 北京:机械工业出版社,1989.

［4］ 李颂宏,李建军. 现代焊接工程手册[M]. 北京:化学工业出版社,2016.

［5］ 盖英清,刘树楷,张联弟. 焊接与切割[M]. 北京:国防工业出版社,1984.

［6］ 李亚江,王娟,刘冬梅. 焊接与切割操作技术[M]. 北京:化学工业出版社,2009.

［7］ 约翰 H·尼克松. 水下焊接修复技术[M]. 房晓明,周灿丰,译. 北京:石油工业出版社,2005.

［8］ 英国焊接协会辑. 近海设施的水下焊接[M]. 郭照人,译. 北京:中国建筑工业出版社,1981.

［9］ 刘立君,杨祥林,崔元彪. 海洋工程装备焊接技术应用[M]. 青岛:中国海洋大学出版社,2016.

［10］ 张艳玲,李国庆. 金属焊接与切割作业[M]. 哈尔滨:哈尔滨地图出版社,2007.

［11］ 沈阳市特种设备检测研究院编. 金属焊接与切割技术[M]. 北京:中国质检出版社,2011.

［12］ 闫成新. 金属焊接与切割作业人员安全技术[M]. 北京:中国石化出版社,2010.

［13］ 周利,刘一博,郭宁,等. 水下焊接技术的研究发展现状[J]. 电焊机,2012(11):15-19.

［14］ 朱加雷,焦向东,蒋力培,等. 水下焊接技术的研究与应用现状[J]. 焊接技术,2009,38(8):4-7.

［15］ 张彤,钟继光,王国荣. 药芯焊丝微型排水罩局部干法水下焊接的研究[C]//第九次全国焊接会议. 2001.

［16］ 梁亚军,薛龙,吕涛,等. 水下焊接技术及其在我国海洋工程中的应用[J]. 金属加工(热加工),2009(4):17-20.

［17］ 叶建雄,尹懿,张晨曙. 湿法水下焊接及水下焊接机器人技术进展[J]. 焊接技术,2009,38(6):1-4.

［18］ 焦向东,朱加雷. 海洋工程水下焊接自动化技术应用现状及展望[J]. 金属加工(热加工),2013(2):24-26.

［19］ 陈英,许威,马洪伟,等. 水下焊接技术研究现状和发展趋势[J]. 焊管,2014,000(5):29-34.

［20］ 王中辉,蒋力培,焦向东,等. 高压干法水下焊接装备与技术的发展[J]. 电焊机,2005,35(10):9-11,61.

［21］ 赵寿元,李勇,高军伟,等. 水下切割技术的研究[J]. 机械研究与应用,2007(5):26-27.

［22］ 杜文博,朱胜,孟凡军. 水下切割技术研究及应用进展[J]. 焊接技术,2009,38(10):1-5.

［23］ 陈晓强,万峻,段宇,等. 水下切割作业安全技术浅谈[C]//2009年度救捞论文集. 2009.

［24］ 陈晓强. 水下切割技术在工程中的选择及应用[C]//中国潜水打捞行业协会;国际潜水承包商协会;国际海事承包商协会. 2015 国际潜水与海洋工程技术论坛,2015.

［25］ 周岐. 焊接工艺与操作技巧[M]. 沈阳:辽宁科学技术出版社,2015.

［26］ 许利民. 焊接检测及技能训练[M]. 长沙:中南大学出版社,2010.

［27］ 林三宝,宋建岭,马广超,等. 铝合金与不锈钢异种金属铝硅药芯焊丝 TIG 熔钎焊接头组织及性能[J]. 焊接学报,2009,30(7):9-12.

［28］ 赵长勇,马小兵,樊金仓. 新型的焊接材料药芯焊丝的研究与分析[J]. 中国战略新兴产业,2018,001(1X):164-164.

［29］ 朱官朋,郭纯,孔红雨. 药芯焊丝 Cr 含量对低合金钢焊缝金属性能的影响[J]. 金属热处理,2018,43(1):81 - 85.

［30］ Kanyilmaz A，Castiglioni C A. Fabrication of Laser Cut I-beam-to-CHS-column Steel Joints with Minimized Welding ［J］. Journal of Constructional Steel Research，2018,146(JUL.):16 - 32.

［31］ Lee S K，Lee J H，Song D W. Investigation of the LPG Gas Explosion of a Welding and Cutting Torch at a Construction Site ［J］. Korean Chemical Engineering Research，2018,56(6):811 - 818.

［32］ Brandt Heinz Gunther Brt，Hans Weiler. Welding and Cutting ［M］// Ullmann's Encyclopedia of Industrial Chemistry. Wiley-Vch Verlag GmbH & Co. KGaA, 2000.

［33］ Okumoto Y. Optimization of torch movements of welding and cutting using ant colony method ［J］. Journal of Ship Production，2009,25(3):136 - 141.